元素記号	H	C	N	O	Na	Mg	Al	Si	S	Cl	K	Ca	Fe	Cu	Zn	Ag	I	Pb
原子量の概数	1.0	12	14	16	23	24	27	28	32	35.5	39	40						

金属元素　非金属元素

							18
							₂He ヘリウム helium 4.003

	13	14	15	16	17	
	₅B ホウ素 boron 10.81	₆C 炭素 carbon 12.01	₇N 窒素 nitrogen 14.01	₈O 酸素 oxygen 16.00	₉F フッ素 fluorine 19.00	₁₀Ne ネオン neon 20.18
	₁₃Al アルミニウム aluminium 26.98	₁₄Si ケイ素 silicon 28.09	₁₅P リン phosphorus 30.97	₁₆S 硫黄 sulfur 32.07	₁₇Cl 塩素 chlorine 35.45	₁₈Ar アルゴン argon 39.95

10	11	12							
₂₈Ni ニッケル nickel 58.69	₂₉Cu 銅 copper 63.55	₃₀Zn 亜鉛 zinc 65.38	₃₁Ga ガリウム gallium 69.72	₃₂Ge ゲルマニウム germanium 72.63	₃₃As ヒ素 arsenic 74.92	₃₄Se セレン selenium 78.97	₃₅Br 臭素 bromine 79.90	₃₆Kr クリプトン krypton 83.80	
₄₆Pd パラジウム palladium 106.4	₄₇Ag 銀 silver 107.9	₄₈Cd カドミウム cadmium 112.4	₄₉In インジウム indium 114.8	₅₀Sn スズ tin 118.7	₅₁Sb アンチモン antimony 121.8	₅₂Te テルル tellurium 127.6	₅₃I ヨウ素 iodine 126.9	₅₄Xe キセノン xenon 131.3	
₇₈Pt 白金 platinum 195.1	₇₉Au 金 gold 197.0	₈₀Hg 水銀 mercury 200.6	₈₁Tl タリウム thallium 204.4	₈₂Pb 鉛 lead 207.2	₈₃Bi ビスマス bismuth 209.0	₈₄Po ポロニウム polonium [210]	₈₅At アスタチン astatine [210]	₈₆Rn ラドン radon [222]	
₁₁₀Ds ダームスタチウム darmstadtium [281]	₁₁₁Rg レントゲニウム roentgenium [280]	₁₁₂Cn コペルニシウム copernicium [285]	₁₁₃Nh ニホニウム nihonium [278]	₁₁₄Fl フレロビウム flerovium [289]	₁₁₅Mc モスコビウム moscovium [289]	₁₁₆Lv リバモリウム livermorium [293]	₁₁₇Ts テネシン tennessine [293]	₁₁₈Og オガネソン oganesson [294]	

典型元素

₆₃Eu ユウロピウム europium 152.0	₆₄Gd ガドリニウム gadolinium 157.3	₆₅Tb テルビウム terbium 158.9	₆₆Dy ジスプロシウム dysprosium 162.5	₆₇Ho ホルミウム holmium 164.9	₆₈Er エルビウム erbium 167.3	₆₉Tm ツリウム thulium 168.9	₇₀Yb イッテルビウム ytterbium 173.0	₇₁Lu ルテチウム lutetium 175.0
₉₅Am アメリシウム americium [243]	₉₆Cm キュリウム curium [247]	₉₇Bk バークリウム berkelium [247]	₉₈Cf カリホルニウム californium [252]	₉₉Es アインスタイニウム einsteinium [252]	₁₀₀Fm フェルミウム fermium [257]	₁₀₁Md メンデレビウム mendelevium [258]	₁₀₂No ノーベリウム nobelium [259]	₁₀₃Lr ローレンシウム lawrencium [262]

遷移元素

Professional Engineer Library

有機化学

PEL 編集委員会　　［監修］

粳間由幸　　［編著］

実教出版

はじめに

　「Professional Engineer Library（PEL）：自ら学び自ら考え自ら高めるシリーズ」は，高等専門学校（高専）・大学・大学院の学生が主体的に学ぶことによって，卒業・修了後も修得した能力・スキル等を公衆の健康・環境・安全への考慮，持続的成長と豊かな社会の実現などの場面で，総合的に活用できるエンジニアとなることを目的に刊行しました。ABET，JABEE，IEA の GA（Graduate Attributes）などの対応を含め，国際通用性を担保した"エンジニア"育成のため，統一した思想*のもとに編集するものです。

▶本シリーズの特徴は，以下のとおりです。

❶……学習者（以下，学生と表記）が主体となり，能動的に学べるような，学習支援の工夫があります。学生が，必ず授業前に自学自習できる「予習」を設け，1つの章は，「導入 ⇒ 予習 ⇒ 授業 ⇒ 振り返り」というサイクルで構成しています。

❷……自ら課題を発見し解決できる"技術者"育成を想定し，各章で，学生の知的欲求をくすぐる，実社会と工学（科学）を結び付ける分野横断の問いを用意しています。

❸……シリーズを通じて内容の重複を避け，効率的に編集しています。発展的な内容や最新のトピックスなどは，Webと連携することで，柔軟に対応しています。

❹……能力別の領域や到達レベルを網羅した分野別の学習到達目標に対応しています。これにより，国際通用性を担保し，学生および教員がラーニングアウトカム（学習成果）を評価できるしくみになっています。

❺……社会で活躍できる人材育成の観点から，教育界（高専，大学など）と産業界（企業など）の第一線で活躍している方に執筆をお願いしています。

　本シリーズは，高度化・複雑化する科学・技術分野で，課題を発見し解決できる人材および国際的に先導できる人材の養成に応えるものと確信しております。幅広い教養教育と高度の専門教育の結合に活用していただければ幸いです。

　最後に執筆を快く引き受けていただきました執筆者各位と企画・編集に献身的なお世話をいただいた実教出版株式会社に衷心より御礼申し上げます。

2015 年 3 月
PEL 編集委員会一同

＊文部科学省平成 22, 23 年度先導的大学改革推進委託事業「技術者教育に関する分野別の到達目標の設定に関する調査研究報告書」準拠，国立高等専門学校機構「モデルコアカリキュラム（試案）」準拠

本シリーズの使い方

　高専や大学,大学院では,単に知識をつけ,よい点数や単位を取ればよいというものではなく,複雑で多様な地球規模の問題を認識してその課題を発見し解決できる,知識・理解を基礎に応用や分析,創造できる能力・スキルといった,幅広い教養と高度な専門力の結合が問われます。その力を身につけるためには,学習者が能動的に学ぶことが大切です。主体的に学ぶことにより,複雑で多様な問題を解決できるようになります。

　本シリーズは,学生が主体となって学ぶために,次のように活用していただければより効果的です。

❶……学生は,必ず授業前に各章の到達目標(学ぶ内容・レベル)を確認してください。その際,学ぶ内容の"社会とのつながり"をイメージしてください。また,その章の内容を事前に学習したり,関連科目や前章までに学んだ知識量・理解度を確認してください。⇒ **授業の前にやっておこう!!**

❷……学習するとき,ページ横のスペース・欄に注目し活用してください。執筆者からの大切なメッセージが記載してあります。⇒ **WebにLink,プラスアルファ,Don't Forget!!,工学ナビ,ヒント**

　　また,空いたスペースには,学習の際気づいたことなどを積極的に書き込みましょう。

❸……例題,演習問題に主体的,積極的に取り組んでください。本シリーズのねらいは,将来技術者として知識・理解を応用・分析,創造できるようになることにあります。⇒ **例題・演習を制覇!!**

❹……章の終わりの「あなたがここで学んだこと」で,必ず"振り返り"学習成果を確認しましょう。
　　⇒ **この章であなたが到達したレベルは?**

❺……わからないところ,よくできなかったところは,早めに解決・到達しましょう。⇒ **仲間などわかっている人,先生にHelp**(※わかっている人は他者に教えることで,より効果的な学習となります。教える人,教えられる人,ともにメリットに!)

❻……現状に満足せず,さらなる高みにいくために,さらに問題に挑戦しよう。⇒ **Let's TRY!!**

　以上のことを意識して学習していただけると,執筆者の熱い思いが伝わると思います。

WebにLink	**+α プラスアルファ**	**Let's TRY!!**
本書に書ききれなかった解説や解釈(写真や動画),問題の解答や補充問題などをWebに記載。	本文のちょっとした用語解説や補足・注意など。「WebにLink」にするほどの文字量ではないもの。	おもに発展的な問題など。
Don't Forget!!	**工学ナビ**	**ヒント**
忘れてはいけない知識・理解(この関係はよく使うのでおぼえておこう!)。	関連する工学関連の知識などを記載。	文字通り,問題のヒント,学習のヒントなど。

「WebにLink」,「問題の解答」のデータは,本書の書籍紹介ページよりご利用いただけます。
下記URLのサイト内検索で「有機化学」を検索してください。
　http://www.jikkyo.co.jp/

まえがき

　化学は複合的な分野から成り立っており，大きく分けて生化学，物理化学，分析化学，無機化学，有機化学に分類される。本書では有機化学（organic chemistry）を扱う。有機化学を学べば日常生活で目にする薬や食品など，普段我々が利用する物質がどのように作られ，どのように体に効くのかが理解できるようになる。有機化学は炭素原子を中心に，水素，酸素，窒素原子のほか，リンや硫黄原子などからなる有機化合物を扱う化学である。近年，研究が進むにつれて有機化合物の数は増加している。これら化合物すべてを暗記するわけにはいかず，命名についてはルールが設けられている。比較的よく利用される化合物については慣用名が存在する。その他の化合物（将来的に誕生する化合物も）に対してはIUPAC（International Union of Pure and Applied Chemistry）で決められたルールに従えばすべての物質の名称を知ることができる。

　化学の魅力は"モノ"を創ることである。なかでも有機化学の魅力はその最たるものであろう。たとえば以下の反応はハッカの爽快な香気成分として有名な（−）−メントールの合成反応である。

　ご覧のとおり何段階もの合成が施され，有用物質が誕生していることがわかるだろう。有機化学の学習ではこのような合成に関わる各反応を学んでいくが，決して暗記しようとしてはいけない。どうしてこの結合が切れ，結合が生じるのかを理解してほしい。有機反応はおもに極性反応（polar reaction），ラジカル反応（radical reaction）に分類される。

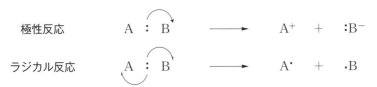

　これらを理解するためには，電子の流れを矢印で表す反応機構という考え方が必須になる．矢印が電子対（2個の電子）の流れ（移動）を示し，矢印のもとにある電子が矢印の先の位置に移動する．矢印の元と先の位置を正確に記すことが大事である．片矢印は電子1個を意味するもので，ラジカルを表す場合に多用される．

　電子の移動を理解することができれば，本質的に有機化学を理解することができるだろう．本書は有機反応を理解するために電子の移動と考え方について詳細に記述することに努めている．さらに初学者には難解な専門用語についても，解説を設けて理解できるようにした．また各節ごとに例題と類題をおき，その解答については精解をウェブ（Web）に準備するなど，学習者が自ら学べる配慮を施した．多くの問題を解きたい場合，Webにリンクをすることで問題を解き理解を深めることができる．本書は有機化学を学び始めた学生諸君に配慮して書いた教科書であるが，実験に従事する有機化学者が読んでもためになるように実験のTipsも含めてある．こちらも読んでいただき，役立ててもらいたい．

　また，この本の出版を可能にした学生の献身的な努力に感謝する．Priscilla Yoong Mei Yen（米子工業高等専門学校4年）には章の内容を意味する重要な挿し絵の作成やChemDrawファイルの調整などを行ってもらった．さらに松本竜弥（米子工業高等専門学校専攻科2年），野々村拓也（米子工業高等専門学校専攻科2年），竹村祐輝（米子工業高等専門学校専攻科2年）にもChemDrawファイルの調整などを行ってもらった．これら学生諸君の協力なくして本書の完成はなかった．

　さらにPELシリーズの企画を担当された国立高専機構 市坪誠先生，小林淳哉先生には出版に際して多くの助言をいただいた．この場を借りてお礼申し上げる．

著者を代表して
国立高専機構米子高専　梗間 由幸

目次

まえがき ──── 4

1章 化学結合

- 1節 有機化合物と化学結合 ──── 12
- 2節 有機化合物と化学反応式の書き方 ──── 12
- 3節 原子と分子 ──── 15
- 4節 イオン結合と共有結合 ──── 17
  1. イオン結合 (ionic bond)
  2. 共有結合 (covalent bond)
- 5節 σ結合とπ結合 ──── 19
  1. σ結合
  2. π結合
- ◆演習問題 ──── 23

2章 酸・塩基

- 1節 ブレンステッド・ローリーの酸と塩基 ──── 27
- 2節 酸と塩基の強さの表し方：酸性度定数 ──── 29
- 3節 酸と塩基の強さの違い ──── 30
- 4節 ルイスの酸と塩基 ──── 32
- ◆演習問題 ──── 34

3章 アルカンとシクロアルカン

- 1節 アルカンおよびシクロアルカンの命名と性質 ──── 38
  1. アルカンおよびシクロアルカンの命名
  2. アルカンおよびシクロアルカンの性質
  3. 構造異性体と立体異性体
- 2節 アルカンやシクロアルカンの立体配座 (conformation) 42
  1. アルカンの立体配座
  2. シクロアルカンの立体配座
- 3節 シクロヘキサンの立体配座 ──── 44
  1. アキシアルとエクアトリアル
  2. シクロヘキサンの安定性
- 4節 アルカンの反応 ──── 46
- ◆演習問題 ──── 47

4章 アルケンとシクロアルケン

- 1節 アルケンおよびシクロアルケンの命名 ──── 50
- 2節 アルケンの合成 ──── 55
- 3節 アルケンへの求電子付加反応 ──── 55
  1. ハロゲン化水素 HX の付加
  2. ハロゲン X_2 の付加
  3. 硫酸の付加
  4. 酸触媒による水の付加
  5. ボラン BH_3 の付加
- 4節 アルケンの酸化および還元 ──── 59

1. 酸化反応
　　　2. 還元反応
　5節　共役ジエンの1,4-付加反応————————61
　◆演習問題————————————————62

5章 アルキン

1節　アルキンの性質と命名————————66
　　1. アルキンの構造
　　2. アルキンの命名法
2節　アルキンの合成と反応————————68
　　1. 脱離反応によるアルキンの合成
　　2. ハロゲンの反応
　　3. ハロゲン化水素の反応
　　4. 水の付加反応
　　5. 水素の付加反応
　　6. アルキンの酸としての性質～アセチリドの生成
◆演習問題—————————————————73

6章 立体化学

1節　キラル炭素とキラリティー————————78
2節　立体配置の表し方（R,S順位則）————80
3節　ジアステレオマー————————————83
4節　メソ化合物——————————————85
5節　光学活性とラセミ体——————————86
6節　キラル中心のないキラルな分子—————88
◆演習問題—————————————————90

7章 ハロゲン化アルキル

1節　ハロゲン化アルキルの命名およびその構造と性質-94
2節　ハロゲン化アルキルの合成————————96
3節　求核置換反応—————————————96
　　1. S_N1反応
　　2. S_N2反応
4節　脱離反応——————————————101
　　1. E1反応
　　2. E2反応
5節　置換反応と脱離反応，合成反応への利用—105
　　1. 求核置換反応と脱離反応のまとめ
　　2. 合成反応への利用
◆演習問題————————————————107

8章 アルコール

1節　アルコールの命名———————————110
2節　アルコールの分類———————————110
3節　アルコールの性質———————————111
　　1. アルコールの性質

2. アルコールの酸性と塩基性
4節　アルコールの合成と反応————————112
　　1. アルコールの合成
　　2. アルコールの反応
◆演習問題————————————————118

9章 エーテル

1節　エーテルの命名と性質————————122
2節　エーテルの合成————————————123
　　1. アルコールの脱水反応
　　2. アルコキシドとハロゲン化アルキルの反応
　　　　——ウィリアムソンのエーテル合成——
3節　エーテルの反応————————————125
　　1. ハロゲン化水素との反応
4節　エポキシドの合成と反応————————126
◆演習問題————————————————128

10章 芳香族の化学

1節　芳香族化合物の性質と命名法——————132
2節　ベンゼンの構造と性質————————134
3節　ベンゼンの反応————————————134
　　1. ベンゼンのニトロ化
　　2. ハロゲン化反応
　　3. スルホン化
　　4. フリーデル‐クラフツ（Friedel-Crafts）反応
　　5. ザンドマイヤー（Sandmeyer）反応
　　6. ジアゾカップリング
4節　置換ベンゼンの官能基の変換——————137
　　1. ベンジル位の酸化
　　2. ニトロ基とカルボニル基の還元
5節　多置換ベンゼンの反応性と配向性————139
◆演習問題————————————————142

11章 アルデヒドとケトン

1節　アルデヒドおよびケトンの命名—————147
　　1. アルデヒド
　　2. ケトン
2節　カルボニル基の構造—————————149
　　1. カルボニル基の構造
　　2. カルボニル基の電子構造
3節　アルデヒドおよびケトンの合成—————150
　　1. アルデヒドおよびケトンの工業的合成
　　2. アルデヒドおよびケトンの実験室的合成
4節　カルボニル基の反応性————————153
　　1. カルボニル基の一般的反応性（求核付加反応）

2. 水の求核付加反応（水和反応）
　　3. アルコールの求核付加反応
　　4. シアン化水素の求核付加反応
　　5. アミンの求核付加反応
　　6. グリニャール（Grignard）試薬の求核付加反応
　　7. リンイリドの付加（ウィッティヒ（Wittig）反応）
　　8. ヒドリド還元剤による還元反応
　　9. アルデヒドの酸化反応
　◆演習問題――――――――――――――――――161

12章　カルボン酸

1節　カルボン酸とその誘導体の命名――――――166
　　1. カルボン酸
　　2. 酸ハロゲン化物
　　3. 酸無水物
　　4. エステル
　　5. アミド
　　6. ニトリル
2節　カルボン酸と酸性度――――――――――――171
3節　カルボン酸の合成――――――――――――――172
　　1. 第一級アルコールまたはアルデヒドの酸化
　　2. グリニャール試薬と二酸化炭素の反応
　　3. ニトリルの加水分解
　　4. ハロホルム反応
　　5. アルキルベンゼンの側鎖の酸化
4節　ラクトンとラクタム――――――――――――174
5節　カルボン酸誘導体の反応と相互変換――――175
　　1. カルボン酸誘導体の相互変換
　　2. カルボン酸のエステル化と特徴
　　3. 酸ハロゲン化物ができる機構
　　4. アミドとイミド
　　5. カルボン酸一族のグリニャール反応と還元反応
　◆演習問題――――――――――――――――――181

13章　エノラートのアルキル化

1節　ケト-エノール互変異性――――――――――184
2節　エノラートイオンの反応―――――――――187
3節　エノラートイオンの位置選択的生成――――188
4節　エナミンを用いるアルキル化――――――――189
5節　カルボニル化合物の縮合反応―――――――190
　　1. アルドール反応（Aldol reaction）
　　2. クライゼン縮合（Claisen condensation）
　　3. マイケル付加（Michael addition）
　◆演習問題――――――――――――――――――193

14章 アミンとヘテロ環化合物

- 1節　アミンの命名 —— 196
- 2節　アミンの構造と性質 —— 197
  1. アミンの構造
  2. アミンの塩基性，求核性
  3. アミンとアミドの塩基性，酸性の比較
- 3節　アミンの合成と反応 —— 200
  1. アミンの合成
  2. アミンの反応
- 4節　ヘテロ環化合物（複素環化合物）—— 206
  1. ヘテロ環化合物の分類
  2. ピリジン，ピロールの構造と性質
  3. 芳香族ヘテロ環化合物の反応
- ◆演習問題 —— 209

索引 —— 211

■章の学習内容の関係図

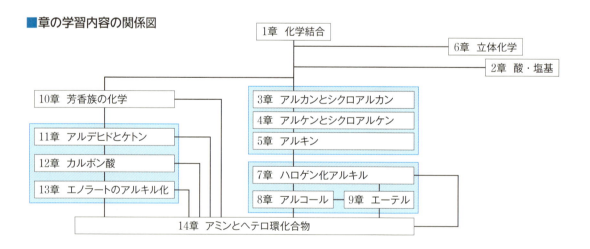

1章

化学結合

　現在さまざまな「もの」が世の中にあふれている。そのさまざまなものを分子のレベルまで小さくし，それぞれを分類していくと「化合物」となり，最終的には約1000万種類の化合物に行き着く。それらは有機化合物と無機化合物に大別されている。その大半は有機化合物であるが，なぜ有機化合物には多くの種類があるのか考えてみよう。

　下のテトラヘドランやキュバンのようなおもしろい有機化合物の構造を研究する分野として「構造有機化学」がある。

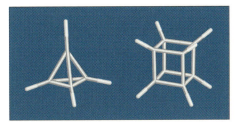

正四面体構造を有するテトラヘドラン C_4H_4 と
正六面体構造を有するキュバン C_8H_8

　もちろん，構造有機化学の中にはさまざまな分野があり，それぞれ「理想とする化合物」を合成してそれらを解析して研究しているわけだが，やはりユニークな形の化合物には目を奪われる。炭素だけでできた"炭素のサッカーボール"フラーレン C_{60} や，炭素が竹輪状に伸びたカーボンナノチューブなどもとても美しい構造であり，まるで有機化学美術館のようだ。

●この章で学ぶことの概要

　この章ではさまざまな有機化合物の化学結合を学ぶ。有機化合物の結合の中心は共有結合であるが，この共有結合がどのように生成されるのか理解することは今後の有機化学反応を理解するうえで大いに役立つことになる。

予習 授業の前にやっておこう!!

この章に入る前に，すでに学んだ共有結合，イオン結合，金属結合など，基本的な化学結合を復習しておこう。それぞれの結合の違いは何か？ それぞれの結合でできた物質の特徴は？ 代表的な化合物をリストアップし，それぞれの三態を調べ，それぞれの融点や沸点と結合の特徴を比較しておくこと。また，原子核や電子など原子の構造について復習し，それぞれの元素にはいくつの陽子と電子があるか確認しておこう。

1. 原子の構造として，水素原子，ヘリウム原子を書くことができるか。
2. 共有結合でできた分子を3種類書くことができるか。
3. イオン結合の代表例である食塩の結晶構造を書くことができるか。
4. 自由電子を有する金属結合を図示することができるか。

WebにLink

1・1 有機化合物と化学結合

1828年，ドイツの化学者ウェーラー(Friedrich Wöhler)が，無機化合物であるシアン酸アンモニウム NH_4OCN を試験管中で加熱して，哺乳動物の尿中から得られる尿素 $(NH_2)_2CO$ を合成することに成功した。この成功により，これまで生体でしか得られないと考えられていた**有機化合物**(organic compounds)が人工的に合成できることが明らかになった。天然有機化合物も合成有機化合物も含めて，炭素の酸化物を除いたすべての炭素の化合物を有機化合物といい，有機化学とは炭素化合物を取り扱う化学であるともいえる[*1]。また，この反応はシアン酸アンモニウムという**イオン結合**でできた塩が**共有結合**でできた尿素に変換されたという興味深い化学反応といえる[*2]。

今日約1000万ともいわれる化合物が知られている。これら有機化合物は主として共有結合で形成されており，**官能基**(functional group)と呼ばれる化合物に特徴づけられた基を有している。これらの化合物はそれらの性質により分類されており，その命名もきわめて整然と組織されている。**IUPAC**[*3]**命名法**は論理的であり，自然科学の歴史と伝統を生かして慣用名も取り入れており，納得しやすい。この章では化学結合，とくに共有結合について学ぶ。

[*1] 有機化合物とは炭素の酸化物を除くすべての炭素化合物である。

[*2] **+α プラスアルファ**
シアン酸アンモニウムは炭素が含まれているが無機物として分類される。

[*3] IUPAC(International Union of Pure and Applied Chemistry)は，「国際純正および応用化学連合」の略称。

1・2 有機化合物と化学反応式の書き方

有機化合物の構造の書き方はその用途に合わせていくつか存在する。**ケクレ**(Kekulé)**構造式**は最も一般的な構造式の書き方の一つで，共有結合は通常「線」で表し，単結合は一本線，二重結合は二本線，三重結合は三本線で表す。その際，通常は孤立電子対は書かない場合が多い。

ケクレ構造式

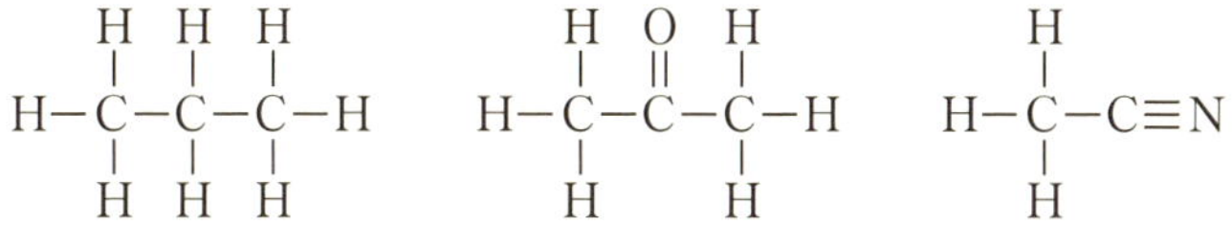

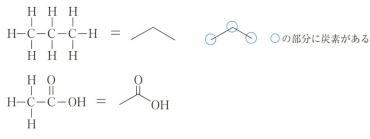

骨格構造はケクレ構造式から炭素と水素を省略した簡略的な表示法である。線の末端と折れ曲がったところには炭素が存在しており，その炭素には飽和数の水素原子が結合している。また，その他の原子（O，N，Cl など）は省略せず，官能基に含まれる炭素や水素（-COOH，OH など）も省略しない。どちらの書き方でも理解できるように書き方を覚えよう。とくに芳香族は構造が煩雑になるため，環の炭素や水素は省略することが多いことを知っておこう[*4]。

*4 **Don't Forget!!**
骨格構造の先端と折れ曲がったところには炭素原子があり，その炭素に指定のない限りは飽和数の水素原子が結合している。

ケクレ構造式と骨格構造

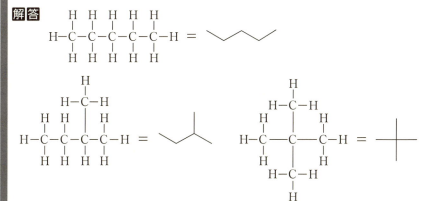

他にも以下のような構造式の書き方があるのでチェックしておこう。

$= CH_3CH_2CH_2CH_2CH_3 = CH_3(CH_2)_3CH_3$

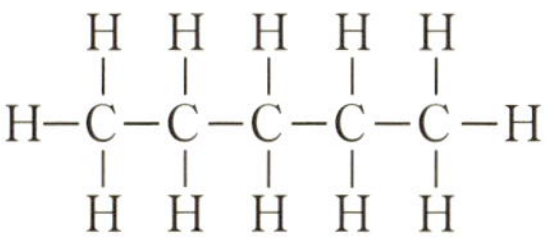

例題 1-1 **C_5H_{12} で示される分子をケクレ構造式と，骨格構造で書きなさい。**

解答

問 1　次の化合物を，ケクレ構造式と骨格構造で書きなさい。

(1) $CH_3CH_2CH_2CH_3$　　(2) $(CH_3)_2CHCH_2CH_3$

ルイス(Lewis)構造式は価電子をドットで表す。孤立電子対を必ず書くので原子間の結合様式や孤立電子対，さらに**形式電荷**の状態がわかりやすいという性質がある[*5]。

ケクレ構造式とルイス構造式

$$\begin{array}{c}\text{H} \quad \text{O} \\ | \quad || \\ \text{H}-\text{C}-\text{C}-\text{OH} \\ | \\ \text{H} \end{array} \quad = \quad \begin{array}{c}\text{H} \quad :\!\ddot{\text{O}}\!: \\ \text{H}\!:\!\ddot{\text{C}}\!:\!\text{C}\!:\!\ddot{\text{O}}\!:\!\text{H} \\ \text{H} \end{array}$$

[*5] **+α プラスアルファ**
ルイス構造式は，電子表示式 (electron dotdiagram) とも呼ばれる。

原子が結合を形成した際に所有する電子数が，原子が本来持つ価電子数と異なる場合，形式電荷が存在する。たとえば炭素原子は本来4つの価電子を持つが，メチルカチオンの炭素では3つしか電子を所有しておらず，形式電荷「+」がつけられる。形式電荷は下記の式によって求められる。一般に，結合を形成した原子の原子価が異常な場合は形式電荷がつく場合が多い。

形式電荷の求め方

形式電荷 ＝ 価電子数 －（共有電子数の1/2 ＋ 孤立電子対の電子数）

① ②
$:\!\ddot{\text{O}}\!=\!\overset{+}{\text{N}}\!-\!\ddot{\ddot{\text{O}}}\!:^{-}$
　　｜
　　CH_3

N と O (②) の原子価が異常
N：$5 - (8/2 + 0) = +1$
O (②)：$6 - (2/2 + 6) = -1$

また，Cl–C のように異種の原子で共有結合が形成されたとき，電気陰性度の違いから電荷が部分的に偏ることがある。これを**部分電荷**と呼び，プラスに帯電した部位を $\delta+$，マイナスに帯電した部位を $\delta-$ で表す。このような電荷の偏りが存在する部位は，さまざまな反応の始点になる場合が多い。

有機化合物の部分電荷

$$\begin{array}{c} \text{O}^{\delta-} \\ ||^{\delta+} \\ \text{H}_3\text{C}-\text{C}-\text{CH}_3 \end{array} \qquad \begin{array}{c} \text{Cl}^{\delta-} \\ {}^{\delta-}\text{Cl}-\overset{\delta+}{\text{C}}-\text{Cl}^{\delta-} \\ | \\ \text{H} \end{array}$$

例題 1-2 次の化合物をルイス構造式で書きなさい。

硫酸　　水　　オキソニウムイオン　　アンモニウムイオン

解答

$$\begin{array}{c} :\!\ddot{\text{O}}\!: \\ \text{H}\!:\!\ddot{\text{O}}\!:\!\text{S}\!:\!\ddot{\text{O}}\!:\!\text{H} \\ :\!\ddot{\text{O}}\!: \end{array} \quad \text{H}\!:\!\ddot{\ddot{\text{O}}}\!:\!\text{H} \quad \begin{array}{c} \ddot{\text{O}}^+ \\ \text{H}\!:\!\ddot{\text{O}}\!:\!\text{H} \\ \text{H} \end{array} \quad \begin{array}{c} \text{H} \\ \text{H}\!:\!\overset{+}{\text{N}}\!:\!\text{H} \\ \text{H} \end{array}$$

　　硫酸　　　　　水　　オキソニウムイオン　アンモニウムイオン

問2 次の化合物の形式電荷を求めなさい。

(1)
$$\begin{array}{c} \text{H} \\ | \\ \text{H}-\text{C}-\text{H} \end{array}$$

(2) $\text{H}-\ddot{\text{N}}-\text{H}$

(3) $:\ddot{\text{O}}-\text{H}$

問3 次の化合物をルイス構造式で書き形式電荷を求めなさい。

(1)
$$\begin{array}{c} :\text{O}: \\ \| \\ \text{H}_3\text{C}-\text{C}-\ddot{\text{O}}: \end{array}$$

(2)
$$\begin{array}{c} \text{H} \\ | \\ \text{H}_3\text{C}-\text{N}-\text{H} \\ | \\ \text{H} \end{array}$$

問4 次の化合物に部分電荷を書きなさい。その際C–H結合は省略してよい。

(1) $\text{H}_3\text{C}-\text{O}-\text{H}$

(2)
$$\begin{array}{c} \text{Cl} \\ | \\ \text{H}-\text{C}-\text{Cl} \\ | \\ \text{Cl} \end{array}$$

有機化学反応式は一般の化学反応式の書き方と同じであるが，有機化学反応の特性上，反応試薬や触媒などを矢印上側に，反応溶媒や温度などの反応条件を一般に矢印下側に書く習慣になっている。

一般的な反応式の書き方

$$\text{A} + \text{B} \xrightarrow[80℃]{\text{H}^+} \text{C} + \text{D}$$

1・3 原子と分子

原子は，正の電荷を持つ**原子核**とその核から一定のところに存在する1個以上の**電子**から成っている。中性原子中の電子の数は核の陽子の数と同じであり，それが原子番号である。電子は核に最も近いところから半径が順次大きくなる球状の殻に分布している。それらの電子の状態は量子力学の法則で規定されている。その殻は最も小さい殻からK，L，M，…で表され，それぞれに1，2，3，…n，の数（**主量子数**）が与えられ，その殻を電子で完全に満たすためには，$2n^2$個の電子が必要である。したがって，K殻には$n=1$であるから2個，L殻には$n=2$であるから8個が入ることができる。これらの主殻は，さらに電子が満たされる順にs，p，d，fと示される亜殻に分かれる。この順に少しずつ軌道のエネルギー準位は高くなる。これらは電子の最も多く見出される場所を示し，曲面軌道で示される。図1-1にs軌道とp軌道の形を示す。

s軌道は球面で，p軌道は原子核の両側に膨らんだアレイのような形と考えられている。d，f亜殻の軌道は複雑であるのでここでは触れない。

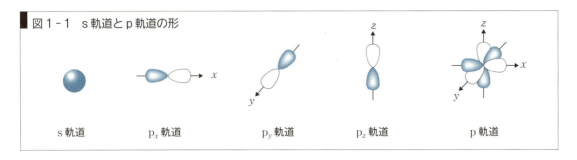

■ 図1-1 s軌道とp軌道の形

K殻はs軌道のみ，L殻は1つのs軌道，3つのp軌道を持っている。この3つのp軌道は互いに直交していて，3次元配座軸に沿っている。軌道はそれぞれ$2p_x$，$2p_y$，$2p_z$軌道と呼ばれる。この3つのp軌道はエネルギー準位が同じである[*6]。

また3つのp軌道は軌道の軸に対して垂直な節平面を持っている。たとえば$2p_x$はyz平面を持つ。2sと2p軌道の形を図1-1に示す。各軌道のエネルギーは1s < 2s < 2p < 3s < 3p < 3d…となる。相対的なエネルギー関係を簡単に図1-2に示す。図中では□で軌道を示した。

[*6] パウリ(Pauli)の排他原理
エネルギー準位の等しい軌道（たとえば，p_x，p_y，p_z）に電子が入る場合，電子はできる限り同じ原子軌道に入らない。

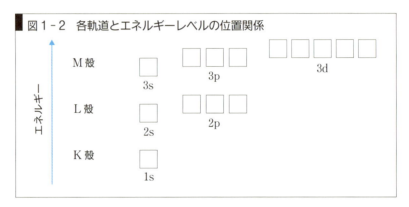

■ 図1-2 各軌道とエネルギーレベルの位置関係

この軌道にそれぞれ最大2個の電子を受け入れることができる。この2個の電子は逆のスピンを持たねばならない（スピンを↑と↓で表す）。K殻とL殻の電子がどのような軌道に入っているかを表1-1に示す。電子は最もエネルギーの低い軌道から入る。つまり2s軌道よりまず1s軌道に入り，2p軌道より2s軌道に入る。また，2個以上の同じエネルギー準位の軌道，たとえば$2p_x$，$2p_y$，$2p_z$軌道では，複数個の電子が入るとき，まず電子は対を作らず各軌道に1個ずつ電子が入る。このように電子がそれぞれの軌道に順次入っていくと，ヘリウムHe原子でK殻が充填し，さらにL殻が充填したのがネオンNe原子である。どの原子も最外殻にある電子をその原子の原子価電子と呼ぶ。略して**価電子**ともいう。通常の化学反応にはこの価電子が関与する。He，Neはそれぞれ閉殻構造を持ち，安定した状態の原子である。とくに原子価電子が8個を持ったとき最も安定で，8個の電子を周囲に持つような方向に反応していく。これを**オクテット則**(octet rule)という。これらの

He，Ne 原子は不活性原子，希ガスといわれ，電子配置は，He は $1s^2$，Ne は $1s^2 2s^2 2p_x^2 2p_y^2 2p_z^2$ と表記される。炭素 C は原子番号 6 の原子で，その基底状態の電子配置は $1s^2 2s^2 2p_x 2p_y$ で示される。C の価電子は 2s と 2p 軌道の電子で 4 個である。原子番号 1 から 10 までの原子の価電子の状態を表 1-1 に示した[*7]。

*7 フント (Hund) の法則
エネルギー準位の等しい同等な軌道に 2 個の電子が入る場合に，各電子はスピンを対にする。

表 1-1　水素からネオンまでの電子構造[*8]

元素記号	原子番号	電子構造	1s	2s	$2p_x$	$2p_y$	$2p_z$
H	1	1s	↑				
He	2	$1s^2$	↑↓				
Li	3	$1s^2 2s$	↑↓	↑			
Be	4	$1s^2 2s^2$	↑↓	↑↓			
B	5	$1s^2 2s^2 2p_x$	↑↓	↑↓	↑		
C	6	$1s^2 2s^2 2p_x 2p_y$	↑↓	↑↓	↑	↑	
N	7	$1s^2 2s^2 2p_x 2p_y 2p_z$	↑↓	↑↓	↑	↑	↑
O	8	$1s^2 2s^2 2p_x^2 2p_y 2p_z$	↑↓	↑↓	↑↓	↑	↑
F	9	$1s^2 2s^2 2p_x^2 2p_y^2 2p_z$	↑↓	↑↓	↑↓	↑↓	↑
Ne	10	$1s^2 2s^2 2p_x^2 2p_y^2 2p_z^2$	↑↓	↑↓	↑↓	↑↓	↑↓

*8 **Don't Forget!!**
安定な分子はすべての原子がオクテット則を満たしている。

1-4　イオン結合と共有結合

1-4-1　イオン結合 (ionic bond)

希ガス He や Ne は，K 殻，L 殻がすべて充填された電子配置を持ち，特別に安定である。原子番号 3 のリチウム Li は電子配置が $1s^2 2s$ で，He より多い 1 電子が L 殻に 1 個だけある。Li は容易に電子を失って，

図 1-3　フッ素とリチウムがフッ化リチウムになる様子[*9]

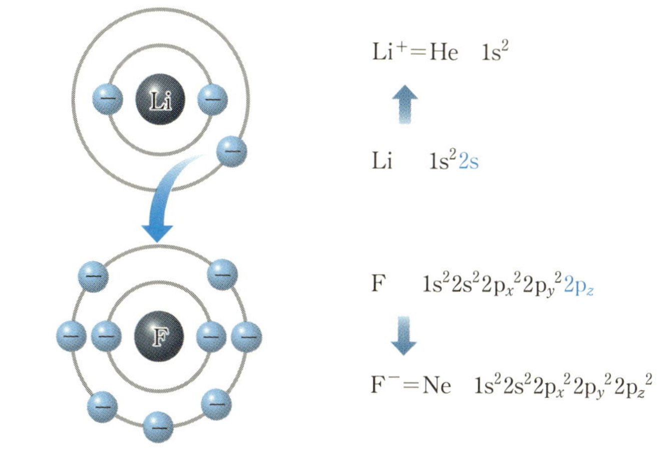

$Li^+ = He$　　$1s^2$

↑

Li　　$1s^2 2s$

F　　$1s^2 2s^2 2p_x^2 2p_y^2 2p_z$

↓

$F^- = Ne$　　$1s^2 2s^2 2p_x^2 2p_y^2 2p_z^2$

リチウムはフッ素に電子を 1 つ渡すことによりそれぞれオクテット則をとった希ガスと同じ電子配置の「イオン」になる。

*9 Na 原子と塩素 Cl 原子から生成するイオン Na^+ と Cl^- は電子配置がネオン Ne とアルゴン Ar にそれぞれ等しい。

Heと同じ安定な電子配置$1s^2$を持つリチウムイオンLi^+を形成する。同様に、フッ素$F(1s^2 2s^2 2p_x^2 2p_y^2 2p_z)$に1電子を与えると、Neと同じオクテットの電子配置を持つようになる。したがって、LiとFとが直接反応するとLiからFに1個の電子が移行し対応するイオンを生成する。Li^+とF^-はどちらも安定で、互いに静電引力を及ぼす。この静電引力は化学結合のひとつの型であり、イオン結合と呼ばれる。このように、**イオン結合**が生成する反応を進める力は、比較的不安定な電子配置が安定なものに変わることから生まれる。またこの結合は生成するイオン間の**静電引力**に基づいている。

イオン結合の特徴は、分子がそれぞれのイオンに分かれやすいことであり、その水溶液または溶融塩は電気を導くことができる。

1-4-2 共有結合 (covalent bond)

共有結合による化学結合は、2つの原子間で1対の電子が共有されることで形成される[*10]。先に述べたように、原子は結合したときに希ガス元素の電子配置をとる。すなわち、最外殻の電子が**オクテット**(octet)を作る(Heでは**デュプレット**(duplet)という)。2つの原子間の1対の電子はどちらの原子に所属するというのではなく、新しく結合した分子の電子として存在する。このような電子の状態は分子軌道で説明される。まず水素分子で考えてみよう。2個の水素原子は両原子間にそれぞれの1個の1s電子軌道の電子を供与し、この2個の電子はそれぞれの軌道が重なり、元の電子軌道とは異なった新しい分子軌道を生成し、共有電子対を1個形成する。共有電子対は各電子がスピンを互いに逆並行に配行して対になっている。この分子軌道は球面軌道でなく、結合軸に沿った円筒形型である。この結合は**σ(シグマ)結合**と呼ばれ、強固な結合である。共有結合はイオンに分かれないから電気を導かない。一般には共有結合は、充填されていない原子軌道だけが互いに重なりうる[*11]。

*10 2つの原子軌道からは2つの分子軌道が生成する。2つの分子軌道はエネルギー的に異なっているが、低エネルギーの軌道(**結合性軌道**という)のみが結合に関与する。

*11 **Don't Forget!!**
オクテット則
原子は結合したときに希ガス類元素の電子配置をとる。すなわち、最外殻の電子がオクテットを作る。

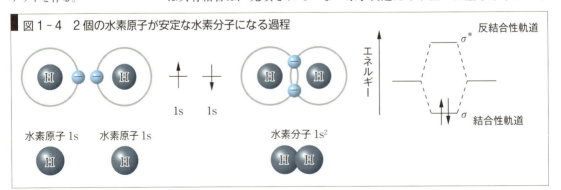

図1-4 2個の水素原子が安定な水素分子になる過程

1-5 σ結合とπ結合

1-5-1 σ結合

炭素の化合物には，たとえばメタン CH_4，エチレン C_2H_4，アセチレン C_2H_2，ホルムアルデヒド HCHO，ベンゼン C_6H_6 など各種の結合様式の有機化合物がある。これらの化合物中の炭素 C はどのような構造をとっているのだろうか[*12]。

1. アルカン メタン CH_4 は 4 本の C-H の結合を持ち，それらは同じ結合距離 0.109 nm (1.09 Å：オングストローム) で化学的に等価である。さらに各結合は四面体の中心から頂点に向かって伸びており，結合角はすべて 109.5° である[*13]。

[*12] メタンは正四面体構造であり，炭素−水素間はすべて 0.109 nm で，角度はすべて 109.5° である。

[*13] オングストロームは長さの単位で，1 Å = 1 × 10⁻¹⁰ m を表す。1 Å は原子の大きさと同程度である。

メタン分子の構造

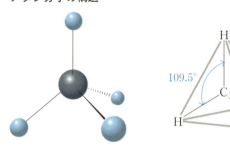

炭素原子の電子配置は $1s^2 2s^2 2p_x 2p_y$ である。炭素原子の共有結合に関与するのは 2p 軌道の 2 個と思われる。これが等価な 4 本の結合を生成するためには，2s 軌道の 2 個の電子も加わらねばならない。この等価な 4 つの C-H 軌道は次のように考えられる。まず 2s 電子対の 1 個を空の $2p_z$ 軌道に上げる (昇位)。このとき電子軌道のエネルギーは少し高くなり，不安定になる。生成した 1 個の 2s と 3 個の 2p 軌道を混成し，4 個の新しい**混成軌道**を作る。

図 1-5 混成軌道が形成される過程

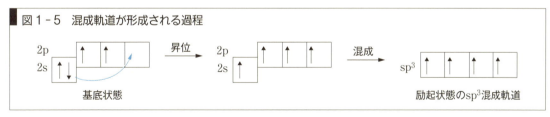

4 つの混成軌道は等価であり，それぞれ 1 個ずつの電子を配している。4 つの混成軌道の電子のエネルギーは昇位したときより低い状態になっている。この軌道を **sp³ 混成軌道**という (1 個の s 軌道，3 個の p 軌道より成るから)。結果として，4 個の sp³ 混成軌道は**正四面体**の中心から頂点の方向に向いており，CH_4 の分子モデルと一致する。

sp³ 軌道は球形の 2s とアレイ形の 2p とが混成したものであるから，図 1-6 のような形をしている。この sp³ 軌道はそれぞれ 1 電子を持ち，

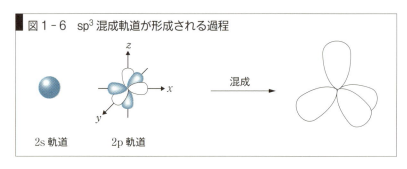

図1-6 sp³混成軌道が形成される過程

充満していない軌道である。これがHの1s軌道と重なって、電子が2個ずつ対になった、CH₄の4個のC-H結合ができる。

2個のsp³軌道が重なると、C-C結合が生成する。このような軌道の末端が重なってできる結合をσ結合というが、長い炭素化合物でもこのようなσ結合から成り立っている[*14]。

*14
Don't Forget!!
アルカンの炭素はすべてsp³混成軌道で結合している。

1-5-2 π結合

1. アルケン エチレン C_2H_4 は平面分子である。この分子では炭素原子はどうなっているのだろうか。sp³混成軌道と同様に昇位、混成を行う。2s電子から昇位した電子を含めて3個の2p軌道のうち2個だけを2s軌道と混成させる。その結果、等価な3個の混成軌道 **sp²混成軌道** ができる。p軌道には1個の混成しなかった $2p_z$ が残る。

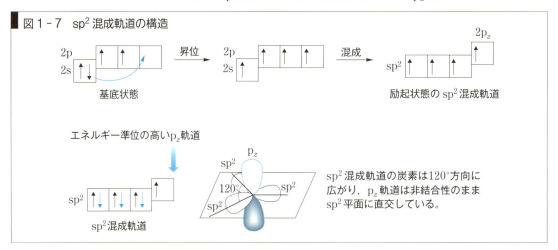

図1-7 sp²混成軌道の構造

3個のsp²混成軌道は空間的に等価であるために、**正三角形**の中心から頂点の方向に向いている。結合は平面で、それぞれが120°の角度で広がっている。混成していない $2p_z$ 軌道はsp²軌道の面に直交している。

エチレンはこのsp²軌道を持つ2個の炭素原子の結合により成り立っている。

まず2個のsp²軌道の末端が重なり合って、σ結合が1本できる。残りのsp²軌道はHの1sとσ結合を生成する。ここに4個の水素原子と2個の炭素原子は同一平面上にある。残された $2p_z$ 軌道は接近して、新

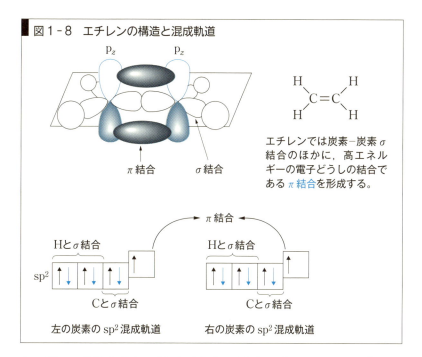

図1-8 エチレンの構造と混成軌道

エチレンでは炭素−炭素σ結合のほかに，高エネルギーの電子どうしの結合であるπ結合を形成する。

左の炭素のsp²混成軌道　　右の炭素のsp²混成軌道

しい形のp軌道どうしの側面−側面の重なりが生じる。このような側面が重なり合う結合はσ結合とは違ったものである。これを**π(パイ)結合**と呼ぶ。π結合はエチレン分子の平面の上下に等しく電子雲が存在する。π結合を形成する電子をπ電子と呼ぶ。このように平面分子のエチレンとπ結合の関係がsp²混成軌道によって説明される*15。

*15
Don't Forget!!
アルケンの二重結合の炭素はsp²混成軌道で結合している。

例題 1-3 C_3H_6 で示されるプロペン(プロピレン)の構造を書きなさい。

解答 C＝C二重結合部位はsp²混成軌道のため炭素水素は平面構造を保っているが，C−C単結合部位はsp³混成軌道であり，正四面体構造をとろうとするため，アルケンsp²の平面の上下方向に水素が存在する。

例題 1-4 C_5H_{10} で示すことのできる化合物を骨格構造ですべて書きなさい。

解答

アルケンにはシスとトランスの幾何異性体があることに注意が必要である。不飽和度(3章を参照)が1であるということは，二重結合が1つあるか環状であることを示している。

問5 C_4H_8 で示すことのできる化合物を骨格構造ですべて書き出しなさい。

2. アルキン 次に，アセチレン C_2H_2 の構造を考えてみよう。アセチレンは直線状分子で，H–C–C–H が一直線上にあることが知られている。この場合，炭素原子の昇位した状態から，2s と 3 個の 3p のうちの 1 個とを混成して，2 個の等価な混成軌道，**sp 混成軌道**を作り，混成しない $2p_y$, $2p_z$ 軌道が残る。sp 軌道は二方向に広がる軌道であるから，空間的に必然的に**直線状**となる。

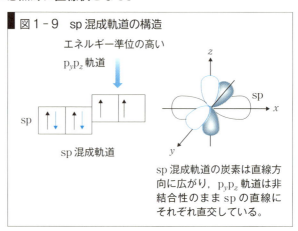

図1-9 sp混成軌道の構造

sp混成軌道の炭素は直線方向に広がり，$p_y p_z$ 軌道は非結合性のまま sp の直線にそれぞれ直交している。

$2p_y$, $2p_z$ 軌道は互いに直角であり，また sp 軌道にも直角となる。アセチレンでは 2 個の炭素原子の sp 軌道どうしが重なり合い，C–C 間 σ結合を形成する。残りの sp 混成軌道は水素原子の 1s 軌道と σ 結合を形成する。$2p_y$, $2p_z$ の 2 つの p 軌道は σ 結合している相手の $2p_y$, $2p_z$ 軌道と側面どうし重なり合い，エチレンの場合のように π 結合をする。

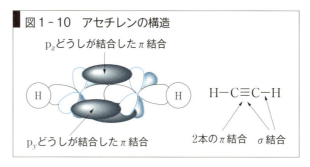

図1-10 アセチレンの構造

したがって直交する 2 つの π 結合が生成する。アセチレンの場合 2 組の π 結合はあたかも管状の電子雲の広がりの中に 4 個の π 電子が入っているようなものである[*16]。

*16
化学ナビ
単結合や二重結合，三重結合はそれぞれ炭素-炭素間の結合の様子が異なり，その違いはさまざまな測定機器を用いて調べることができる。IR（赤外線吸収スペクトル）という手法を使うと，それぞれの特徴的な結合が「ピーク」として現れる。また，NMR（核磁気共鳴スペクトル）という手法を使うと炭素や水素の空間的な情報を知ることができ，総合的に解析することにより，未知の物質の構造を推定することができる。有機化学ではこれら特徴的な構造を持つ部位を「**官能基**」と呼ぶが，それぞれの官能基は IR や NMR で特定することが可能である。また，UV-VIS（紫外可視分光光度法）という手法を使うと，二重結合や三重結合の特徴を光の吸収量や吸収波長で調べることができる。

例題 1-5 次の化合物のすべての炭素の混成状態を示しなさい。

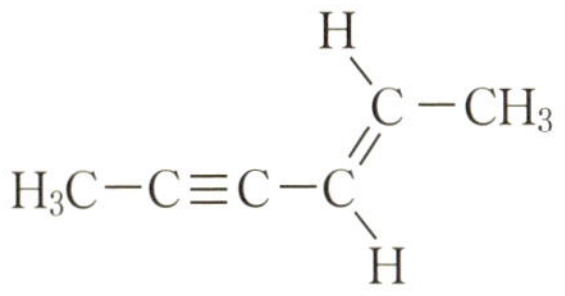

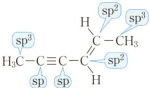

解答 二重結合は σ 結合 1 つと π 結合 1 つ，三重結合は σ 結合 1 つと π 結合 2 つからなる。それぞれの条件を満たす炭素の混成状態は以下のようになる。一般的には二重結合を形成する炭素（酸素や窒素も）は sp^2 混成，三重結合を形成する炭素は sp 混成である場合が多い。

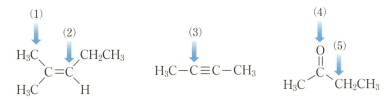

問 6 次の化合物の矢印で示した原子の混成状態を答えなさい。

(1) (2) (3) (4) (5)

H₃C\   /CH₂CH₃   H₃C−C≡C−CH₃   O
   C=C   ‖
H₃C/   \H   H₃C−C−CH₂CH₃

演習問題 A　基本の確認をしましょう

1-A1 炭素数 6 のアルカンの分子を書きなさい。これを (1) ケクレ構造式と (2) 骨格構造で書きなさい。

1-A2 原子番号 1 から 10 までの原子がそれぞれの軌道に入りうる電子の数を各軌道の電子構造を考えて書き入れなさい。（例：$1s^2 2s^2 2p_x$）

1-A3 次の化合物に部分電荷を書きなさい。その際 C–H 結合は省略してよい。

(1) 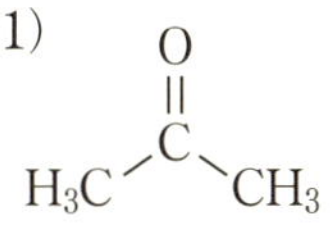　　　　　　　　(2) 　　　　　　(3) 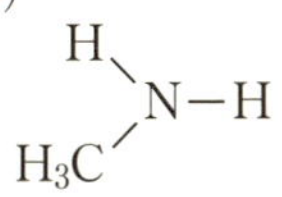
　　O　　　　　　　　　　　　　　　　H
　　‖　　　　　　　　　　　　　　　　 ＼
H₃C−C−CH₃　　　　H₃C−Li　　　　　　N−H
　　　　　　　　　　　　　　　　　H₃C／

1-A4 エタン，エテン（エチレン），エチン（アセチレン）の炭素の混成軌道を答えなさい。

1-A5 アセチレンの炭素の $p_y p_z$ 軌道はどのような位置に配置しているか答えなさい。

演習問題　B　もっと使えるようになりましょう

1-B1　次の化合物を（　）で示す構造へ直しなさい。

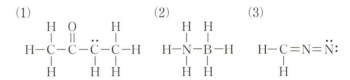

（骨格構造）　　　　　（ルイス構造）　　　　　（骨格構造）

1-B2　次の化合物の形式電荷を求めなさい。

(1)　　　　　　　　　　(2)　　　　　　(3)

$$\begin{array}{c}\text{H} \quad \text{O} \quad \text{H} \\ | \quad || \quad \ddot{} \quad | \\ \text{H}-\text{C}-\text{C}-\text{C}-\text{C}-\text{H} \\ | \quad\quad | \quad | \\ \text{H} \quad\quad \text{H} \quad \text{H}\end{array}$$

$$\begin{array}{c}\text{H} \quad \text{H} \\ | \quad | \\ \text{H}-\text{N}-\text{B}-\text{H} \\ | \quad | \\ \text{H} \quad \text{H}\end{array}$$

$$\begin{array}{c}\text{H} \\ | \\ \text{H}-\text{C}=\text{N}=\ddot{\text{N}}: \\ | \\ \text{H}\end{array}$$

1-B3　アレン $CH_2=C=CH_2$ の軌道はどのようになっているか。π電子雲を示しながら書きなさい。

1-B4　$C_5H_{12}O$ の分子式を持つアルコール（ここでは OH 基）を骨格構造で示しなさい。

1-B5　水分子の H–O–H 結合の結合角は 104.5° と折れ曲がった構造である。その理由を，酸素の混成軌道を参考に説明しなさい。

1-B6　メチルカチオンの炭素は sp^2 混成，メチルアニオンの炭素は sp^3 混成である。それぞれの分子の構造を表しなさい。なお，空の軌道も表しなさい。

あなたがここで学んだこと

この章であなたが到達したのは
- □ 有機化合物の構造と化学反応式が書ける
- □ 各原子の電子配置が書ける
- □ イオン結合と共有結合が説明できる
- □ sp^3 混成軌道と σ 結合ならびに π 結合を説明できる

この章では化学結合の基本を学習した。とくに有機化学で重要となる共有結合をよく理解しておこう。軌道を学ぶことにより，どうしてメタンが正四面体であるのか，水分子がくの字に曲がった構造なのかが理解できるようになったはずである。また有機化合物を形成する共有結合は極性があまりないことを学んだ。将来の研究者としてのあなたが，有機化合物を合成しようとするとき，官能基の影響や分子の立体構造などによって生じるわずかな電子の偏りを理解して反応メカニズムを想定し，実験計画を考えることになるであろう。有機化合物の反応の多くは，その中で生じるわずかな電子の偏りから起こることを今後学ぶことになる。

2章 酸・塩基

　酸と塩基は身近に存在する。酸としては酢やレモンなどがあり，塩基（アルカリ）としては石灰や木灰などがある。酸は，すっぱい味がする，青色リトマス紙を赤くする，金属と反応して水素を発生する，塩基を中和するなどの特徴がある。一方塩基は，舌を刺す灰汁の味がする，手につけるとヌルヌルする，赤色リトマス紙を青くする，酸を中和するなどの特徴がある。

　さて，梅干しは酸っぱいのにアルカリ性食品と呼ばれる。それは，人間の血液はpH7.4と弱塩基性であるが，梅干しは食した後に体内で分解され，血液のpHを塩基性にする方向に働くからである。一般に，野菜や果物，キノコ類を燃やすとナトリウム，カリウム，マグネシウムなどのミネラルが残り，塩基性を示すのでアルカリ性食品と呼ばれる。一方，肉，魚などを燃やすとリン，硫黄，塩素などのミネラルが残り，体内でリン酸，硫酸，塩酸になるため酸性食品と呼ばれる。

●この章で学ぶことの概要

　酸と塩基については，水溶液中で水素イオン濃度を高める物質を酸，水酸化イオン濃度を高める物質を塩基とするアレニウスの定義がある。さらに，水素イオン（プロトン）の授受によるブレンステッドとローリーの定義，さらに電子対の授受によるルイスの定義がある。本章では，電子対の移動を矢印で表しながら反応をデザインする方法について理解する。さらに，電荷や置換基の影響によっても酸塩基の強さが変化し，それが反応に与える影響についても学ぶ。

Let's TRY!

酸塩基性が環境に与える影響として，酸性雨がある。酸性雨の定義および，その発生原因をいくつかあげ，その対策および効果について説明できるようになろう。それが化学を学ぶ者の使命を意識することにつながるだろう。

予習 授業の前にやっておこう!!

1. 水素イオンと水酸化物イオンによる酸と塩基，アレニウスの定義

   アレニウスの酸：水に溶けて水素イオン H^+ を放出する物質

   アレニウスの塩基：水に溶けて水酸化物イオン OH^- を放出する物質

   水素イオン H^+ は水素原子から電子1個を取り去った陽子（プロトン）であるので，プロトンとも呼ばれる。

2. 化学平衡

   2-1 化学平衡とは，右向きの反応の速度と左向きの反応の速度が等しくなり，見かけ上，反応が停止している状態である。

   $$a\text{A} + b\text{B} \rightleftarrows c\text{C} + d\text{D} \tag{2-1}$$

   2-2 濃度平衡定数（K_c）とは，式（2-1）のA，B，C，Dの各反応種のモル濃度（mol/L），[A]，[B]，[C]，[D]に対して次の式（2-2）で表される定数である。

   $$K_c = \frac{[\text{C}]^c[\text{D}]^d}{[\text{A}]^a[\text{B}]^b} \tag{2-2}$$

3. 指数関数と対数関数

   指数関数　$y = 10^x$

   底が10の場合の対数関数　$x = \log_{10} y = \log y$

4. 水素イオン指数（pH）

   $$\text{pH} = -\log[\text{H}^+] \tag{2-3}$$

---

1. アレニウスの定義によると，次の物質は「酸」，「塩基」，「いずれでもない」のいずれに分類されるか。

   (1) HCl　(2) NaOH　(3) NaCl　(4) H_2SO_4

2. 式（2-2）において，反応種A，B，C，Dの濃度がそれぞれ 0.100, 0.0100, 0.0500, 0.0200 mol/L の場合の濃度平衡定数（K_c）を求めなさい。ただし，a, b, c, d はすべて1とする。

3. 次の水素イオン濃度の水溶液の水素イオン指数（pH）を計算しなさい。

   (1) 1.0×10^{-3} mol/L　(2) 1.0×10^{-1} mol/L

4. 次の水素イオン指数（pH）の水溶液の水素イオン濃度（mol/L）を計算しなさい。

   (1) pH = 3.0　(2) pH = 1.0　(3) pH = 10

2・1 ブレンステッド・ローリーの酸と塩基

酸性度と塩基性度は有機化合物の性質や反応性を学ぶにあたり，大変重要な事項である。ここでは**ブレンステッド・ローリー（Brønsted-Lowry）**の酸と塩基の定義について学ぶ。

ブレンステッド・ローリーの酸：水素イオン（プロトン，H^+）を与える物質

ブレンステッド・ローリーの塩基：水素イオンを受け取る物質

たとえば，塩化水素 HCl を水 H_2O に溶解した場合，次のような平衡が成立する。有機化学では水素イオン H^+ のことをプロトンと呼ぶことが多い。

$$H-Cl \; + \; \underset{H}{\overset{O-H}{|}} \; \rightleftharpoons \; \left[\underset{H}{\overset{H-O-H}{|}}\right]^+ \; + \; Cl^-$$

　　　酸　　＋　　塩基　　⇌　　共役酸　　＋　　共役塩基

ここで，水 H_2O は H^+ を受け取る物質，つまり塩基として働いている。酸が H^+ を与えて生成した物質（Cl^-）を**共役塩基**，塩基が H^+ を受け取って生成した物質（H_3O^+）を**共役酸**という。酸と塩基の反応により酸は共役塩基（酸→共役塩基）となり，塩基は共役酸（塩基→共役酸）となる。

一方，アンモニア（ammonia）NH_3 と水 H_2O との反応では，次のような平衡が成立する。ここでは水 H_2O は酸として働いている。

$$NH_3 \; + \; H_2O \; \rightleftharpoons \; NH_4^+ \; + \; OH^-$$

　　塩基　　　　酸　　　　　共役酸　　　共役塩基

このように水は反応する相手によってブレンステッド・ローリーの酸にも塩基にもなりうる。つまり，酸は塩基とよく反応するが，ブレンステッド・ローリーの定義によると，酸と塩基の反応は酸から塩基へのプロトンの移動反応ということができる。

> **例題 2-1**　(1) 次の化合物が水の中でブレンステッド・ローリーの酸として働いた場合の共役塩基を書きなさい。
> 　(a) CH_3COOH　　　(b) NH_4^+
> (2) 次の化合物が水の中でブレンステッド・ローリーの塩基として働いた場合の共役酸を書きなさい。
> 　(a) H_2O　　　　　(b) CH_3NH_2
> (3) 次の酸（CH_3COOH）と塩基（NH_3）の酸塩基反応の式の，(a) に共役酸を，(b) に共役塩基を書きなさい。
> 　　$CH_3COOH + NH_3 \rightleftharpoons$ (a) $+$ (b)

解答 (1) ブレンステッド・ローリーの酸が H^+ を与えて生成した物質が共役塩基である。

(a) CH_3COOH は水の中で次のように電離して平衡に達する。
$$CH_3COOH + H_2O \rightleftarrows CH_3COO^- + H_3O^+$$
CH_3COOH はブレンステッド・ローリーの酸として働いて H^+ を H_2O に与えて，CH_3COO^- となっているので，共役塩基は CH_3COO^- である。

(b) NH_4^+ は水中で次のように電離して平衡に達する。
$$NH_4^+ + H_2O \rightleftarrows NH_3 + H_3O^+$$
NH_4^+ はブレンステッド・ローリーの酸として働いて H^+ を H_2O に与えて，NH_3 となっているので，共役塩基は NH_3 である。

(2) ブレンステッド・ローリーの塩基が H^+ を受け取って生成した物質が共役酸である。

(a) H_2O は水中で次のように電離して平衡に達する。
$$H_2O + H_2O \rightleftarrows H_3O^+ + OH^-$$
H_2O はブレンステッド・ローリーの塩基として働いて H_2O から H^+ を受け取り，H_3O^+ となっているので，共役酸は H_3O^+ である。

(b) CH_3NH_2 は水中で次のように電離して平衡に達する。
$$CH_3NH_2 + H_2O \rightleftarrows CH_3NH_3^+ + OH^-$$
CH_3NH_2 はブレンステッド・ローリーの塩基として働いて H_2O から H^+ を受け取り，$CH_3NH_3^+$ となっているので，共役酸は $CH_3NH_3^+$ である。

(3) この反応では，CH_3COOH はブレンステッド・ローリーの酸として働くので，H^+ を NH_3 に与えて共役塩基の CH_3COO^- になる。一方，NH_3 はブレンステッド・ローリーの塩基として働くので，H^+ を受け取って共役酸の NH_4^+ になる。

よって，(a) NH_4^+ (b) CH_3COO^-

問1 次の化合物が水の中でブレンステッド・ローリーの酸として働く場合の共役塩基を書きなさい。

(1) CH_3CH_2OH (2) H_2O (3) H_3O^+

問2 エタノールは，硫酸に対しては塩基として働き，水素化ナトリウムのような強塩基に対しては酸として働く。この違いをブレンステッド・ローリーの定義を用いて説明しなさい。

2・2 酸と塩基の強さの表し方：酸性度定数

酸と塩基の反応は酸や塩基の強さに影響される。まず，酸や塩基の強さについて学ぶ。水溶液中で酸解離の平衡にある場合は，式(2-4)のように表される H_2O を塩基とする酸塩基反応である。ここで，酸 HA，共役塩基 A^-，オキソニウムイオン H_3O^+，水 H_2O のモル濃度をそれぞれ $[HA]$，$[A^-]$，$[H_3O^+]$，$[H_2O]$ で表すと，濃度平衡定数 K_c は予習で述べたように式(2-5)のように表される。

$$HA + H_2O \rightleftarrows H_3O^+ + A^- \tag{2-4}$$

$$K_c = \frac{[H_3O^+][A^-]}{[HA][H_2O]} \tag{2-5}$$

H_2O は溶媒でもあり，濃度は一定とみなせるので，濃度平衡定数を新たな定数 K_a で置き換える(式(2-6))。

$$K_a = K_c[H_2O] = \frac{[H_3O^+][A^-]}{[HA]} \tag{2-6}$$

この新たな定数 K_a を**酸性度定数(酸解離定数)**という。K_a の値は広い範囲に及び，たとえば，HCl は $K_a = 1.00 \times 10^{-7}$ であり，酢酸 CH_3COOH は $K_a = 1.74 \times 10^{-5}$ である。HCl や HNO_3 などの酸は大きな K_a を有しているのに対し，酢酸などの有機酸の K_a は一般に非常に小さい。そこで，K_a の逆数の常用対数を定義し(式(2-7))，この pK_a で酸と塩基の強さを表す。

$$pK_a = -\log K_a = \log\left(\frac{1}{K_a}\right) \tag{2-7}$$

強い酸(HA)の K_a は大きく，pK_a は小さい[*1]。このことは，その酸の共役塩基(A^-)の塩基性は弱いことを意味する。また，塩基の強さは共役酸の pK_a で表すことができる。共役酸の pK_a が大きいほど酸性は弱く，塩基性は強い。たとえば窒素の化合物であるアミン類は塩基として働く。この場合も，塩基の強さは，その共役酸の pK_a で議論するのが容易である。共役酸が弱い酸であるものが強い塩基である。

K_a と pK_a は一般的には水中で示すものであるが，他の異なる溶媒中や気相中の場合もある。

[*1]
Don't Forget!!
強い酸(HA)の K_a は大きく，pK_a は小さい。

例題 2-2 pK_a 5.0 の $(CH_3)_3CCOOH$ と，pK_a 10.0 の C_6H_5OH は，どちらが強い酸か説明しなさい。

解答 酸と塩基の強さを pK_a の大小で評価する場合，pK_a が大きいほど弱い酸であり，小さいほど強い酸である。$pK_a = 10.0$ の酸より，$pK_a = 5.0$ の酸のほうが強い酸である。したがって，pK_a 5.0 の $(CH_3)_3CCOOH$ のほうが強い酸である。

問 3 次の酸解離定数 K_a の pK_a を求めなさい。
(1) 1.00×10^{-7}　(2) 5.00×10^{-10}

2.3　酸と塩基の強さの違い

2-2節で学んだ K_a，pK_a は，酸と塩基の反応の平衡がどちらにどれくらい偏っているかを示す指標といえる。塩化水素 HCl（酸）は水 H_2O（塩基）中では，ほとんど酸解離している。つまり平衡が右に偏っている。右向きの矢印を長く，左向きの矢印を短く示して表すこともある。

$$HCl + H_2O \rightleftarrows Cl^- + H_3O^+$$
強い酸　　強い塩基　　　　弱い塩基　　弱い酸

酸と塩基の反応としては，より強い酸とより強い塩基が反応し，より弱い酸とより弱い塩基を与えるように進行する。このような酸と塩基の反応は pK_a により判断できる。HCl の pK_a は -7.0 で強い酸であるのに対し，H_2O の pK_a は 15.74 であり，その共役酸の H_3O^+ の pK_a は -1.7 であり HCl より弱い酸である。また，たとえば，酢酸イオンと水の反応では，酢酸の pK_a は 4.74 であることから，CH_3COOH はより強い酸であり，CH_3COO^- はより弱い塩基である。一方，水の pK_a は 15.74 であることから H_2O はより弱い酸であり，OH^- はより強い塩基であるので，平衡は左に偏っている。

$$CH_3COO^- + H_2O \rightleftarrows CH_3COOH + OH^-$$
弱い塩基　　弱い酸　　　　強い酸　　強い塩基

このように，酸塩基反応の進行は化合物の pK_a の大小に基づき予想される。pK_a の大きさに影響を及ぼす要因として次にあげる効果がある。

(1) 電荷の効果

共役塩基であるアニオンの安定性が大きいほど酸性が強い（pK_a が小さい）。たとえば，エタノールと酢酸では，プロトンを失って生じたアルコキシドイオンは負電荷が酸素上に局在化して不安定なのに対して，酢酸のカルボキシラートイオンは，共鳴により負電荷が安定化される理由で，酸性度は酢酸のほうが大きい。

$$CH_3CH_2-OH + H_2O \rightleftarrows CH_3CH_2-O^- + H_3O^+$$

$$CH_3C(=O)OH + H_2O \rightleftarrows \left[CH_3C(-O^-)(=O) \leftrightarrow CH_3C(=O)(-O^-) \right] + H_3O^+$$

(2) 置換基の効果

電気陰性度の大きい原子（置換基）がシグマ（σ）結合の結合電子を自

分のほうに引き寄せて，σ結合間に分極が生じるとき，これを**誘起効果**（I-効果；inductive effect）という。

一方，置換基がパイ（π）結合を介して電子を求引したり，供与したりする効果を**共鳴効果**（R-効果；resonance effect）という。たとえば，ハロゲンで置換した酢酸の酸性度を比較すると，ハロゲンの電気陰性度が大きいほど，さらにはハロゲンの置換度が大きいほど酸性度は大きい。

酸性度　CH_3CO_2H < $Br-CH_2CO_2H$ < $Cl-CH_2CO_2H$ < $F-CH_2CO_2H$
$pK_a =$　　4.76　　　　　2.90　　　　　　2.86　　　　　　2.59

酸性度　CH_3CO_2H < $Cl-CH_2CO_2H$ < Cl_2-CHCO_2H < Cl_3-CCO_2H
$pK_a =$　　4.76　　　　　2.86　　　　　　1.48　　　　　　0.70

また，有機化合物の構造と pH には，**ヘンダーソン-ハッセルバルヒ**（**Henderson-Hasselbalch**）**式**（式（2-8））の関係があり，各 pH における化合物の酸解離の濃度比（$[HA]/[A^-]$）を用いて，pK_a から見積もることができる。

$$pK_a = pH + \log\left(\frac{[HA]}{[A^-]}\right) \tag{2-8}$$

例題 2-3　(1) 次の反応の平衡はどちらに偏っているか説明しなさい。

$$HCOOH + CH_3NH_2 \rightleftarrows HCOO^- + CH_3NH_3^+$$

ただし，HCOOH の pK_a は 3.75 であり，$CH_3NH_3^+$ の pK_a は 10.64 とする。

(2) $ClCH_2COOH$ と CH_3COOH から生じる，$ClCH_2COO^-$ と CH_3COO^- のどちらの塩基性が強いか説明しなさい。

解答　(1) 酸の強さは pK_a の大きさで予想できる。pK_a が大きいほど弱い酸であり，pK_a が小さいほど強い酸である。HCOOH の pK_a は 3.75 であり，$CH_3NH_3^+$ の pK_a は 10.64 であることから，$CH_3NH_3^+$ より HCOOH のほうが強い酸である。したがって，HCOOH が酸解離する方向に平衡は偏っている。つまり，平衡は右に偏っている。

(2) 塩基性の強さは，その共役酸の pK_a で判断できる。共役酸が弱いほうが塩基性が強い。つまり，共役酸の pK_a が大きいほうが塩基性が強いといえる。CH_3COO^- の共役酸である CH_3COOH の pK_a が 4.76 であるのに対し，$ClCH_2COO^-$ の共役酸である $ClCH_2COOH$ の pK_a は 2.86 であるので，CH_3COO^- のほうが塩基性が強い。

問 4　次の化合物でどちらの酸性が強いと考えられるか。理由ととも

に答えなさい。

(1) $ClCH_2COOH$ と CH_3COOH

(2) シクロヘキサノールとフェノール

2　4　ルイスの酸と塩基

ルイス(Lewis) の定義によれば，

　ルイスの酸：酸は電子対を受け取るあらゆる物質(電子対受容体：空軌道を持つ)

　ルイスの塩基：電子対を供与するあらゆる物質(電子対供与体：非共有電子対を持つ)

ルイスの酸の典型的な例は，$AlCl_3$，$FeBr_3$，$ZnCl_2$，BF_3 のような金属塩である。たとえば BF_3 は NH_3 と次のように反応する。ここで，右辺の化合物中のBの"−"，Nの"+"は，それぞれの原子の形式電荷である。

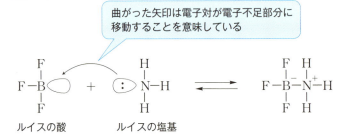

曲がった矢印は電子対が電子不足部分に移動することを意味している

ルイスの酸　　　　ルイスの塩基

ルイスの酸である BF_3 のホウ素原子Bは6個の価電子を持っており，NH_3 の窒素原子Nの孤立電子対(非共有電子対)を受け取って共有することにより，BもNも価電子が8個となりオクテットになる。一方，ルイスの塩基は孤立電子対を有する化合物である。つまり，ルイスの酸は電子不足な求電子試薬，ルイスの塩基は電子豊富な求核試薬でもある。ルイスの酸と塩基の反応は，電子に富んだルイスの塩基から電子が不足しているルイスの酸へ電子対が流れていると考えることができ，電子対の動きは"曲がった矢印"[*2] を用いて表される。

*2
Don't Forget!!
"曲がった矢印"は，"矢印の根元"の原子から"矢印の先端"の原子へと電子対が移動することを意味する。

結合が切れることを示す矢印　　電子対が移動して新しい結合ができる矢印

CH_3CO-H + $:\ddot{O}-H$ ⇌ $H-O-H$ + CH_3CO^-
　　　　　　　　　|　　　　　　　　|
　　　　　　　　　H　　　　　　　　H
酸　　　　　塩基　　　　　　共役酸　　　共役塩基

有機反応における極性反応はルイスの酸とルイスの塩基の酸塩基反応ということもできる。極性反応による炭素−炭素結合の開裂や生成にお

けるカルボカチオンとカルボアニオンもルイスの酸とルイスの塩基ということができる。また，水素イオンは電子対を受け入れる物質と考えるとルイスの酸といえ，ブレンステッド・ローリーの塩基は電子対でH^+を受け取ることからルイスの塩基といえる。そうすればルイスの酸と塩基の定義には，ブレンステッド・ローリーの定義も含まれることになる。

例題 2-4 次の化合物を，ルイスの酸，ルイスの塩基のどちらかに分類しなさい。

(1) $MgBr_2$ (2) $(CH_3)_3P$ (3) CH_3CH_2OH

解答 (1) $MgBr_2$ のマグネシウム原子 Mg は 2 族の元素であり，2 個の価電子を持っており，それぞれ Br と結合しているが，Mg はルイスの塩基 B の電子対を受け入れることができる。したがってルイスの酸である。

(2) $(CH_3)_3P$ のリン原子 P は 15 族の元素であり，5 個の価電子を有している。この中の 3 個が 3 個のメチル基 CH_3- と結合している。残った 2 個の電子が電子対としてルイスの酸 A に供与できることからルイスの塩基である。

(3) CH_3CH_2OH の酸素原子 O はルイスの塩基として，OH 基の水素原子 H はルイスの酸として働くことができるので両方である。

例題 2-5 次の酸塩基反応の生成物(a)を答えなさい。

$$BF_3 + (CH_3)_2O \longrightarrow (a)$$

解答 $H_3C-O-CH_3$ の酸素原子 O の電子対（曲がった矢印の根元，ルイスの塩基）が，BF_3 のホウ素原子 B（曲がった矢印の先，ルイスの酸）へ供与されることにより生成物が生じる。

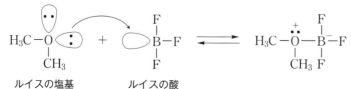

問5 次の反応でルイスの酸とルイスの塩基はどれか答えなさい。

$$\begin{array}{c} \text{Cl} \\ | \\ \text{Cl}-\text{Al} \\ | \\ \text{Cl} \end{array} + \begin{array}{c} \text{CH}_3 \\ | \\ :\text{N}-\text{CH}_3 \\ | \\ \text{CH}_3 \end{array} \rightleftarrows \begin{array}{c} \text{Cl} \quad \text{CH}_3 \\ | \quad\quad | \\ \text{Cl}-\text{Al}-\text{N}-\text{CH}_3 \\ | \quad\quad | \\ \text{Cl} \quad \text{CH}_3 \end{array}$$

有機反応化学においてルイス酸を反応に利用することは多い。それは，ルイス酸が空軌道を有しており電子対を受け取って共有結合を形成する性質を利用するためである。詳しい内容は後で出てくるが，ここでも簡単に紹介する。

カルボニル基の活性化

$$\text{CH}_3\text{CH}_2-\overset{\overset{\displaystyle O}{\|}}{C}-\text{CH}_3 + (\text{CH}_3\text{CH}_2)_2\text{O}\cdot \text{BF}_3$$

$$\longrightarrow \left[\begin{array}{c} :\overset{+}{\text{O}}{-}\bar{\text{B}}\text{F}_3 \\ \| \\ \text{CH}_3\text{CH}_2-\text{C}-\text{CH}_3 \end{array} \longleftrightarrow \begin{array}{c} :\ddot{\text{O}}{-}\bar{\text{B}}\text{F}_3 \\ | \\ \text{CH}_3\text{CH}_2-\underset{+}{\text{C}}-\text{CH}_3 \end{array} \right]$$

カルボニル基の孤立電子対がホウ素原子上の空軌道に入り込み，カルボニル基が活性化される。

演習問題 A　基本の確認をしましょう

2-A1 次の化合物の共役酸を書きなさい。

(1) NH_3 (2) CH_3O^-

2-A2 $\text{CH}_3\text{COOH} + \text{NH}_3 \rightleftarrows \text{CH}_3\text{COO}^- + \text{NH}_4^+$ の反応の平衡定数 (K) を，CH_3COOH と NH_4^+ の酸性度定数，$K_a(\text{CH}_3\text{COOH})$ と $K_a(\text{NH}_4^+)$ を用いて表しなさい。

2-A3 pK_a が 5.0 であるカルボン酸 RCOOH は，pH = 3.0 では，電荷を持った状態 RCOO$^-$ と RCOOH の状態のどちらが多いか。ヘンダーソン-ハッセルバルヒ式から予想しなさい。

2-A4 次の反応で $(\text{CH}_3)_3\text{B}$ は OH$^-$ との反応でルイス酸として働く。右辺の化合物 (A) の構造を答えなさい。

$$\begin{array}{c} \text{CH}_3 \\ | \\ \text{H}_3\text{C}-\text{B} \\ | \\ \text{CH}_3 \end{array} + \ ^-:\!\ddot{\text{O}}-\text{H} \longrightarrow (\text{A})$$

演習問題 B　もっと使えるようになりましょう

2-B1 1-プロパノールと HBr の反応で 1-ブロモプロパンが生成する反応を，電子の流れがわかるように曲がった矢印を使って説明しなさい。

2-B2 フェノールと安息香酸の混合有機溶液がある。一般的な試薬と

簡単な実験操作で両者を分離する方法を説明しなさい。

2-B3 ブレンステッド・ローリーの酸と塩基の定義では定義できないルイス酸化合物の例をあげなさい。

> **あなたがここで学んだこと**
>
> この章であなたが到達したのは
> - □ ブレンステッド・ローリーの酸と塩基を具体的な例を示して説明することができる
> - □ 共役酸と共役塩基を具体的な例を示して説明することができる
> - □ 酸性度定数 K_a と pK_a の関係を理解し説明することができる
> - □ ルイスの酸と塩基を具体的な例を示して説明することができる
>
> 酸と塩基というと分析化学に分類されることが多い。しかし，この章で学んだように酸と塩基にはいろいろな定義があり，一番広い解釈のルイスの酸と塩基の理解が有機化学では重要となる。ルイスの酸と塩基は電子の授受で定義され，触媒や官能基の活性化など，反応の進行にも大きく関与する因子となる。そして，H_2O のような孤立電子対を持つ分子は，相手によって酸になったり，塩基になったりする。また，酸は塩基と反応しやすいのは必然であるから，酸や塩基の強さは反応速度に影響を与えることもある。反応が急激に進むと爆発など危険を伴うこともあるので，合成実験においては，酸・塩基性を把握できることは重要なのである。

3章 アルカンとシクロアルカン

石油の主成分はアルカンであり、分留によって炭素数が6〜12個のアルカンで構成されるガソリン、10〜15個の灯油、10〜20個の軽油、17個以上の重油などに分けられる。また、炭素数が1〜5個のものは天然ガスと呼ばれ、その主成分はメタンである。天然ガスは都市ガスとして用いられており、石油や石炭に比べて燃焼したときの二酸化炭素の排出量が少ないことから、環境負荷の少ないエネルギーとして注目されている（環境負荷が少ない他の理由も調べてみよう）。

近年、採掘技術の発達により、これまで不可能であったシェールガスと呼ばれる硬い岩盤内に閉じ込められた天然ガスの採掘が可能になった。これにより、天然ガス輸入国であったアメリカが輸出国へと変わるなど、世界のエネルギー事情が一変した（シェールガス革命）。残念ながら、我が日本ではこのようなシェールガスが存在する岩盤が少ないため、その埋蔵量は少ないといわれている。

しかし、日本にはシェールガスとは別の天然ガス資源「メタンハイドレート」が豊富に存在している。メタンハイドレートはメタン分子を中心にして周囲を水分子が囲んだ構造を持ついわゆる包接水和物で、火をつけると燃えることから「燃える氷」と呼ばれることがある。メタンハイドレートは海底や永久凍土の奥深くなどの低温かつ高圧の条件下で存在し、西日本の南側の南海トラフに多く存在していると推定されている。これらの採掘技術が確立したら日本のエネルギー産出国の仲間入りも夢ではなくなるかもしれない。

●この章で学ぶことの概要

アルカンは有機化合物の中で最もシンプルな構造を持つが、それゆえ反応性は非常に低い。しかし、アルカンを構成する炭素原子はすべてsp^3混成軌道であるため、有機化合物の複雑な3次元構造の元になっている。この章ではアルカンとシクロアルカン（環状アルカン）の性質とその複雑な構造の基礎である立体配座異性体、そして数少ないアルカンの反応について学ぶ。

人工メタンハイドレートが燃える様子
（メタンハイドレート資源開発研究コンソーシアム提供）

予習　授業の前にやっておこう!!

1. 有機化合物の命名では，同じ置換基が複数ある場合は，その個数を表す倍数接頭語を用いる。なかには私達の日常生活に身近な倍数接頭語もある。防波堤に並べられた正四面体の「テトラ」(tetra)ポッド，五角形の建物の形状からつけられたアメリカ国防総省の愛称「ペンタ」(penta)ゴンなど。では8個を表す「オクタ」(octa)と関連する，八本足の愛嬌ある生物は？　そう，「オクト」パス，タコである。ここでは，有機化合物の命名によく使われる1から6までの倍数接頭語を予習しておこう。
2. 結合を表す線や，CやHを省略した構造式を描けるようになっておこう。
3. sp^3混成炭素の特徴である3次元構造を，構造式で表せるようになっておこう。

---

1. 炭素数が1から10までのアルカンの名称と分子式を答えなさい。

    炭素数1　メタン (methane)　CH_4
    炭素数2　……　　　　　　　　　わからないときは30ページを参照

2. 以下の化合物をトランス体とシス体に分類しなさい。

3. 次の化合物を，CやHを省略した構造式(骨格構造)に直しなさい。

    ①　$(CH_3)_2CH(CH_2)_3CH_3$

    ②　$CH_3CHCH_2CCH_3$ (with CH_3, CH_3, CH_3 substituents)

    ③ (cyclohexane with methyl)

4. エタンは3次元に広がった構造を持っている。その構造を図で示し，理由を答えなさい。

3　1　アルカンおよびシクロアルカンの命名と性質

3-1-1　アルカンおよびシクロアルカンの命名

アルカン (alkane) は炭素と水素から成る有機化合物の中でも最も基本的な炭化水素[*1]で，一般的な分子式は C_nH_{2n+2} で表される。また1つ以上の環構造を持つアルカンをシクロアルカン (cycloalkane) と呼ぶ。環構造を1つ持つシクロアルカンは，炭素数の同じアルカンと比べ水素が2個少なく，一般的な分子式は C_nH_{2n} で表される。

プロパン (propane) C_3H_8　　　ブタン (butane) C_4H_{10}　　　シクロブタン (cyclobutane) C_4H_8

[*1] **＋α プラスアルファ**

炭化水素
炭素Cと水素Hのみから構成されている化合物。

飽和炭化水素
C–CまたはC–H単結合のみを含む化合物。

直鎖アルカン
プロパンやブタンのように枝分かれのないアルカン。

不飽和度
多重結合や環構造がある場合に用いる概念。分子中に二重結合が1つ，あるいは環構造を1つ持つとき，不飽和度は1となる。

分子中に環構造が1つ増えるごとに水素の数は2個ずつ少なくなる。

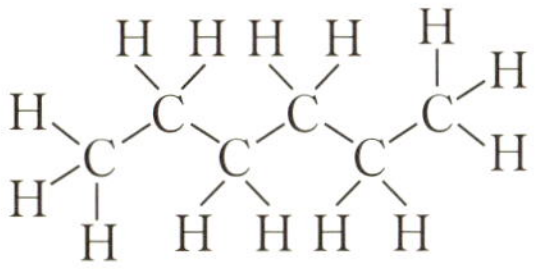

環構造なし	環構造1つ	環構造2つ
: C_6H_{14}	: C_6H_{12}	: C_6H_{10}

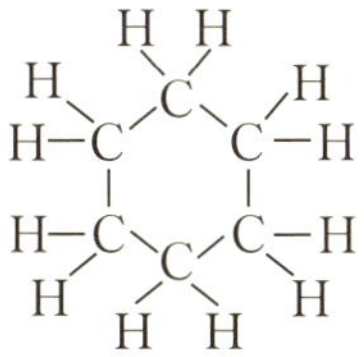

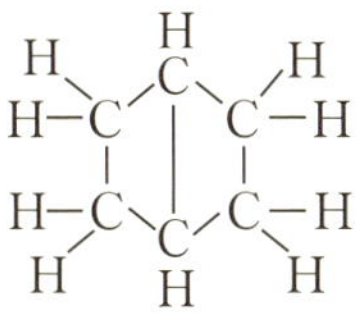

例題 3-1 炭素数が5で以下の条件を満たす化合物の分子式を書きなさい。

① アルカン
② 環構造を1つ含むシクロアルカン
③ 環構造を2つ含むシクロアルカン

解答 ① アルカンの分子式の一般式は C_nH_{2n+2} である。よって炭素数5のアルカンの分子式は C_5H_{12} となる。

② 環構造が1つ存在するごとに水素数は2つ減るので、C_5H_{10} となる。

③ ②より、C_5H_8 となる。

問1 環構造を持つアルカン $C_{10}H_{20}$ は何個の環を持つか答えなさい。

問2 炭素数が7で環構造を2つ持つ化合物の分子式を書きなさい。

有機化合物の命名は**国際純正および応用化学連合(IUPAC)**により作られた，**IUPAC(アイユパック)名**を用いる。IUPAC名は基本的に化合物を系統的に命名した**系統名**を用いるが，一部**慣用名**の使用も認められている。アルカンの系統的な命名は以下の規則に従って行う*2。

(1) 最も長い炭素鎖を**主鎖**とする。
(2) 主鎖の両端から位置番号をつけ，置換基の位置番号が小さくなるほうを選ぶ。位置番号が2つ以上続くときはコンマ (,) で区切り，番号と文字はハイフン (−) でつなぐ。
(3) 置換基をアルファベット順に並べる。同じ置換基が複数個ある場合は，置換基の数を示す接頭語を置換基の前に書く。接頭語はアルファベット順には考慮しない (例外：イソ，ネオ)。
(4) アルカンの置換基 (アルキル基) 名は，アルカンの末尾 − ane を − yl へ置き換えることによって命名する。

シクロアルカンもアルカンと同様に命名するが，以下の点が異なる。

(1) アルカン名の前に**シクロ (cyclo)** をつける。
(2) 先頭に来る置換基の位置番号を1とする。
(3) 一置換環状化合物の場合は置換基の位置番号はつけない。

*2
工学ナビ
慣用名は古くから慣用され，多くの文献に統一的に広く使われていた化合物名のことである。発見者が名づけることができるので，なかにはおもしろい慣用名も存在する。

WebにLink

[*3]
Don't Forget!!
アルカンの命名はIUPAC名という系統的につけられた名前を用いるが，いくつかの化合物は古くから慣習的に用いられている慣用名も認められている。

表3-1 アルカン名とアルキル置換基名

アルカン名	アルキル基名	アルカン名	アルキル基名
メタン (methane)	メチル (methyl)	ヘキサン (hexane)	ヘキシル (hexyl)
エタン (ethane)	エチル (ethyl)	ヘプタン (heptane)	ヘプチル (heptyl)
プロパン (propane)	プロピル (propyl)	オクタン (octane)	オクチル (octyl)
ブタン (butane)	ブチル (butyl)	ノナン (nonane)	ノニル (nonyl)
ペンタン (pentane)	ペンチル (pentyl)	デカン (decane)	デシル (decyl)

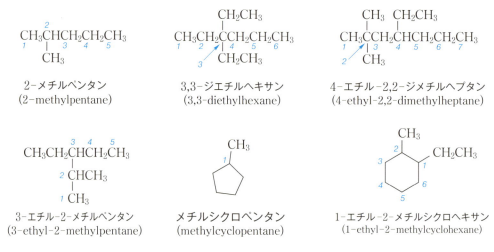

また，以下の簡単な化合物や置換基については慣用名が存在する[*3]。

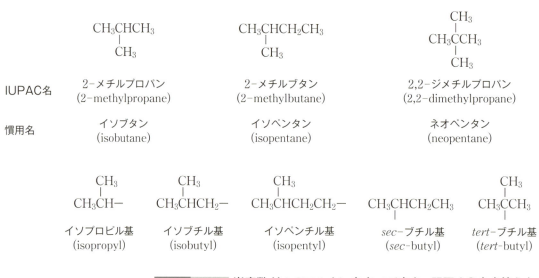

例題 3-2 炭素数が4のアルカンをすべて書き，IUPAC名を答えなさい。

解答 炭素数が4つのアルカンは以下の2つである。

CH₃CH₂CH₂CH₃   CH₃CHCH₃
                              |
                              CH₃

ブタン 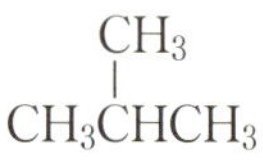   2-メチルプロパン

問3 次の化合物のIUPAC名を答えなさい。

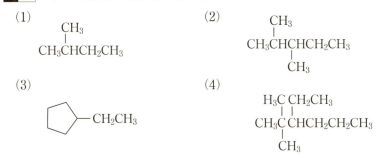

問4 次の化合物の構造を答えなさい。

(1) 4-メチルオクタン　(2) 2,3-ジメチルブタン
(3) 3-エチル-2,4-ジメチルヘキサン
(4) 1-エチル-2-プロピルシクロヘキサン

3-1-2 アルカンおよびシクロアルカンの性質

アルカンはその低い反応性のためほとんどの試薬に対して不活性である。また同程度の電気陰性度を持つ炭素と水素により構成されているため、極性は小さく、**ファンデルワールス（Van der Waals）力**と呼ばれる最も弱い分子間相互作用を形成している。このような相互作用はアルカンの沸点や融点に大きな影響を与えている。ファンデルワールス力は分子間の接触面積に影響を受ける。よって炭素鎖が長くなるとファンデルワールス力も大きくなり、沸点は上昇する（表3-2）。また、同じ分子式の直鎖アルカンと枝分かれのあるアルカン（**分岐アルカン**）では、直鎖アルカンのほうが接触面積は大きくなり沸点も高くなる[*4]。

表3-2　各アルカンの融点と沸点

アルカン名	沸点(℃)	融点(℃)	アルカン名	沸点(℃)	融点(℃)
メタン	-167.7	-182.5	2,2-ジメチルプロパン	9.5	-17.0
エタン	-88.6	-183.3	ヘキサン	68.7	-95.3
プロパン	-42.1	-187.7	ヘプタン	98.4	-90.6
ブタン	-0.5	-138.3	オクタン	125.7	-56.8
ペンタン	36.1	-129.8	ノナン	150.8	-53.5
2-メチルブタン	27.9	-160.3	デカン	174.0	-29.7

3-1-3 構造異性体と立体異性体

C_4H_{10}の分子式を持つ化合物は、ブタンのほかに2-メチルプロパンも当てはまる。このように、同じ分子式を持つが構造が異なるものを**異性体**と呼び、その中でもブタンと2-メチルプロパンのような原子の結合様式が異なるものを**構造異性体**と呼ぶ。また、原子の結合様式が同じであるが、3次元的な構造が異なる異性体を**立体異性体**と呼ぶ[*5]。

[*4] **工学ナビ**
壁やガラスなどさまざまなところにくっつくことができるヤモリの足は、1 cm² 当たり10万〜100万本もの細かな毛が密生している。この細かな毛の1本1本が、対象物にきわめて近い距離まで接近することにより発生したファンデルワールス力がその密着力のもとになっている。

[*5] **Don't Forget!!**
構造異性体
原子の結合様式が異なる異性体。
立体異性体
原子の結合様式が同じであるが、3次元的な構造が異なる異性体。

$$\underset{\text{ブタン}}{CH_3CH_2CH_2CH_3} \qquad \underset{\text{2-メチルプロパン}}{\overset{\overset{CH_3}{|}}{CH_3CHCH_3}}$$

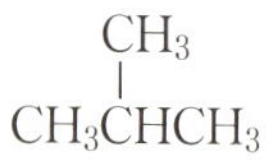

例題 3-3 C_6H_{14} の分子式を持つ構造異性体をすべて書きなさい。

解答 構造異性体を考える際はまず主鎖を書き，順番に置換基の位置を変えていくと見逃しが少なくなる。また，見直しの際に化合物の名前をつけると，重複しているかどうかがわかりやすい。

炭素鎖6つ　　　　炭素鎖5つ　　　　炭素鎖4つ

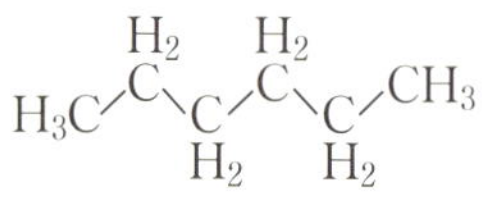

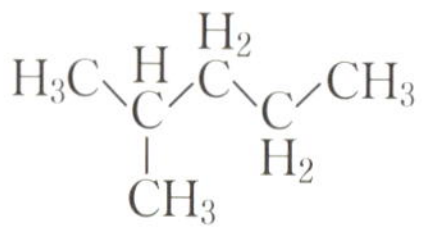

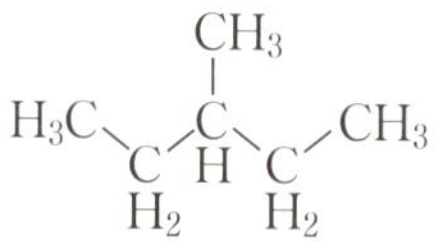

ヘキサン　　　2-メチルペンタン　　2,2-ジメチルブタン

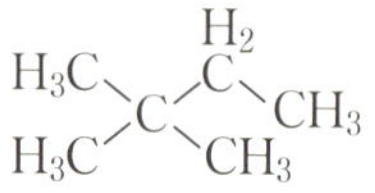

3-メチルペンタン 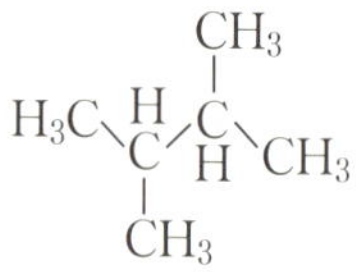　　2,3-ジメチルブタン

たとえば…

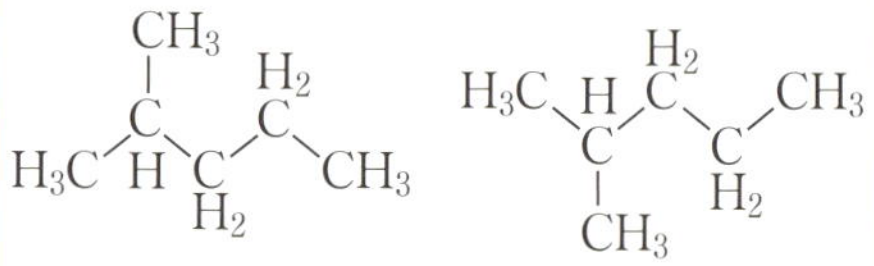

どちらも2-メチルペンタン

問 5 C_5H_{10} の分子式で環構造を持つ構造異性体をすべて書きなさい。
問 6 問5の化合物をすべて IUPAC 名で答えなさい。

3.2 アルカンやシクロアルカンの立体配座（conformation）

3-2-1 アルカンの立体配座

アルカンの sp^3 C-C 結合は自由回転が可能であり，この C-C 単結合の自由回転により生じる各原子の空間配座を**立体配座**（conformation）といい，立体配座が異なる立体異性体を**配座異性体**（conformer）と呼ぶ[*6]。異なる立体配座を表す方法として，**ニューマン（Newman）投影式**が用いられる。ニューマン投影式は一方の端から C-C 結合を重なるように見たときの，各置換基の3次元的な配置を表す。

[*6] Let's TRY!
シクロアルカンでも sp^3 C-C 結合は自由回転が可能だろうか。分子模型を使って調べてみよう。

図3-1 ニューマン投影式の見かた[*7]

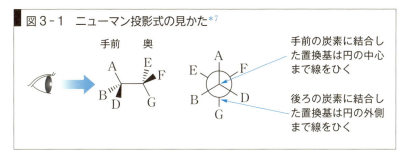

手前の炭素に結合した置換基は円の中心まで線をひく

後ろの炭素に結合した置換基は円の外側まで線をひく

[*7]
立体化学の書き方
紙面手前に結合が伸びている

紙面奥側に結合が伸びている

結合の書き方で置換基の立体的な配置を区別する。
本方法はよく利用する。

エタンのC-C結合を回転させたときのエネルギー図より，C-C結合が回転することによりエネルギーが増減していることがわかる。エネルギーが最も高くなるC-H結合がすべて重なった配座を**重なり形配座**（eclipsed），エネルギーが最も低くなるC-H結合が可能な限り離れた配座を**ねじれ形配座**（staggered）と呼ぶ。

図3-2

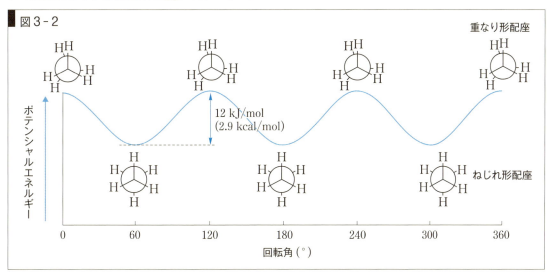

例題 3-4 C2-C3結合のまわりの回転で生じるプロパンの最も安定な構造と最も不安定な構造をニューマン投影式で書きなさい。

解答 最も安定な構造はねじれ形配座である。また，最も不安定な構造は重なり形配座である。

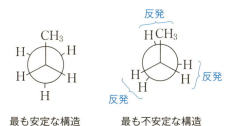

最も安定な構造　　最も不安定な構造

問7 C2-C3結合のまわりの回転で生じるブタンの最も安定な構造と不安定な構造をニューマン投影式で書きなさい。

問8 C2-C3結合のまわりの回転で生じるペンタンの最も安定な構造をニューマン投影式で書きなさい。

3-2-2 シクロアルカンの立体配座

シクロプロパンは三員環構造を持つ化合物であるが，通常アルカンが持つC-C-C結合角 109.5°よりも小さいために**結合角のひずみ**を持っている[*8]。さらにすべてのC-H結合が重なり形配座を持つためエネルギーが高く，他のシクロアルカンに比べ反応性も高い。シクロブタンも同様に大きな結合角のひずみを持つが，シクロプロパンよりもひずみが小さく，さらに環が少し折れ曲がった構造であるため，重なり形配座ではない[*9]。シクロペンタンは結合角のひずみは非常に小さいためにこれらの化合物に比べ格段に安定である。実際に自然界にはこの五員環や後に説明する六員環を持つ化合物が多く存在する。

[*8] **Let's TRY!**
エーテルは比較的安定な官能基である（9章を参照）が，エーテルの三員環の化合物であるエポキシドは反応性が高い。なぜ反応性が高くなるのか分子模型も使って調べてみよう。

[*9] **工学ナビ**
自然界には少ないながらも不安定な環構造を持つ化合物が存在する。世界初の抗生剤であるペニシリンは β ラクタム環と呼ばれる四員環構造を持っており，この構造を含む部位が細菌の細胞壁の溶解に作用し死滅させる。

3-3 シクロヘキサンの立体配座

3-3-1 アキシアルとエクアトリアル

シクロヘキサンは結合角のひずみやC-H結合の重なりによるひずみが少ない，**イス形立体配座**と呼ばれる安定な立体配座を形成する[*10]。イス形立体配座の構造をよく見ると，炭素に2種類の水素が結合しているのがわかる。

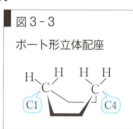

図3-3
ボート形立体配座

アキシアル水素とエクアトリアル水素

H_a がアキシアル水素
H_e がエクアトリアル水素

青で示した環の上下垂直の水素を**アキシアル水素**（axial-H），黒で示した上下斜めの水素を**エクアトリアル水素**（equatorial-H）と呼ぶ。シクロヘキサンはC-C結合の回転により，**環反転**（ring-flip）と呼ばれる2つの立体配座の相互変換が起こる。その際，アキシアル水素はエクアトリアル位に，エクアトリアル水素はアキシアル位に移動する[*11]。

[*10] **工学ナビ**
シクロヘキサンには**ボート形立体配座**と呼ばれるすべてのC-C-C結合が 109.5°の配座が存在するが，C-H結合が重なり形であることや，C1とC4の水素間による立体障害でイス形立体配座より不安定である。

[*11] **WebにLink**
・イス形立体配座の書き方
・分子模型の環反転のしかた（動画）

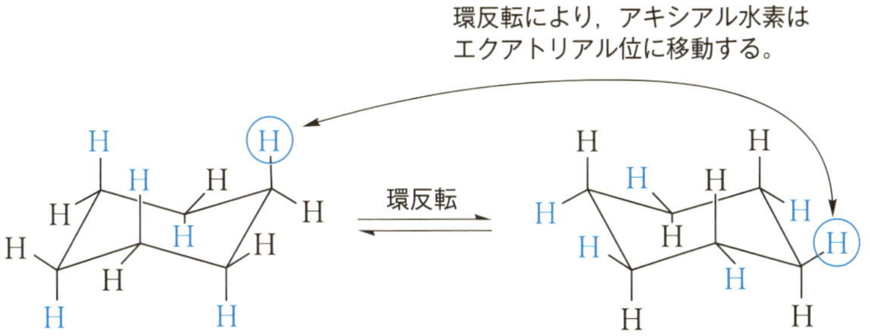

3-3-2 シクロヘキサンの安定性

メチルシクロヘキサンの構造を考えてみよう。メチル基がアキシアル位にある場合，メチル基と同じ側にあるアキシアル水素原子との距離が近くなり **1,3-ジアキシアル相互作用**（1,3-diaxial interaction）と呼ばれる**立体障害**（steric hindrance）が生じる。この効果により，メチルシクロヘキサンの立体配座は，メチル基がエクアトリアル配座になるものが多く存在する。

1,3-ジアキシアル相互作用

より安定な構造

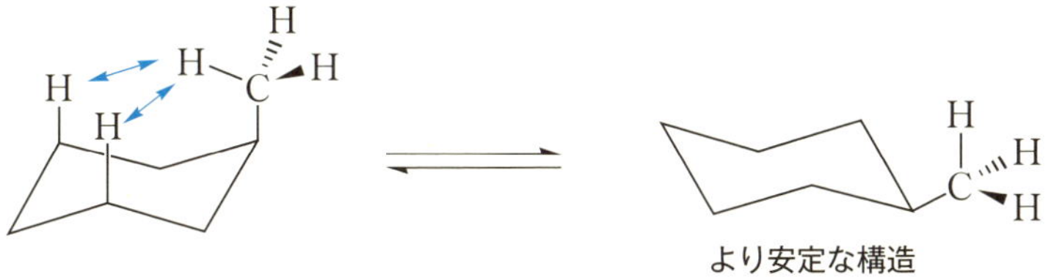

このような現象は他の置換基でも見られるが，立体障害が大きなものほどエクアトリアル配座の存在比が大きくなる。*cis*-1-*tert*-ブチル-4-メチルシクロヘキサンのような二置換シクロヘキサンでは，*tert*-ブチル基はメチル基よりも立体障害が大きいので，*tert*-ブチル基がエクアトリアル位にくるような立体配座となる*12。

*12
cis と *trans* は 4 章を参照。

*13
Don't Forget!!
立体障害の大きな置換基は1,3-ジアキシアル相互作用により，環反転してエクアトリアル位にくる。

cis-1-*tert*-ブチル-4-メチルシクロヘキサンの構造*13

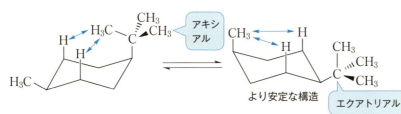

より安定な構造

例題 3-5 ブロモシクロヘキサンの最も安定な立体配座を書きなさい。

解答 ブロモ基は比較的大きい置換基なので，アキシアル位では1,3-ジアキシアル相互作用が生じる。よってブロモ基がエクアトリアル位にある右の構造が最も安定な立体配座となる。

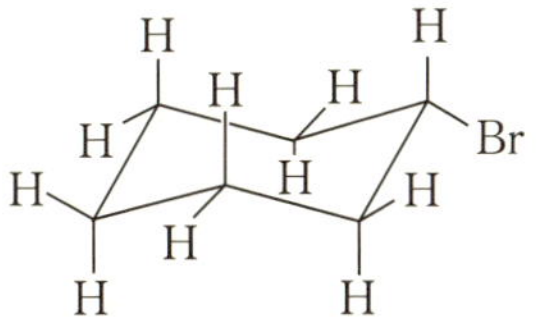

問9 次の化合物はトランス体とシス体のどちらになるか。

問10 エチルシクロヘキサンの最も安定な構造を書きなさい。

3 4 アルカンの反応

アルカンは他の官能基に比べ非常に反応性が低いが，アルカンは酸素と以下のように反応し，熱を発する。これらの反応で得られるエネルギーは，冬場の熱源や，車などのエンジンの動力などに変換されて用いられている[*14]。

$$CH_4 + 2O_2 \longrightarrow CO_2 + 2H_2O$$

また，**アルカンはCl_2のようなハロゲンと次式のようなラジカル置換反応**(radical substitution reaction)を示す。光または熱により塩素分子から塩素ラジカルが生成し，それが他の分子と反応を繰り返すことによりラジカル置換反応が連鎖的に進行する[*15]。次式のように，反応物が電子の移動を伴って生成物へと変化していく様子を示したものを**反応機構**(reaction mechanism)と呼ぶ。反応機構では電子の移動を曲がった矢印で示し，反応によってどの結合が切断し再結合するかを表す。有機化学において反応機構を考えることは重要で，反応を進行させたり反応を邪魔したりする因子を理解できる。

[*14] **工学ナビ**
石油中の大きな分子量を持つアルカンは，クラッキングと呼ばれる操作により，メタンなどの小さな分子量のアルカンへ変換することができる。

[*15] **Don't Forget!!**
アルカンは他の官能基に比べ非常に反応性が低く，燃焼反応やハロゲンとのラジカル置換反応しか起こさない。

[*16] **Don't Forget!!**
ラジカル反応の矢印は電子1個が移動することを思い出そう。後見返しを参照。

メタンと塩素のラジカル置換反応[*16]

$Cl-Cl \xrightarrow{\Delta \text{ or } h\nu} 2\,Cl\cdot$ 　　開始段階

$Cl\cdot + H-CH_3 \longrightarrow \cdot CH_3 + HCl$

$\cdot CH_3 + Cl-Cl \longrightarrow Cl\cdot + Cl-CH_3$ 　　成長段階

$Cl\cdot + \cdot CH_3 \longrightarrow Cl-CH_3$

$Cl\cdot + \cdot Cl \longrightarrow Cl-Cl$ 　　停止段階

$\cdot CH_3 + \cdot CH_3 \longrightarrow H_3C-CH_3$

問11 ヘキサンと酸素の反応の反応式を書きなさい。

問12　臭素とメタンの反応の反応式を書きなさい。

演習問題 A　基本の確認をしましょう

3-A1　次の化合物の構造を書きなさい。
(1) 3-メチルヘキサン　(2) 1,3-ジエチル-2-メチルシクロヘキサン
(3) 2,3,5-トリメチルヘプタン　(4) 3-エチル-4,4,5-トリメチルノナン
(5) 1,3-ジプロピルシクロブタン

3-A2　ブタンのC2-C3結合に沿って眺めたとき，C2の回転角に対するポテンシャルエネルギーを表しなさい。その際，60°回転するごとのニューマン投影式を書きなさい。

3-A3　C_6H_{12}の分子式で環構造を持つ構造異性体をすべて書きなさい。

3-A4　次の化合物のうちシス体を答えなさい。

(1)　　　　　　　(2) 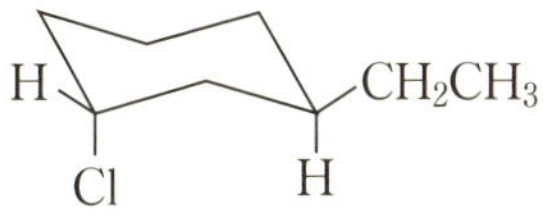　　　　　　　(3)

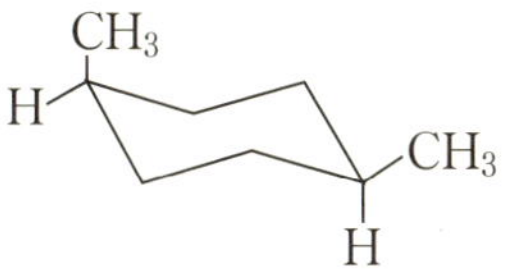

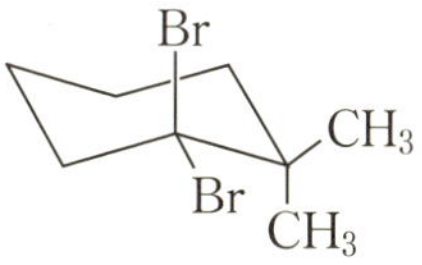

演習問題 B　もっと使えるようになりましょう

3-B1　次の化合物名は間違っている。正しい名前に直しなさい。
(1) 1,1,2,2-テトラメチルエタン　(2) 1-メチルシクロブタン
(3) 2-プロピルペンタン　　　　　(4) 3-イソプロピルヘプタン

3-B2　通常エーテル類は反応が低い化合物であるが，エチレンオキシドは反応性が高い。その理由を答えなさい。

エチレンオキシド

3-B3　1-ブロモ-2-クロロエタンの最も安定な立体配座をニューマン投影式で示しなさい。また，最も不安定な立体配座も示しなさい。

3-B4　1-*tert*-ブチル-2-エチルシクロヘキサンは，シス体とトランス体ではどちらが安定か答えなさい。

3-B5　メタンのラジカル塩素化の停止段階の反応でラジカル反応が停止する理由を答えなさい。

この章であなたが到達したのは
　□アルカンとシクロアルカンを命名できる
　□アルカンとシクロアルカンの立体配座異性体について説明できる
　□アルカンとシクロアルカンの反応について説明できる

　立体配座の違いでその化合物の反応性や物性が異なる場合がある。7章で学ぶE2反応や，タンパク質の物性を左右する2次構造や3次構造がその例である。アルカンの立体配座はそれらの基礎になるものである。アルカンの命名法（後の章で出てくるさまざまな官能基を持つ有機化合物の命名の基礎となる）と併せて，しっかりと身につけてもらいたい。

　アルカンは反応性が低いので化学原料としては不向きである。このため，アルカンを脱水素化してアルケンに変換する反応が重要になる。

4章 アルケンとシクロアルケン

アルケンの性質の中で植物に関する不思議について2つ紹介する。アルケンの中で最も単純な構造を持つエチレン $CH_2=CH_2$ は，植物が自分自身で作り出す植物ホルモンの一種で，常温で気体である。このエチレンは植物の成長に深く関わっており，種子の発芽促進，茎や根の伸長抑制，開花抑制，果実の成熟や落葉・落果の促進などの働きがある。このことを利用して，青い未成熟のバナナを日本に輸入後，エチレンガスを吹きかけて成熟期間を短縮させる。

また，アルケンであるテルペン（terpene）は天然に最も広く分布する植物成分で，イソプレン単位（C5）から構成されている。イソプレン単位が2つのものをモノテルペン（C10）と呼び，この中には，バラや柑橘類のような芳香を持ち，香水などに利用されているものもある。この構造はどのようなメカニズムで良い香りを出すのだろうか。

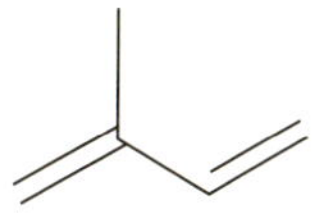

イソプレン

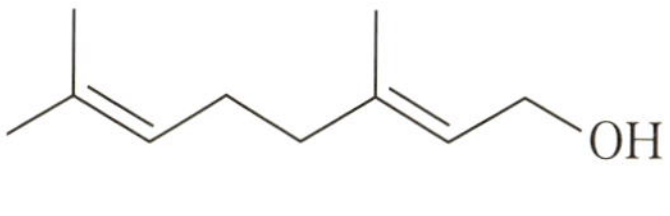

バラの香り 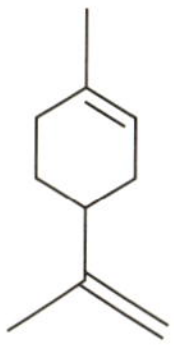　　　レモンの香り

● **この章で学ぶことの概要**

アルケンおよびシクロアルケンには，アルカンにはない炭素－炭素二重結合が存在する。すなわち，この炭素－炭素二重結合によって，自由回転ができなくなるので立体配置が固定され異性体が現れたり，この炭素－炭素二重結合上での種々の反応が起こることになる。

この章では，アルケンおよびシクロアルケンの合成法と多様な反応性について学ぶ。

先ほど紹介したエチレン $CH_2=CH_2$ は，石油化学工業の重要な原料であり，ポリエチレンやエタノールなどの我々の生活に欠かせない化学工業製品へと姿を変えていく。

予習 授業の前にやっておこう!!

1. アルカンは飽和炭化水素であり，アルケンは不飽和結合（炭素–炭素二重結合）を含んだ不飽和炭化水素である．
2. アルカンの一般式は C_nH_{2n+2} ($n \geq 1$)，二重結合を1個持つアルケンの一般式は C_nH_{2n} ($n \geq 2$) で表される．また，環状アルケンをシクロアルケンと呼ぶ．
3. 単結合の炭素は sp^3 混成軌道，二重結合の炭素は sp^2 混成軌道をとっている．
4. 二重結合の1本は σ 結合，もう1本は π 結合からなる．

---

1. 炭素3つ ($n=3$) のアルカン (1つ) とシクロアルカン (1つ) を書きなさい．また，各々のアルカンについている水素の数はいくつか． **WebにLink**
2. 炭素4つ ($n=4$) のアルカン (2つ) とシクロアルカン (2つ) を書きなさい．また，各々のアルカンについている水素の数はいくつか．
3. 二重結合を1個持っている炭素3つ ($n=3$) のアルケン (1つ) とシクロアルケン (1つ) を書きなさい．また，各々のアルケンについている水素の数はいくつか．
4. 二重結合を1個持っている炭素4つ ($n=4$) のアルケン (3つ) とシクロアルケン (3つ) を書きなさい．また，各々のアルケンについている水素の数はいくつか．

4·1 アルケンおよびシクロアルケンの命名

IUPAC 命名法によるアルケンおよびシクロアルケンの命名は，対応するアルカンやシクロアルカンの語尾 –ane を –ene に変えて命名する．たとえば，炭素2つ ($n=2$) のアルカンはエタン (ethane) なので，対応するアルケンはエテン (ethene) となる．また，環構造のシクロヘキサン (cyclohexane) はシクロヘキセン (cyclohexene) となる．

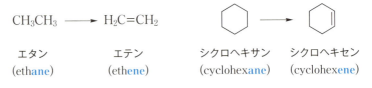

| エタン | エテン | シクロヘキサン | シクロヘキセン |
| (ethane) | (ethene) | (cyclohexane) | (cyclohexene) |

アルケンの命名は以下の規則に従う．

(1) 二重結合を含む最も長い炭素鎖を主鎖とし，主鎖の alkane を alkene に変換する．

(2) 二重結合の炭素が最小になるように番号をつける．置換基がある場合も同様である．

(3) 二重結合の位置は2つの炭素のうち小さいほうの番号で示す．シクロアルケンが炭素骨格となる場合は，二重結合炭素の片方の位置が自動的に1，他方が2となるので，二重結合の位置番号1を示す必要がない．

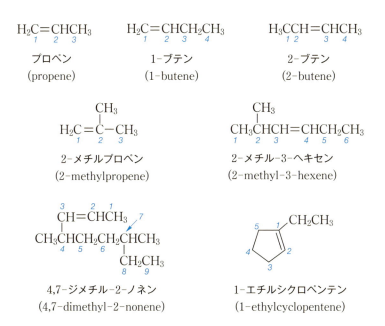

(4) 二重結合が2個, 3個, …ある場合は, 語尾を diene, triene, …のように変え, 二重結合の位置をつける。ただし, アルカンの語尾 -ane をすべて変えると子音が重なり発音ができなくなるので, -ane の a を残して変化させる。

$H_2C=CH-CH=CH_2$
1 2 3 4

1,3-ブタジエン
(1,3-butadiene)

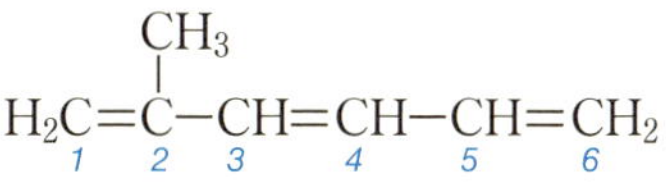

$H_2C=\overset{\overset{CH_3}{|}}{C}-CH=CH-CH=CH_2$
1 2 3 4 5 6

2-メチル-1,3,5-ヘキサトリエン
(2-methyl-1,3,5-hexatriene)

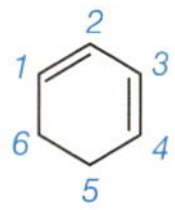

1,3-シクロヘキサジエン
(1,3-cyclohexadiene)

以下の簡単な化合物や置換基については慣用名が存在する。

	$H_2C=CH_2$	$H_2C=CHCH_3$	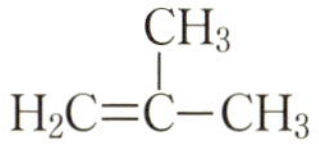 $H_2C=\overset{\overset{CH_3}{\|}}{C}-CH_3$
IUPAC名	エテン (ethene)	プロペン (propene)	2-メチルプロペン (2-methylpropene)
慣用名	エチレン (ethylene)	プロピレン (propylene)	イソブチレン (isobutylene)

$H_2C=CH-$
ビニル
(vinyl)

$H_2C=CH-CH_2-$
アリル
(allyl)

炭素-炭素二重結合は自由回転をしないので, 立体配置が固定されてシクロアルカンと同様に, シス-トランス異性体が存在する。シス-トランス異性体は立体配置の違いによる立体異性体である。たとえば,

1,2-二置換アルケンの場合，2つの立体異性体ができる。置換基が同じ側に並んでいる立体配置を**シス体**（*cis*），置換基が違う側に位置している立体配置を**トランス体**（*trans*）と呼ぶ。一般に，トランス体のほうが立体障害は小さいので，シス体に比べてより安定である。

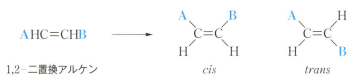

*1
R.S. Cahn, C.K. Ingold, および V. Prelog によって提案された。

C.K. Ingold

V. Prelog

二重結合の炭素に置換基が3つ以上ある場合や二重結合が複数ある場合は，*E/Z* 表示により立体を表現する。まず，**カーン・インゴルド・プレローグ**（Cahn–Ingold–Prelog）**順位則**により二重結合の炭素それぞれに存在する置換基を別々に順位づける。次に2つの優先順位1番の置換基が同じ側に並んでいる立体配置を *Z* 体，置換基が反対側に位置している立体配置を *E* 体と呼ぶ。立体表示は名前の前に配置する。*E/Z* 表示は，*E*, *Z* の前に位置番号を添えて括弧をつける[*1, *2]。

重要

AとB，DとEの間でどちらが優先順位が1番なのかを判断する

2つの1番の置換基が 同じ側：*Z* 体
2つの1番の置換基が 反対側：*E* 体

*2

E/Z 表示
E はドイツ語の Entgegen（反対側），*Z* はドイツ語の Zusammen（一緒）に由来している。

カーン・インゴルド・プレローグ（Cahn–Ingold–Prelog）**順位則**

(1) 二重結合の炭素に直接結合している原子の原子番号の大きいほうが優先順位が高い。

(2) 一番最初の原子が同じ場合，次の原子で比較する。違いが見つかるまで行う。

(3) 多重結合の場合，同じ数の単結合の原子と等価である。

例題 4-1　次の化合物の IUPAC 名を示しなさい。

(1)

$$\underset{H_3C}{\overset{H}{>}}C=C\underset{H}{\overset{\underset{|}{Cl}}{\underset{CHCH_2CH_2CH_3}{}}}$$

(2)

$$\underset{H}{\overset{H_3C}{>}}C=C\underset{H}{\overset{\underset{|}{CH(CH_3)_2}}{\underset{CHCH_2CH_2CH_3}{}}}$$

(3)

シクロヘキセンに $H_3C-\underset{\underset{CH_3}{|}}{\overset{CH_3}{\overset{|}{C}}}-CH_3$ が結合した構造

解答

(1)

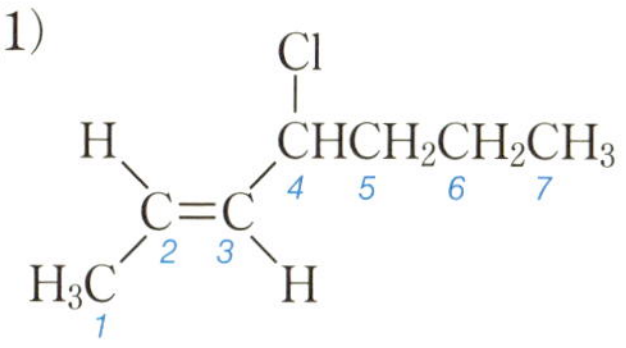

trans-4-クロロ-2-ヘプテン
(trans-4-chloro-2-heptene)

(2)

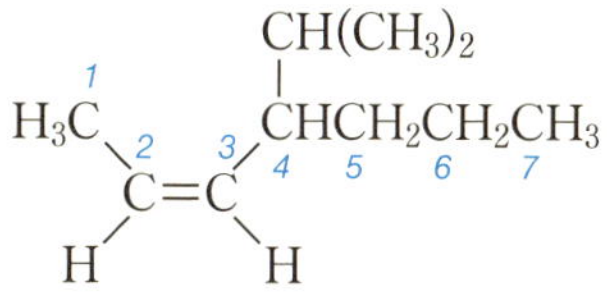

cis-4-イソプロピル-2-ヘプテン
(cis-4-isopropyl-2-heptene)

(3)

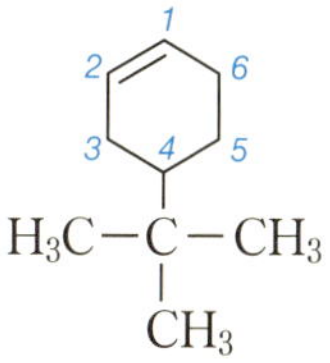

4-tert-ブチルシクロヘキセン（4-t-ブチルシクロヘキセンと略記するときもある）
(4-tert-butylcyclohexene)

問 1 次の化合物の IUPAC 名を示しなさい。

(1), (2), 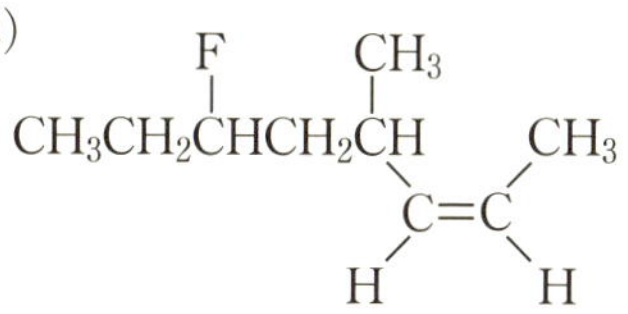 (3), 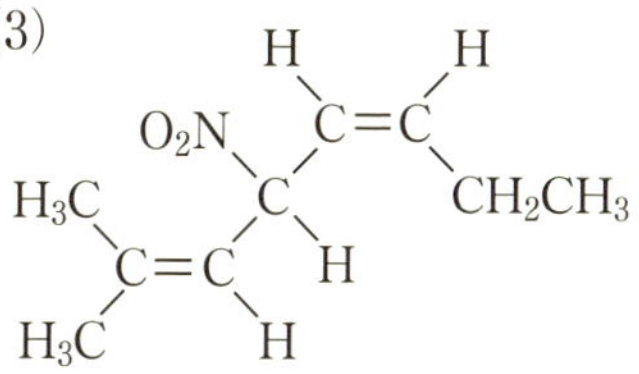 (4), 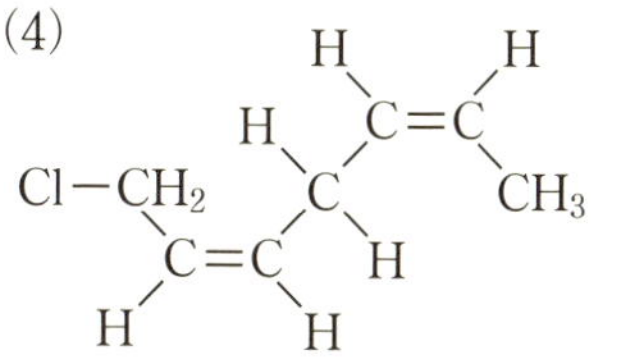 (5), 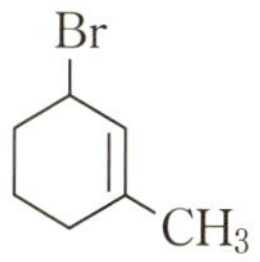 (6), 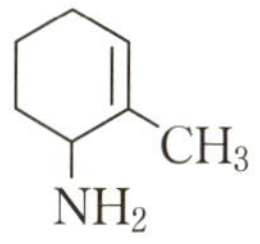 (7)

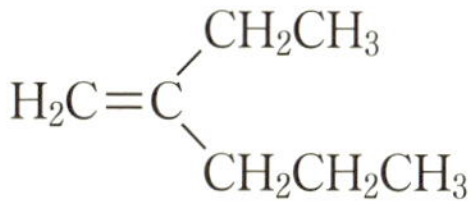

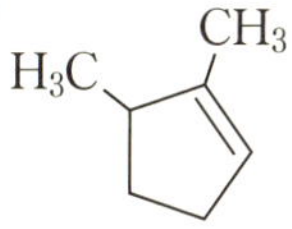

例題 4-2 次の化合物に E/Z 配置を帰属しなさい。

(1), (2), 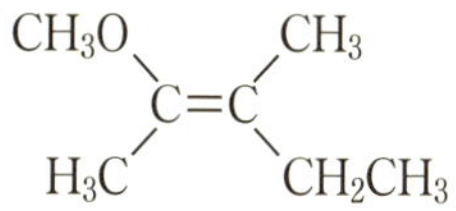 (3)

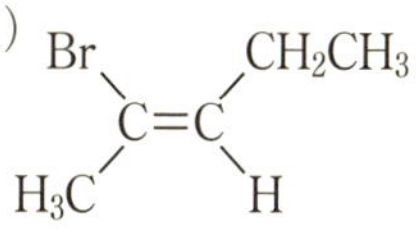

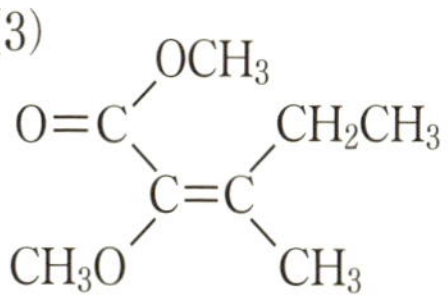

解答

(1) Z 配置

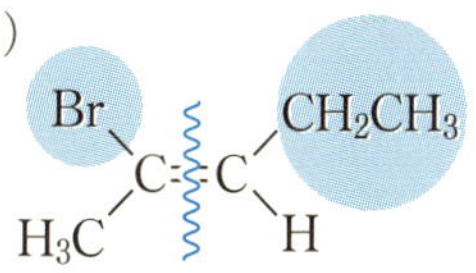

(2) E 配置

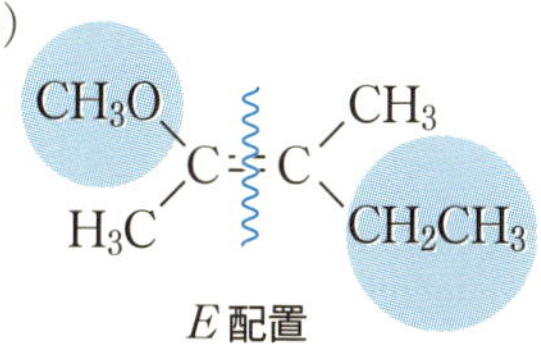

(3) E 配置

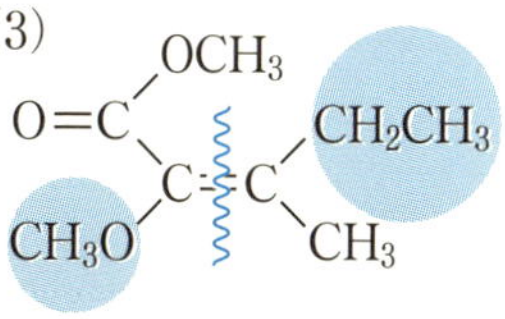

問 2 次の化合物に E/Z 配置を帰属しなさい。

(1) 構造式：CH_3CH_2 と $CH_2CH_2CH_3$ が上、H_3C と H が下の C=C

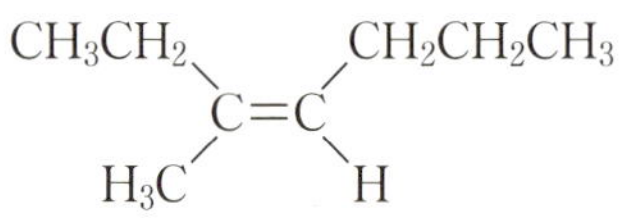

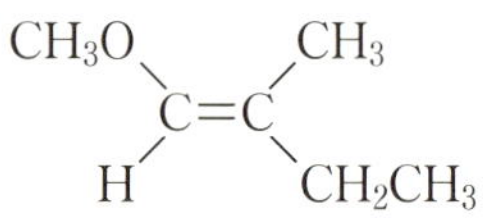

(2) 構造式：CH_3O と CH_3 が上、H と CH_2CH_3 が下の C=C

(3) 構造式：$H_2C=CH$、HO、$C=O$、H_3C、OCH_3 を持つ C=C

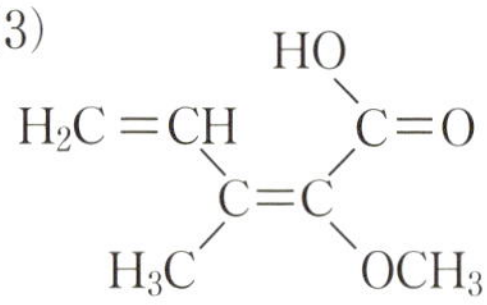

例題 4-3 次の化合物の IUPAC 名を示しなさい。

(1) 構造式（Br, H, CH₃, H を置換基に持つ共役ジエン）

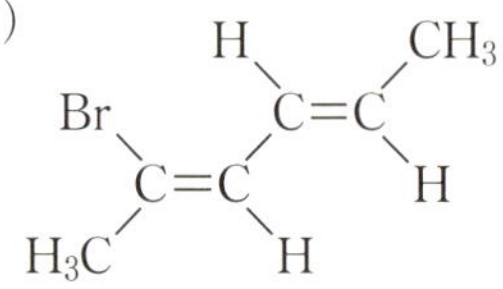

(2) 構造式（Cl, CH₃, H, CH₂CH₃ を置換基に持つ共役ジエン系）

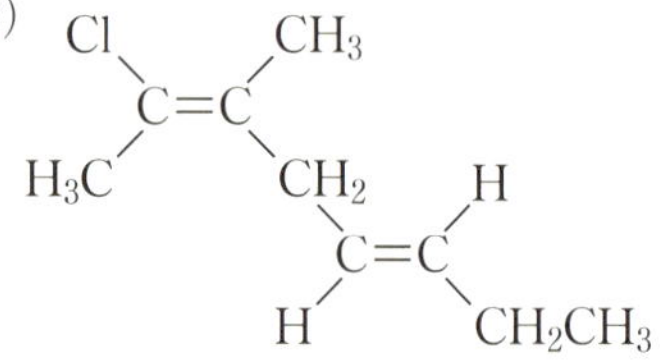

解答 (1)

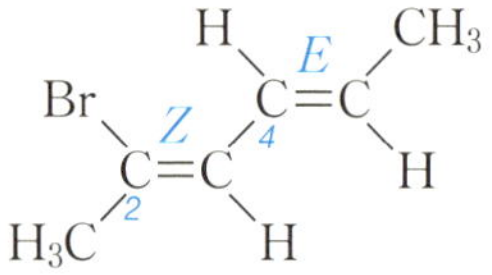

$(2Z, 4E)$-2-ブロモ-2,4-ヘキサジエン
($(2Z, 4E)$-2-bromo-2,4-hexadiene)

(2)

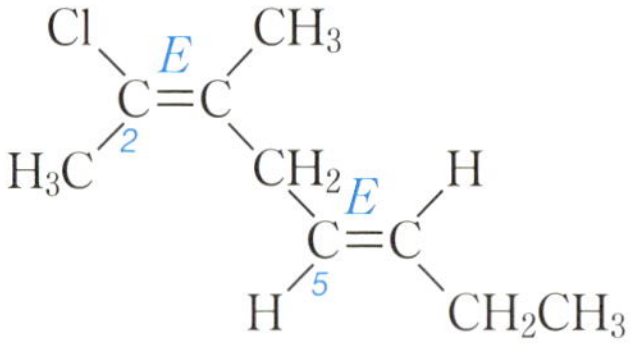

$(2E, 5E)$-2-クロロ-3-メチル-2,5-オクタジエン
($(2E, 5E)$-2-chloro-3-methyl-2,5-octadiene)

問 3 次の化合物の構造を書きなさい。

(1) 2-メチル-2-ブテン
(2) (E)-4-エチル-2,2-ジメチル-3-ヘプテン
(3) (Z)-3-エチル-2,2,3-トリメチル-4-ノネン
(4) 3-メチルシクロペンテン

4　2　アルケンの合成

アルケンは，アルコールからの脱水（8章）やハロゲン化アルキルからのハロゲン化水素 HX の脱離によって合成できる。この反応を **脱離反応**（elimination reaction）と呼ぶ[*3]。

アルケンの合成法

$$\underset{\substack{H\ H\\|\ \ |\\H-C-C-H\\|\ \ |\\H\ OH}}{} \xrightarrow{H_2SO_4} \underset{\substack{H\ \ \ \ \ \ H\\ \diagdown\ \ \diagup\\C=C\\\diagup\ \ \diagdown\\H\ \ \ \ \ \ H}}{} + H_2O$$

$$\underset{\substack{H\ H\\|\ \ |\\H-C-C-H\\|\ \ |\\H\ X}}{} \xrightarrow{NaOH} \underset{\substack{H\ \ \ \ \ \ H\\ \diagdown\ \ \diagup\\C=C\\\diagup\ \ \diagdown\\H\ \ \ \ \ \ H}}{} + HX$$

[*3] **Let's TRY!!**
有機化合物から水分子を奪い去る反応を脱水反応という。最も利用されているのは硫酸であるが，他にも脱水剤は数多く研究が行われ多種多様である。実際に何を合成するためにどのような脱水剤が利用されているのか，さらにはなぜ硫酸を使わないのかなど，調べてみよう。

4　3　アルケンへの求電子付加反応

アルケンの最も特徴的な反応は，π 結合が切れて 2 本の σ 結合に変わり，単結合となる反応である。この反応は **付加反応**（addition reaction）と呼ばれ，形式的には，脱離反応の逆反応である。

アルケンの π 結合を形成する 2 個の電子は反応性に富み，電子が不足した試薬（**求電子試薬**；electrophile：E^+ と表記）と出会うと，この試薬に電子を渡して共有結合を作る。この反応を **求電子反応**（electrophilic reaction）という。この際，π 結合を形成していた片方の炭素は電子が不足して，電子を豊富に持つ試薬（**求核試薬**；nucleophile：Nu^- と表記）と反応する。結果的には，炭素－炭素二重結合が消えて新たに 2 つの基（E と Nu）が付加したことになる。求電子試薬が反応を開始し，付加反応が起こることから **求電子付加反応**（electrophilic addition reaction）という。

アルケンの求電子付加反応

電子が不足　　　　　　　　　　　電子が豊富

$$\underset{電子が豊富}{\underset{H_3C}{\overset{H_3C}{>}}C=C\underset{CH_3}{\overset{CH_3}{<}}} + E^+ \longrightarrow H_3C-\underset{E}{\overset{CH_3}{\underset{|}{\overset{|}{C}}}}-\underset{\underset{電子が不足した炭素原子\\（カルボカチオン）}{CH_3}}{\overset{CH_3}{\underset{|}{\overset{|}{C^+}}}} \xrightarrow{:Nu^-} H_3C-\underset{E}{\overset{CH_3}{\underset{|}{\overset{|}{C}}}}-\underset{Nu}{\overset{CH_3}{\underset{|}{\overset{|}{C}}}}-CH_3$$

4-3-1 ハロゲン化水素 HX の付加

アルケンはハロゲン化水素 HX と反応してハロゲン化アルキルを与える。たとえば，エテンは塩化水素 HCl と反応してクロロエタンを与える。この反応は 2 段階で起こり，途中にカルボカチオン中間体を経由している。

アルケンとハロゲン化水素の反応機構

エテン　　　　　　カルボカチオン中間体　　　　クロロエタン

まず，イオン解離した H^+ がエテンの電子豊富な π 結合に近づくことにより反応が開始される。ここで H^+ が求電子試薬 E^+ となる。C–H 結合が形成されると同時に**カルボカチオン中間体**が生成する。そのカルボカチオンに対して Cl^- が攻撃して C–Cl 結合ができ，クロロエタンとなる。ここで Cl^- が求核試薬 Nu^- となる。

エテンのような左右対称なアルケンの塩化水素の求電子付加反応をみてきたが，左右非対称なアルケンであるプロペンで塩化水素の求電子付加反応を取り上げてみたい。生成物として 2 種類考えられる。どちらが主生成物になるだろうか？

プロペン　　　　　　2-クロロプロパン　　　　1-クロロプロパン

1 段階目で生成するカルボカチオン中間体の安定性が鍵になる。アルキル基は電子供与性のため，アルキル基がより多く結合したカルボカチオンが安定となる。カルボカチオンは結合しているアルキル基の数により，メチル，第一級，第二級，第三級カルボカチオンに分類され，安定性はメチル＜第一級＜第二級＜第三級の順になる。

$$H-\overset{+}{C}H_2 \quad < \quad R-\overset{+}{C}H_2 \quad < \quad R-\underset{R}{\overset{+}{C}H} \quad < \quad R-\underset{R}{\overset{+}{C}}-R$$

そこで，先の反応を詳しく調べてみると，第二級カルボカチオンが生成する 2-クロロプロパンが主生成物であることがわかる[*4]。

*4
+α プラスアルファ

マルコウニコフ(Markovnikov)は，非対称アルケンに HCl などの HX 型の求電子試薬を付加する場合，H はより多くの水素原子が置換している sp^2 炭素に，X は水素原子の結合が少ないほうの sp^2 炭素にそれぞれ結合した付加物が主生成物となることを見出した。この経験則を**マルコウニコフ則**と呼ぶ。

マルコウニコフ

非対称アルケンと塩化水素の反応機構

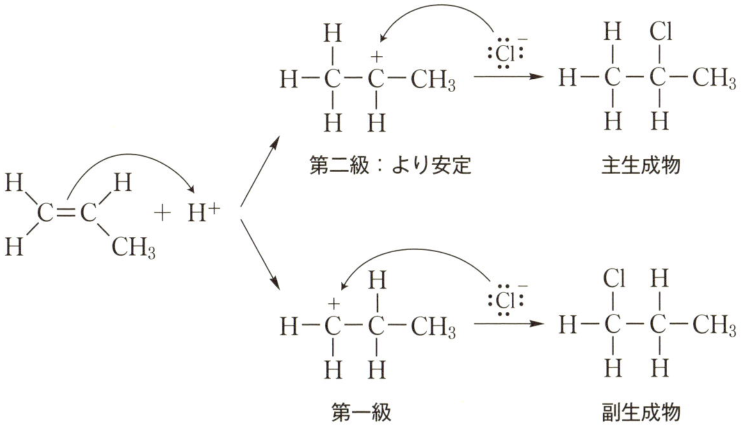

4-3-2 ハロゲン X_2 の付加

アルケンはハロゲン (X_2: X = Cl, Br, I) と反応してジハロゲン化アルキルを与える。

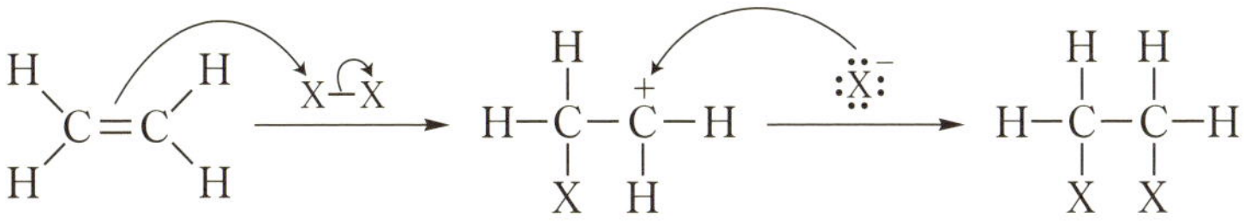

臭素の付加反応では橋かけ型のブロモニウムカチオンが中間体となるため，トランス付加した生成物がおもに生成する。

アルケンとハロゲンの反応機構

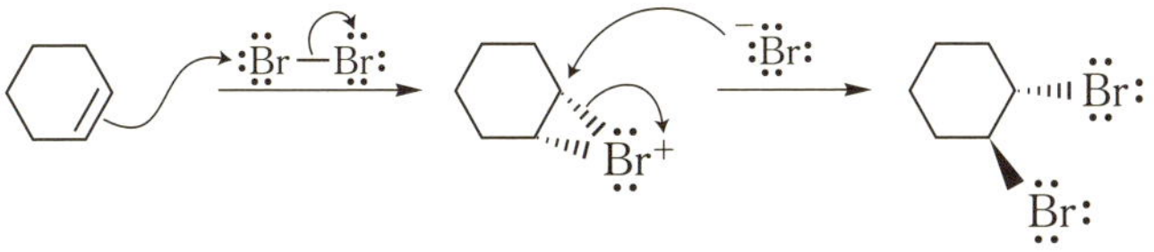

4-3-3 硫酸の付加

アルケンは硫酸と反応して硫酸エステルを与える。硫酸エステルは水と反応してアルコールに分解する。

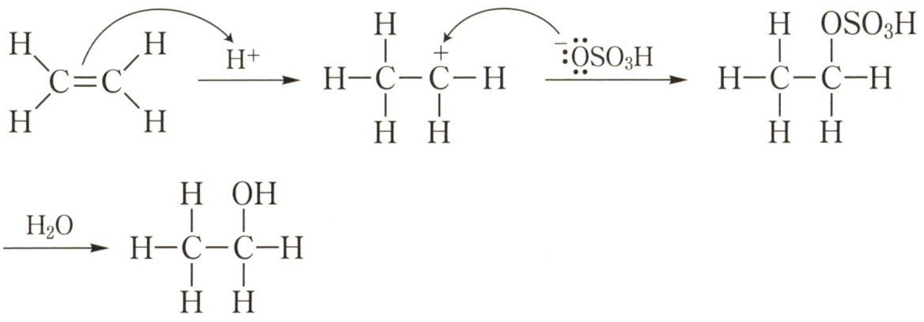

4-3-4 酸触媒による水の付加

アルケンは硫酸などの酸触媒存在下，水と反応してアルコールを与える[*5]。

アルケンの水和反応

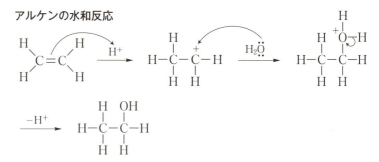

*5
エチレンの酸触媒下での水和反応は，工業的なエタノール合成方法として重要である。

4-3-5 ボラン BH_3 の付加

アルケンはボラン BH_3 と反応してアルキルホウ素化合物を与える。この反応を**ヒドロホウ素化**（hydroboration）という。生成したC-B結合は，過酸化水素とアルカリによりC-O結合に変換されアルコールとなる[*6]。

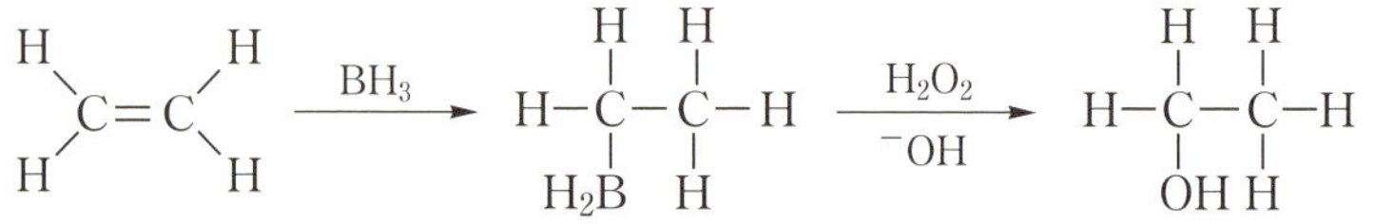

*6 Let's TRY!
この反応はマルコウニコフ則に従わない。どうしてか調べておこう。

例題 4-4 1-メチルシクロヘキセンに塩化水素を付加反応させた。考えられる生成物を2種類あげ，どちらが主生成物となるかを考察しなさい。

解答 マルコウニコフ則に従い反応が進む。途中に生成するカルボカチオン中間体がより安定なほうの生成物が主生成物となる。

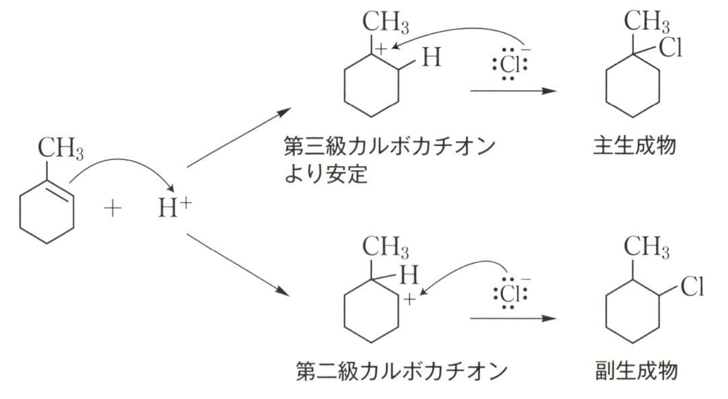

第三級カルボカチオン より安定 → 主生成物

第二級カルボカチオン → 副生成物

問4 2-メチル-2-ブテンの臭化水素との反応において主生成物を答え，なぜその化合物が優先的に生成するか答えなさい。

4-4 アルケンの酸化および還元

4-4-1 酸化反応

アルケンは過マンガン酸カリウムと反応した場合，その反応条件によって生成物が違ってくる。希薄な過マンガン酸カリウムを塩基性条件，冷却下で行うとシス-1,2-ジオール体が得られる。一方，酸性条件，加熱下で行うと2分子のカルボニル化合物が得られる。

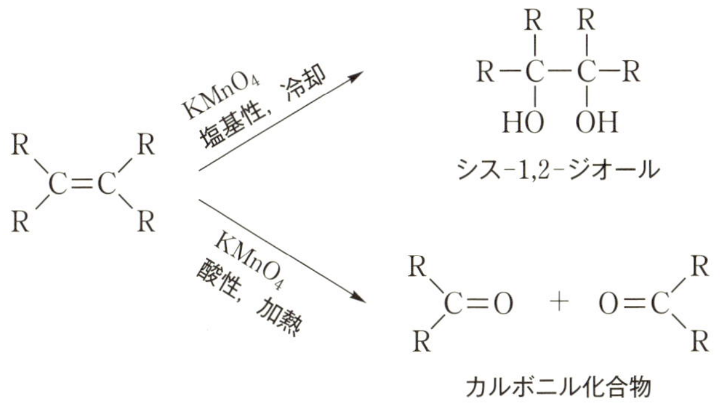

ここで，シス-1,2-ジオール体が得られるのは，途中に次のような中間体が形成するためである。

塩基性条件下でのアルケンと過マンガン酸カリウムの反応

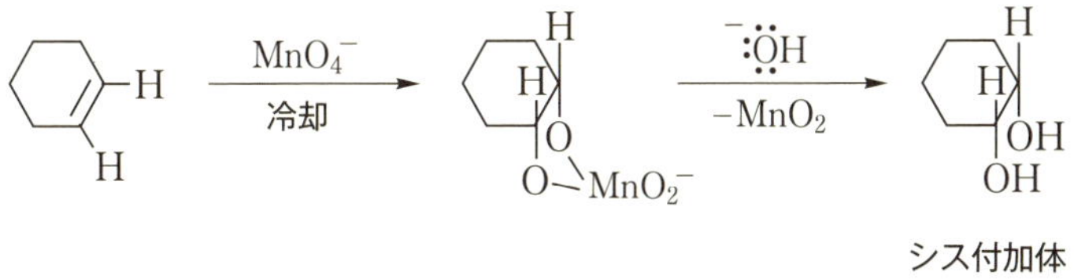

また，酸性条件，加熱下で行うと，生成したアルデヒドはすぐに酸化されてカルボン酸となる。

酸性条件下でのアルケンと過マンガン酸カリウムの反応

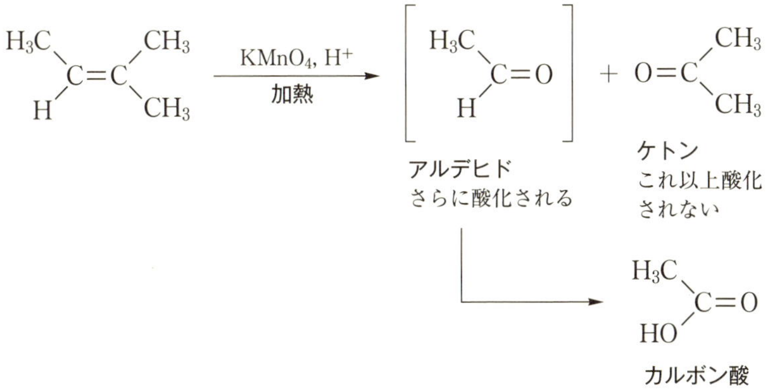

アルケンの二重結合を切断するもう1つの反応として**オゾン分解**(ozonolysis)がある。反応途中でオゾンが作用してオゾニドが生成するが，これを還元することで2種類のカルボニル化合物が得られる。

*7 **Don't Forget!!**
酸化力の比較
$KMnO_4 > O_3 > H_2SO_4$ である。H_2SO_4 は二重結合まで酸化することはできない。この考え方は諸君が合成研究を行う際に役に立つはずである。

オゾン分解では，アルデヒドはこれ以上酸化されない*7。

アルケンのオゾン分解反応

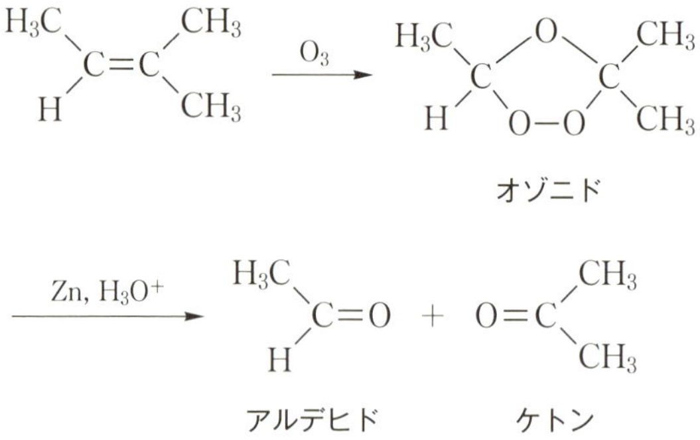

4-4-2 還元反応

アルケンを白金，パラジウム，ニッケルなどの金属触媒存在下，水素と反応させるとアルカンが得られる。この反応は**水素添加反応**と呼ばれ，2個の水素原子は金属触媒の作用によりアルケンの同じ側から付加する（シス付加）。

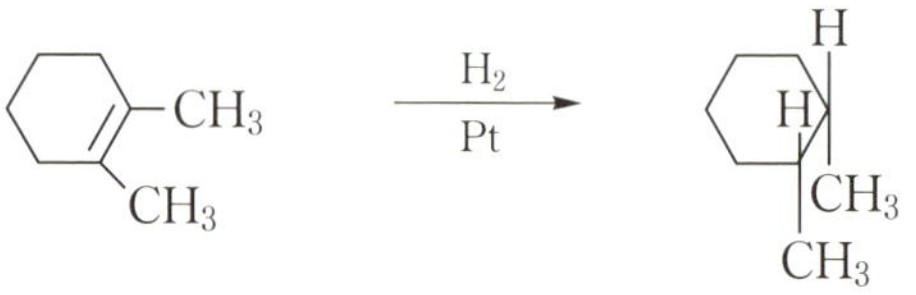

例題 4-5 シクロヘキセンを酸性条件，加熱下で過マンガン酸カリウムと反応させた。生成物は何かを答えなさい。

解答 酸性条件，加熱下で過マンガン酸カリウムと反応させた場合，生成したアルデヒドはすぐに酸化されてカルボン酸となる。よって生成物は次の化合物になる。

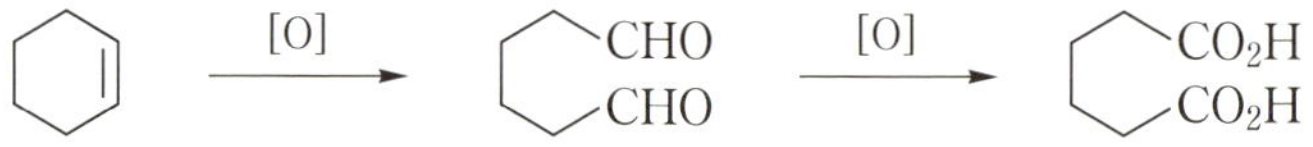

問 5 1-メチルシクロペンテンを次の試薬と反応させた。生成物は何かを答えなさい。

(1) H_2O ／ H_2SO_4（触媒）

(2) Br_2

(3) H_2 ／ Pt

(4) $KMnO_4$ ／ KOH，0℃

(5) $KMnO_4$ ／ H_2SO_4，加熱

(6) (ⅰ) O_3　　(ⅱ) Zn ／ H_3O^+

4-5 共役ジエンの1,4-付加反応

二重結合が2個以上ある炭化水素において、二重結合が2個以上の単結合で隔てられている場合は、それぞれの二重結合の性質は単純なアルケンと同じである。一方、二重結合が1個の単結合で隔てられている場合は、**共役二重結合**(conjugated double bond)と呼ぶ。共役二重結合から成るジエンを**共役ジエン**(conjugated diene)と呼び、単純なアルケンとは異なる付加反応を起こす。1,3-ブタジエンへの臭素の付加反応で説明する。1,3-ブタジエンへ1モルの臭素を付加させると2種類の生成物が得られる。これは、生成したカルボカチオン中間体が共鳴安定化により、もう1つのカルボカチオン中間体が生成するためである。最初に付加する炭素を1番目とすると、4番目の炭素に次の付加が起こることから、この生成物のことを1,4-付加体もしくは共役付加体という[*8]。

*8 Let's TRY!!
どちらの付加体が主になるかは、反応するときの温度に依存する。このような理解が現実の課題での応用力につながるので、どうしてなのか調べておこう。

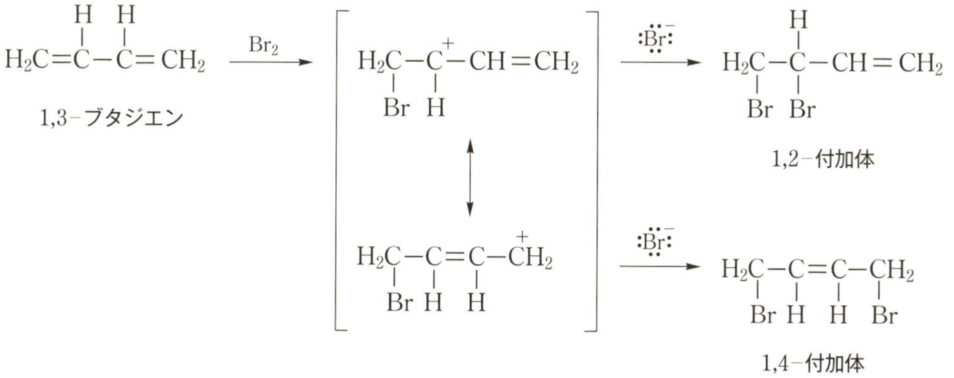

$$\text{1,3-ブタジエン} \xrightarrow{Br_2} [\text{カルボカチオン中間体}] \xrightarrow{:Br:^-} \text{1,2-付加体 / 1,4-付加体}$$

また、共役ジエンとアルケンとの**環化付加反応**(cycloaddition reaction)がある。発見者の名前にちなんで**ディールス-アルダー反応**(Diels-Alder reaction)という。電子豊富なジエンと電子不足なアルケンとの反応でよく使われる。たとえば、1,3-ブタジエンとマレイン酸ジメチルを反応させるとシクロヘキセン誘導体が生成する(**シス付加**)[*9]。

*9 +αプラスアルファ
ディールス-アルダー反応は、炭素-炭素結合を効率的に生成する場合に用いられる重要な反応である。

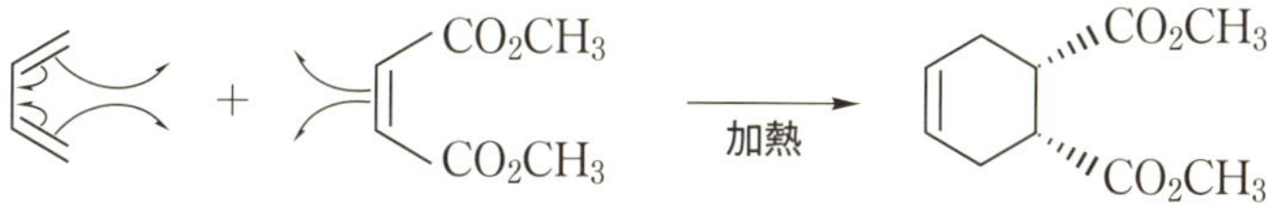

1,3-ブタジエン + マレイン酸ジメチル →(加熱) シス付加体

問 6 次の反応の生成物は何かを答えなさい。

(1) H₂C=C(CH₃)(CH₂CH₂CH₃) + HCl → （主生成物を書きなさい）

(2) H₂C=C(CH₃)-CH=CH(CH₃) + HCl → （アリルカチオン中間体を経由する生成物をすべて書きなさい）

(3) シクロヘキサジエン + H₂C=CH(CO₂CH₃) →

演習問題 A 基本の確認をしましょう

4-A1 次の化合物を IUPAC 名で示しなさい。

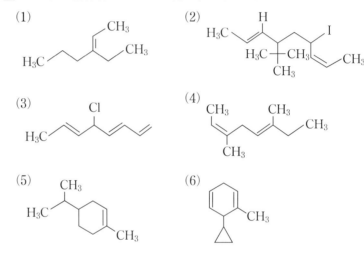

4-A2 (E)-3-メチル-2-ヘキセンの水和反応における主生成物を答え，なぜその化合物が優先的に生成するか説明しなさい。

4-A3 1,2-ジエチルシクロヘキセンの水素添加反応の生成物の構造を立体構造がわかるように書きなさい。

4-A4 1,3-ブタジエンと HCl の反応における反応生成物を2種類答え，なぜそのような化合物が生成するか説明しなさい。

演習問題　B　もっと使えるようになりましょう

4-B1 次の化合物を合成したい。化学反応式で示しなさい（A → B → C のように書き，→の上や下にその反応を行うための反応試薬や条件を書く）。

(1) メチレンシクロヘキサン → 1-メチルシクロヘキセン

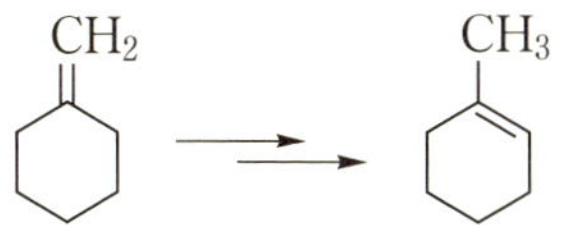

(2) シクロヘキサノール → シクロヘキサン-1,2-ジオール

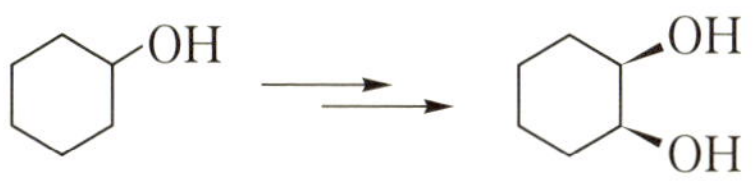

(3) シクロヘキサノール → ヘキサン-1,6-ジアール (OHC(CH₂)₄CHO)

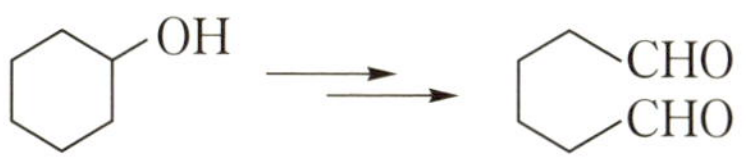

4-B2 アルケン X は，接触水素化で 2 当量の H₂ と反応した。また，アルケン X をオゾン分解したところ，次の化合物が生成した。アルケン X の構造を示しなさい。

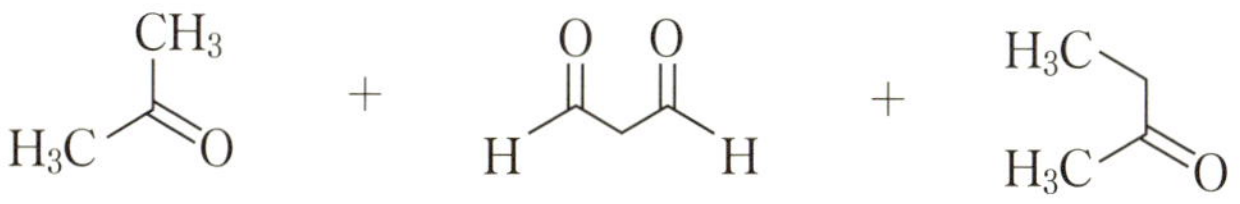

CH₃CHO ＋ OHC-CH₂-CHO ＋ H₃C-CO-CH₃

4-B3 アルケン Y は，接触水素化で 2 当量の H₂ と反応した。また，アルケン Y は，酸性 KMnO₄ との反応で次の化合物だけを与えた。アルケン Y の構造を示しなさい。またその理由を書きなさい。

HO₂C-CH₂-CO₂H

4-B4 ディールス–アルダー反応を行ったら，次の化合物が生成した。用いた出発原料の構造を示しなさい。

(1)　(2)

あなたがここで学んだこと

この章であなたが到達したのは
- □ アルケンおよびシクロアルケンの命名ができる
- □ アルケンおよびシクロアルケンの合成法を説明できる
- □ アルケンおよびシクロアルケンの反応を説明できる
- □ 共役ジエンの反応を説明できる

本章では，アルケンおよびシクロアルケンの合成法と反応性について学んだ。アルカンにはない炭素-炭素二重結合が存在するため，炭素-炭素二重結合上での種々の反応が起こり，さらに立体異性体も存在する。反応を深く理解できるようになるために，ぜひ反応機構を理解していただきたい。またアルケンはこのような反応性の高さから医薬品や材料の原料などとして幅広く使われている。またアルケンは生物中にも多く存在している。アルケンの最も小さな分子であるエチレンは植物の生長を促したり阻害したりする植物ホルモンとして働く。また多くの二重結合を持つβ-カロテンはニンジンの橙色の元となっている栄養素である。アルケンは人間の生活においてなくてはならない化合物なのである。

エチレンガスでバナナの成熟が促進するよ。

5章

アルキン

アルキンの代表といえばアセチレンである。アセチレンは炭素数2個のアルキンであり，1930年代から40年代にドイツの化学者W. J. Reppeがこれを原料とした種々の合成反応を開発した。当時は石炭がおもな工業原料として使われており，アセチレンも石炭からカルシウムカーバイドを経由して合成され，アセチレンは重要な原料となっていた。ところが，1960年代以降は石油から得られるアルケンが基礎原料となったため，アセチレンは特定の化合物以外の合成には使われなくなった。ただし，アセチレンの火炎温度は3300℃と高いため，現在でも溶接用の燃焼ガスとして用いられている。

石油化学工業の台頭によって注目されなくなったアセチレンであるが，2000年のノーベル賞で再び注目されることとなった。白川英樹博士は薄膜状に合成したポリアセチレンがヨウ素をドーピングすることで導電性を発現することを見出したのである。

$$n\,\text{H}-\text{C}\equiv\text{C}-\text{H} \xrightarrow{\text{重合反応}} {\left(\begin{array}{c}\text{H}\quad\text{H}\\ \text{C}=\text{C}\end{array}\right)}_n$$

アセチレン (acetylene)　　ポリアセチレン (polyacetylene)

現在ではさらに性能の高い伝導性高分子化合物が携帯電話の電池などに利用されている。

●この章で学ぶことの概要

アルキンはアルケンと同様に不飽和炭化水素であるが，炭素–炭素三重結合を持つことが特徴である。アルケンで学んだ命名法を活用しながらアルキンの命名法を学んでみよう。アルケンの反応は，アルケンですでに学んだ求電子付加反応と同じ形式である。アルケンで学んだことを元にしながらアルキンへの付加反応を理解してみよう。また，三重結合の炭素に直接結合した水素には弱いながらも酸性度があり，付加反応とは別の反応が起こるということも学んでみよう。

一方，三重結合を有する化合物は，ありふれたものではないが天然物としても存在しているほか，香料合成の原料としても利用されている。最近では機能性材料の原料としての研究も行われており，重要性が再認識されてきている。

予習 授業の前にやっておこう!!

1. アルカンは飽和炭化水素であり，炭素-炭素結合は単結合のみからなる。一般式は C_nH_{2n+2} $(n \geq 1)$ で表される。環状のものはシクロアルカンと呼ぶ。
2. アルケンは不飽和炭化水素であり，炭素-炭素結合に二重結合を有している。一般式は C_nH_{2n} $(n \geq 2)$ で表される。環状のものはシクロアルケンと呼ぶ。
3. アルケンの二重結合には π 電子が存在するため，アルカンと比べて反応性が高く，種々の求電子付加反応が起こる。

---

1. 炭素数4個の可能な炭素骨格を書きなさい。その後，それらの骨格のアルカンとアルケンの構造式とIUPAC名を書きなさい。なお，シス-トランス異性体が存在するアルケンについてはそれらの異性体も命名すること。
2. 炭素数5個の可能な炭素骨格を書きなさい。その後，前問と同様な考察を行いなさい。
3. プロペンに対し，以下の試薬を反応させた際の生成物の構造式を書きなさい。
   (1) 塩素　(2) 臭素　(3) 水（酸触媒存在下）　(4) 塩化水素　(5) 臭化水素
   (6) 硫酸

5.1 アルキンの性質と命名

5-1-1 アルキンの構造

最も単純なアルキンはアセチレンである。この三重結合は，炭素のsp混成軌道により直線構造となっている。sp混成については1章で詳しく紹介しているので，そちらを参考にしてほしい。

2つの炭素原子から成り立つエタン，エチレン，アセチレンの炭素-炭素間の**結合距離**と**結合エネルギー**は表5-1の通りである[*1]。

*1 **Let's TRY!!**
結合距離と結合エネルギー
炭素-炭素結合は，結合次数の増加とともに，結合距離が減少するのに対して結合エネルギーは増加する。これはなぜか調べてみよう。

表5-1　炭素-炭素間の結合距離と結合エネルギー

化合物名	結合距離 (nm)	結合エネルギー (kJ/mol)
エタン	0.154	368
エチレン	0.134	682
アセチレン	0.121	829

5-1-2 アルキンの命名法

アルキンの名称は，アルケンと同様に対応するアルカンの語尾 -ane を -yne に変えることで命名する。つまり，alk**ane**, alk**ene**, alk**yne** と変化させる。これをエタンに適用すると，以下のようになる。

H_3C-CH_3　　　　$H_2C=CH_2$　　　　$HC\equiv CH$

エタン　　　　　　エテン　　　　　　エチン
(eth**ane**)　　　　(eth**ene**)　　　　(eth**yne**)

アルキンの命名法は以下の規則に従う。

(1) 三重結合を含む最も長い炭素鎖を主鎖とし，主鎖の alk**ane** を alk**yne** に変換する。

(2) 三重結合の炭素が最小になるように番号をつける。置換基がある場合も同様である。

(3) 三重結合の位置は2つの炭素のうち小さいほうの番号で示す。

以下に命名例を示す。シクロアルキンが炭素骨格となる場合は，三重結合炭素の片方の位置が自動的に1，他方が2となるので，三重結合の位置番号1を示す必要がない。

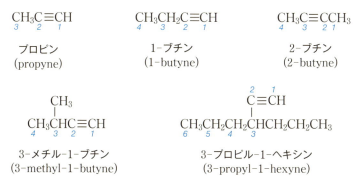

(4) 左右どちらから番号をつけても三重結合の位置が同じ場合は置換基に小さい番号がつくようにする。またアルファベットの早い置換基を優先して番号をつける。

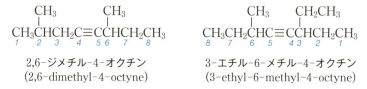

(5) 三重結合が2個，3個，…ある場合は，その位置を番号で表記し，主鎖のアルカン名の語尾 – **ane** を – **adiyne**，– **atriyne**，…のように変える。

(6) 二重結合と三重結合が1個ずつある場合は，まず主鎖のアルカン名の語尾 – **ane** を – **enyne** のように変える。二重結合の番号は主鎖名の前に，三重結合の番号は – yne の前に記入し，二重結合と三重結合のいずれかに最小番号を付与する。もし両結合に同じ番号がつく場合は二重結合に最小番号を付与する。

以下の簡単な化合物については慣用名が存在する。

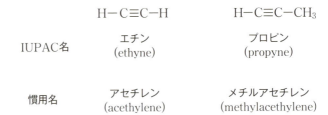

	H−C≡C−H	H−C≡C−CH_3
IUPAC名	エチン (ethyne)	プロピン (propyne)
慣用名	アセチレン (acethylene)	メチルアセチレン (methylacethylene)

例題 5-1 次の化合物を IUPAC 名で示しなさい。

(1)

(2)

解答 (1)

3-メチル-1-ペンチン
(3-methyl-1-pentyne)

(2)

3-エチル-7-メチル-4-ノニン
(3-ethyl-7-methyl-4-nonyne)

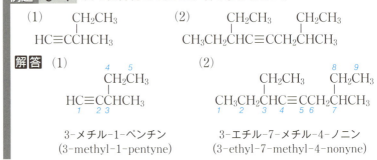

問 1 次の化合物を IUPAC 名で示しなさい。

(1)

(2)

(3)

(4)

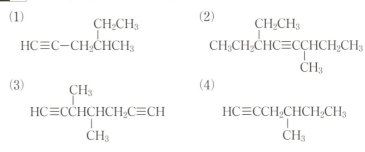

問 2 次の化合物の構造を書きなさい。

(1) 3-メチル-1-ペンチン
(2) 3,3-ジメチル-1-ヘキシン
(3) 1,3-ブタジイン
(4) 3-エチルシクロヘキシン

5 2 アルキンの合成と反応

5-2-1 脱離反応によるアルキンの合成

アルキンは，ジハロゲン化アルキルからハロゲン化水素の脱離反応によって合成できる。この反応は 2 段階で進行する。第一段階は，ジハロゲン化アルキルから脱ハロゲン化水素によってハロゲン化アルキルが生成する段階であり，通常の塩基によって反応する（強塩基でもよい）。第二段階は，ハロゲン化アルキルから脱ハロゲン化水素によってアルキ

ンが生成する段階であるが，反応性に乏しいために，ナトリウムアミドのような強塩基が必要である*2。

$$H-\underset{\underset{Br}{|}}{\overset{\overset{H}{|}}{C}}-\underset{\underset{Br}{|}}{\overset{\overset{H}{|}}{C}}-CH_3 \xrightarrow{KOH} \underset{Br}{\overset{H}{}}C=C\underset{CH_3}{\overset{H}{}} \xrightarrow{NaNH_2} H-C\equiv C-CH_3$$

*2
Let's TRY!
水酸化カリウムや水酸化ナトリウムも十分塩基性が強いが，さらに強い塩基がある。どんなものがあるかを調べてみよう。また，塩基性の強さはどんな値で比較できるのかも調べてみよう。

例題 5-2 以下のジハロゲン化アルキルの脱離反応からアルキンを合成する際の反応式を書きなさい。第一段階の塩基は水酸化カリウム，第二段階の塩基はナトリウムアミドとする。

(1)　$H-\underset{\underset{Br}{|}}{\overset{\overset{H}{|}}{C}}-\underset{\underset{Br}{|}}{\overset{\overset{H}{|}}{C}}-H$　　　(2)　$H_3C-\underset{\underset{Cl}{|}}{\overset{\overset{Cl}{|}}{C}}-\underset{\underset{H}{|}}{\overset{\overset{H}{|}}{C}}-H$

解答

(1) $H-\underset{\underset{Br}{|}}{\overset{\overset{H}{|}}{C}}-\underset{\underset{Br}{|}}{\overset{\overset{H}{|}}{C}}-H \xrightarrow{KOH} \underset{Br}{\overset{H}{}}C=C\underset{H}{\overset{H}{}} \xrightarrow{NaNH_2} H-C\equiv C-H$

(2) $H_3C-\underset{\underset{Cl}{|}}{\overset{\overset{Cl}{|}}{C}}-\underset{\underset{H}{|}}{\overset{\overset{H}{|}}{C}}-H \xrightarrow{KOH} \underset{Cl}{\overset{H_3C}{}}C=C\underset{H}{\overset{H}{}} \xrightarrow{NaNH_2} H_3C-C\equiv C-H$

問3 以下のジハロゲン化アルキルの脱離反応からアルキンを合成する際の反応式を書きなさい。使用する塩基は第一段階，第二段階ともにナトリウムアミドとする。

(1)　$H-\underset{\underset{Cl}{|}}{\overset{\overset{H}{|}}{C}}-\underset{\underset{Cl}{|}}{\overset{\overset{H}{|}}{C}}-CH_3$　　　(2)　$H_3C-\underset{\underset{Br}{|}}{\overset{\overset{Br}{|}}{C}}-CH_2CH_3$

5-2-2 ハロゲンの反応

アルキンとハロゲンの反応はアルケンと同様，求電子付加反応となるが，三重結合であるために，ハロゲンが1分子反応するとジハロゲン化アルキルが生成，2分子反応するとテトラハロゲン化アルキルが生成する。この際，ジハロゲン化アルキルはアルキンよりも反応性が低いために，ジハロゲン化アルキルで反応を止めることができる。また，アルキンへのハロゲンの付加反応はトランス付加になるために，トランス型の立体配置を有するジハロゲン化アルキルが生成する。

以下に反応例*3を示す。

*3
ハロゲンは電子を引きつける。

$$HC \equiv CH \xrightarrow{:\ddot{Cl}-\ddot{Cl}:} \underset{H}{\overset{Cl}{>}}C=C\underset{Cl}{\overset{H}{<}}$$

trans-1,2-ジクロロエテン
(*trans*-1,2-dichloroethene)

$$HC \equiv CCH_3 \xrightarrow{Br_2} \underset{H}{\overset{Br}{>}}C=C\underset{Br}{\overset{CH_3}{<}} \xrightarrow{Br_2} H-\underset{Br}{\overset{Br}{C}}-\underset{Br}{\overset{Br}{C}}-CH_3$$

1,1,2,2-テトラブロモプロパン
(1,1,2,2-tetrabromopropane)

5-2-3 ハロゲン化水素の反応

アルキンとハロゲン化水素の反応は，アルケンと同様，**マルコウニコフ則**(Markovnikov則)に従った求電子付加反応となるが，ハロゲンの付加反応と同様，

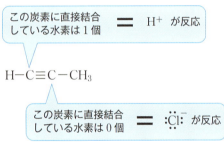

この炭素に直接結合している水素は1個 = H^+ が反応

$H-C \equiv C-CH_3$

この炭素に直接結合している水素は0個 = $:\ddot{Cl}:^-$ が反応

ハロゲン化水素が1分子反応するか2分子反応するのかによって生成物が異なる*4。

以下に，プロピンに塩化水素が1分子反応する例を示す。塩化水素から生じるプロトンは，三重結合の炭素に水素が結合している側に反応するのに対し，塩化物イオンはメチル基が結合している側に反応する。

*4
Don't Forget!!
マルコウニコフ則
Hの結合の多い側にHが，少ない側にBrが結合する。

$$H-C \equiv C-CH_3 \xrightarrow{HCl} \underset{H}{\overset{H}{>}}C=C\underset{Cl}{\overset{CH_3}{<}}$$

マルコウニコフ型付加

2-クロロプロペン
(2-chloropropene)

ハロゲン化水素が2分子反応する例を以下に示す。

$$H-C \equiv C-CH_3 \xrightarrow{HBr} \underset{H}{\overset{H}{>}}C=C\underset{Br}{\overset{CH_3}{<}} \xrightarrow{HBr} H-\underset{H}{\overset{H}{C}}-\underset{Br}{\overset{Br}{C}}-CH_3$$

2,2-ジブロモプロパン
(2,2-dibromopropane)

5-2-4 水の付加反応

アルキンと水の反応は，ハロゲン化水素と同様，マルコウニコフ則に従ってプロトンと水酸化物イオンが付加反応するが，生成するエノールは不安定なため，その互変異性体で安定なケト形に変化し，アルデヒドやケトンを生成する。なお，この反応は水銀イオンを生ずる硫酸水銀を触媒として硫酸酸性下で水を反応させることにより進行する[*5, *6]。

$$H-C\equiv C-H \xrightarrow[HgSO_4, H_2SO_4]{H_2O} \left[\begin{array}{c} H \\ C=C \\ H \end{array} \begin{array}{c} OH \\ \\ H \end{array} \right]$$

$$\xrightarrow{ケト-エノール互変異性化} H-\underset{H}{\overset{H}{C}}-\overset{O}{\underset{}{C}}-H$$

アセトアルデヒド
(acetaldehyde)

[*5] **ケト-エノール互変異性**
平衡関係にある構造異性体どうしを互変異性と呼ぶ。ケト形とエノール形もこの関係であり，一般的にケト形のほうが安定である。

[*6] **安定なエノール形**
一般的にはケト形が安定であるが，エノール形のほうが安定なものもある。どんな化合物であるか調べてみよう。

5-2-5 水素の付加反応

アルケンと同様，アルキンに対しても触媒存在下，水素が付加反応を起こす。この際，白金触媒やニッケル触媒を使用するとアルカンを生成するのに対して，**リンドラー(Lindlar)触媒**を用いるとシス型のアルケンを生成する[*7]。

$$H-C\equiv C-CH_3 \xrightarrow[PtO_2]{2H_2} CH_3CH_2CH_3$$

$$H_3C-C\equiv C-CH_3 \xrightarrow[リンドラー触媒]{H_2} \underset{H}{\overset{H_3C}{C}}=\underset{H}{\overset{CH_3}{C}} \quad cis\text{-}2\text{-ブテン} \; (cis\text{-}2\text{-butene})$$

[*7] **リンドラー触媒**
白金触媒やニッケル触媒ではアルケンで水素の付加反応が停止せず，アルカンを生成する。リンドラー触媒はパラジウム触媒をキノリンで不活性化したもので，反応性が低下するためアルケンで反応が停止する。

5-2-6 アルキンの酸としての性質～アセチリドの生成

三重結合の炭素に直接結合した水素は，アルカンやアルケンよりも酸性度が高いため，強塩基によって容易に引き抜かれて，**アセチリド**を生成する。強塩基としてはナトリウムアミドやブチルリチウムなどが用いられる。

$$HC\equiv CH + NaNH_2 \xrightarrow{liq.\;NH_3} HC\equiv \overset{-}{C}\overset{+}{Na} + NH_3$$

$$HC\equiv CH + LiCH_2CH_2CH_2CH_3 \longrightarrow HC\equiv \overset{-}{C}\overset{+}{Li} + CH_3CH_2CH_2CH_3$$

このような性質は，炭素-水素結合を有するアルカンやアルケンでは見られず，アルキン固有の性質である。この理由には混成軌道に占めるs軌道の割合(s性)が関係しており，原子核に近いs軌道の割合が高い

*8
アセチリドの反応

アセチリドはアニオンであるので，求核試薬として働く。このため，ハロゲン化アルキルに対しては求核置換反応を，アルデヒドやケトンやエタンに対しては求核付加反応を起こす。

$$\overset{\delta+}{R}-\overset{\delta-}{X} + HC \equiv C^- Na^+$$
$$\xrightarrow[H^+]{H_2O}$$
$$HC \equiv C-R$$

$$R-\overset{\overset{O^{\delta-}}{\|}}{\underset{\delta+}{C}}-H + HC \equiv C^- Na^+$$
$$\xrightarrow[H^+]{H_2O}$$
$$R-\overset{OH}{\underset{H}{\overset{|}{C}}}-C \equiv CH$$

三重結合の炭素では，炭素−水素結合の電子を炭素側に引きつける力が強い。このため，水素が酸解離を起こしやすくなるのである。なお，各軌道における s 軌道の割合は，sp^3 混成軌道では 25 %，sp^2 混成軌道では 33 % であるのに対し，sp 混成軌道では 50 % と最も高い。

ただし，アセチレンの酸の強さはエタンなどよりも強いとはいえ，カルボン酸などよりもはるかに弱い。表 5−2 に代表的な酸性度定数（pK_a）を記す*8。

表 5−2 各種有機化合物の酸性度定数

化合物	pK_a
H_3C-CH_3	50
$H_2C=CH_2$	44
$HC \equiv CH$	25
CH_3CH_2OH	16
CH_3COOH	4.7

例題 5-3 1−ブチンと 1 当量の HBr と反応する際の生成物を書きなさい。また，2 当量ではどのような生成物が得られるか答えなさい。

$$H-C \equiv C-CH_2CH_3 \xrightarrow{HBr} \underset{\text{2-ブロモブテン (2-bromobutene)}}{\overset{H}{\underset{H}{C}}=\overset{CH_2CH_3}{\underset{Br}{C}}}$$

$$\xrightarrow{HBr} \underset{\text{2,2-ジブロモブタン (2,2-dibromobutane)}}{H-\overset{H}{\underset{H}{\overset{|}{C}}}-\overset{Br}{\underset{Br}{\overset{|}{C}}}-CH_2CH_3}$$

解答 HBr を 1 当量加えるとマルコウニコフ型の生成物である 2−ブロモブテンが生成する。2 当量の場合はさらに付加が進行し，2,2−ジブロモブタンが生成する。

問 4 以下のアルキンと反応試薬との反応式を記しなさい。2 段階で進行する場合は途中の生成物も記入すること。なお，(5) では 2 種類のケトンが生成する。

(1) 2−ブチン，Cl_2 (1 mol)　　(2) 2−ブチン，HBr (1 mol)

(3) 1−ブチン，HCl (2 mol)　　(4) 2−ペンチン，H_2，PtO_2

(5) 2−ブチン，H_2O，H_2SO_4，$HgSO_4$

(6) 1,4−ヘキサジイン，$NaNH_2$

問 5 次の合成反応を行う際に用いる反応試薬を書きなさい。

(1)
$$H-C \equiv C-CH_3 \longrightarrow H-\overset{H}{\underset{H}{\overset{|}{C}}}-\overset{O}{\overset{\|}{C}}-CH_3$$

アセトン (acetone)

(2)

H–C≡C–CH$_2$CH$_2$CH$_3$ ⟶ 構造式: (H)(H)C=C(CH$_2$CH$_2$CH$_3$)(Cl)

2-クロロペンテン
(2-chloropentene)

(3) H$_3$CC≡CH ⟶ H$_3$CC≡C$^-$Na$^+$ + NH$_3$

演習問題 A 基本の確認をしましょう

5-A1 分子式がC$_5$H$_8$のアルキンのすべての構造式とIUPAC名を書きなさい。また，この中でナトリウムアミドと反応するアルキンはどれか答えなさい。

5-A2 以下の化合物のIUPAC名を書きなさい。

(1) CH$_3$CH$_2$CH$_2$C≡CCH$_2$CH$_3$

(2) CH$_3$CH$_2$CH$_2$CH(C≡CH)CH$_3$

(3) HC≡CCH$_2$C≡CH

(4) HC≡CCH$_2$CH=CH$_2$

5-A3 以下のジハロゲン化アルキルの脱離反応からアルキンを合成する際の反応式を書きなさい。第一段階も第二段階も塩基はナトリウムアミドとする。

(1) CH$_3$CHBrCHBrCH$_3$

(2) CH$_3$CH$_2$CCl$_2$CH$_2$CH$_3$

5-A4 以下のアルキンと反応試薬との反応式を書きなさい。2段階で進行する場合は途中の生成物も書きなさい。

(1) 2-ペンチン，Cl$_2$ (2 mol)
(2) 1-ペンチン，HBr (2 mol)
(3) 2-ブチン，H$_2$，PtO$_2$
(4) 3-ヘキシン，H$_2$，リンドラー触媒
(5) 1-ブチン，H$_2$O，HgSO$_4$，H$_2$SO$_4$
(6) 1-ペンチン，NaNH$_2$

演習問題 B もっと使えるようになりましょう

5-B1 分子式がC$_6$H$_6$の三重結合を2個有するアルキン（アルカジイン）のすべての構造式とIUPAC名を書きなさい。また，この中でナトリウムアミドと反応するアルキンはどれか答えなさい[*9]。

[*9] Let's TRY!!
アルキンと反応できる塩基には，ナトリウムアミドやブチルリチウムのほかに，どんなものがあるか整理してみよう。

5-B2 以下の化合物のIUPAC名を書きなさい。

(1) [構造式：3-エチル-2-メチル-1-ペンチン]

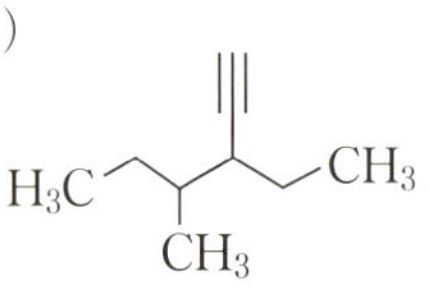

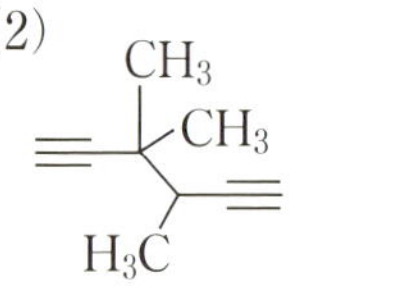

(2) [構造式：3,4,4-トリメチル-1-ペンチン]

(3) [構造式：3,5-ジメチル-1-ヘキセン-5-イン の類]

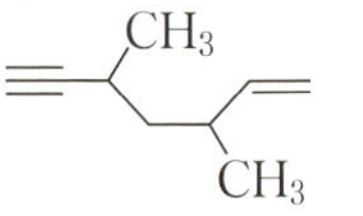

5-B3 アルケンに対するハロゲン化の付加反応を利用して，以下のアルキンの合成経路を書きなさい。

(1) H₃C-CH=CH₂ ⟹⟹ HC≡C-CH₃

(2) Ph-CH=CH-CH₃ ⟹⟹ Ph-C≡C-CH₃

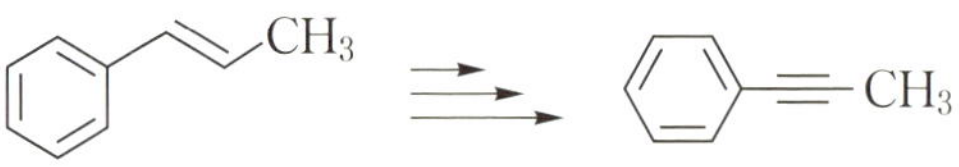

5-B4 アルキンへの付加反応を利用して，以下の化合物を合成したい。どんなアルキンと試薬を反応させればよいのかを書きなさい。

(1) [構造式：CCl₂-CCl₂ を含む化合物]

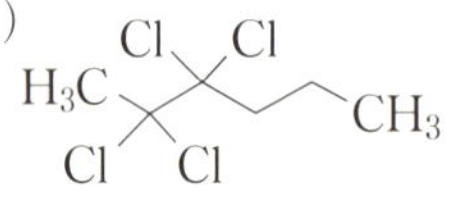

(2) [構造式：CBr-CCl の化合物]

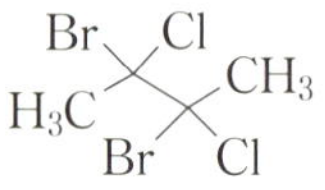

(3) [構造式：BrとClを持つ化合物]

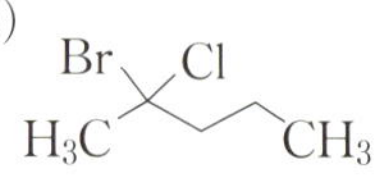

(4) [構造式：cis/trans アルケン]

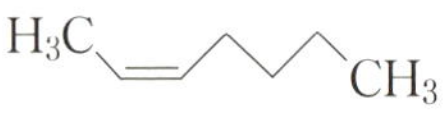

(5) [構造式：メチル基を持つアルカン]

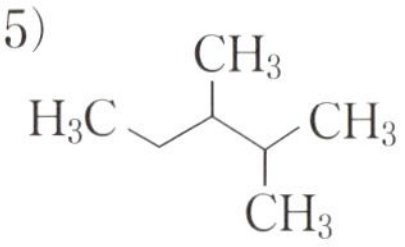

(6) [構造式：ケトン]

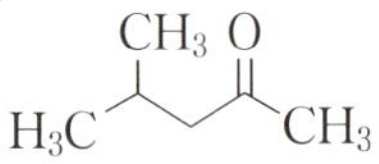

あなたがここで学んだこと

この章であなたが到達したのは
☐ アルキンの構造がわかり，その命名ができる
☐ ジハロゲン化アルキルの脱離によるアルキンの合成法を説明できる
☐ アルキンとハロゲンおよびハロゲン化水素の反応を説明できる
☐ アルキンと水および水素の反応を説明できる
☐ アルキンの酸としての性質がわかり，塩基との反応を説明できる

　本章では，アルキンの構造と合成法，および反応について学んだ。アルケンと同様に不飽和結合を有するものの，三重結合の特性から立体異性体が現れない。反応についてはアルケンと同様に付加反応が起こり，その際，マルコウニコフ則を使う反応もある。ただし，水の付加反応では様式が異なり，アルデヒドやケトンを生成する。
　アルキンは燃焼熱の大きさから今でも燃焼ガスとして使用されているものの，現在の石油をベースにした化学産業におけるエチレンやプロピレンほど大きく注目されてはいない。しかしながら，香料やビタミンの合成ではアセチリドが原料として利用されており，アルキンの特徴が生かされている。一方，アセチレンの重合体である

ポリアセチレンにヨウ素をドーピングすることで導電性が発現することが見出され，アルキンに再び注目が集まった。また，アルキンより合成されるシロール環を有する有機ケイ素化合物には機能性電子材料としての可能性が期待されている。このように，アルキンは秘められた可能性を持っているのかもしれない。将来の可能性のためにもよく理解してほしい*10。

*10
工学ナビ
スイスのロッシュ社は，アセチレンとアセトンというごく単純な化合物から，リナロールやシトラール，ヨノン，ビタミンAなどの香料や医薬品を合成するプロセスを確立している。こんなところでもアルキンの反応は役に立つのである。

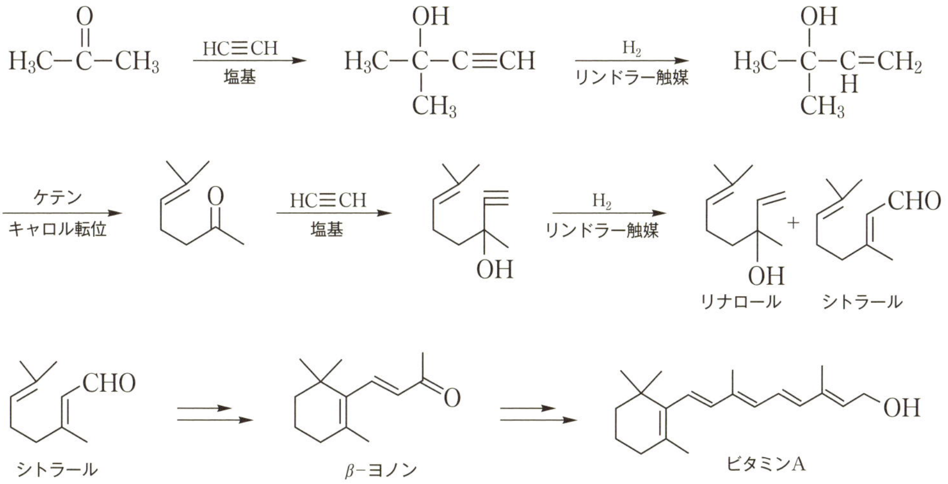

6章

立体化学

　自然界には不思議な現象がたくさんあるが，その1つに物質や生物における「左」と「右」の関係がある。毎日見ている「左手」と「右手」はどのような関係にあるのだろうか。どこが同じで，どこが違うだろうか。同様に，「らせん」にも，「左」巻きと「右」巻きがある。朝顔の「つる」はどちらに巻いているだろうか。カタツムリの殻はどうだろうか。そう思ってまわりをよく見ると，自然界には「左」と「右」の関係にある物体や物質がたくさんあることがわかる。

　この章では，この「左」と「右」の関係が「分子の世界」ではどうなっているかを探るために必要な「立体化学」を学ぶ。ここで扱う問題は，物質を利用して生きている我々の毎日の生活や健康にも密接に関係している。たとえば，パーキンソン病治療薬であるアミノ酸のドーパには，以下の2種類があるが，実際に効果があるのは，左側のドーパだけである。この現象を理解するには，「立体化学」を学ばなくてはならない。

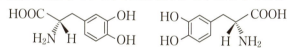

　また，有用な物質を作る，という観点からも立体化学は重要である。一方のドーパだけを作るためには，分子量や有する官能基が同じであるこの2つの「異なる」化合物を区別する反応の開発が必要である。そこでも「立体化学」が重要な役割を果たす。

●**この章で学ぶことの概要**
　(1)「キラル炭素」と，それを持つことにより分子に発生する「キラリティー」。
　(2) 原子の数や種類は同じだが，3次元構造の異なる2つの分子を区別するための命名法。
　(3)「キラル炭素」が2つ以上ある分子の立体化学。
　(4)「キラル炭素」を持つことにより生ずる分子の光学的性質。
　(5)「キラル炭素」を持たないキラル分子について。

　本章で(1)〜(5)を学ぶことによって，分子の3次元的性質についての知識と，それを有用な反応のデザインや新しい物性開拓に応用するための基礎力を得ることができる。

予習　授業の前にやっておこう!!

この章の内容を理解するには以下の知識が必要である。

1. 炭素原子は3種類の混成軌道，すなわち，sp^3，sp^2，sp 混成軌道をとりうること，とくに，中心炭素が4つの置換基を持つことができる sp^3 混成軌道をとることができること。

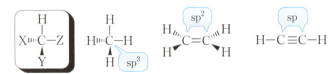

2. 有機化合物を構成するさまざまな官能基の構造について。

1. 以下の化合物の構造を書きなさい。
   (1) エタン　(2) プロパン　(3) 2-メチルブタン　(4) 3-メチルヘキサン　(5) 2-ブタノール
   (6) 3-ブロモペンタン　(7) 3-メチル-1-ヘキセン　(8) 2,3-ジヒドロキシペンタン
   (9) 2-メチルシクロヘキサノン　(10) 3-メチル-1-ペンチン

2. 以下の化合物のシス-トランス異性体の構造式を書きなさい。
   (1) 2-ブテン　　　(2) 1,2-ジメチルシクロヘキサン

3. 4つの置換基がすべて異なる炭素を持ち，以下の条件を満たす化合物の構造を書きなさい。
   (1) 炭素数5のカルボン酸　(2) 炭素数7のブロモアルカン
   (3) 分子式 $C_6H_{10}O$ のケトン

4. 1,2-ジクロロエタンのアンチ形と重なり形の立体配座をニューマン投影式で書きなさい。

6.1 キラル炭素とキラリティー

立体異性体の中に「キラリティー」を持つ分子がある。では，キラリティーとはなんだろうか。キラリティーとは，ある分子の鏡像体（鏡に映した像）が元の分子と重ね合わせることができない性質のことである。ここで，乳酸を考えよう。乳酸は，図6-1に示すように，中心炭素に，水素，メチル基，水酸基，カルボキシ基，つまり4つの異なる原子あるいは官能基が結合している。分子内のこのような炭素を**不斉炭素**または**キラル炭素**と呼ぶ。実は，乳酸には，中心炭素に結合した4つの置換基がすべて異なることに由来する，互いにその鏡像体を重ね合わせることができない「2つ」の立体配置異性体が存在する。

これはちょうど，右手と左手が互いに鏡に映した関係（鏡像体）にあり，重ね合わせることができないのと同じである。右手と左手の

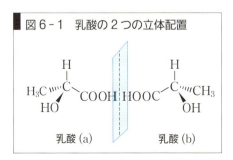

図6-1　乳酸の2つの立体配置
乳酸(a)　　乳酸(b)

機能は普通の条件ではまったく同じであることを思い起こそう。しかし，1つだけ違うところがある。それは，左右の手は3次元的構造が異なり，重ね合わせることができない，ということである。そのような物体を**キラル**といい，その物体は**キラリティー**を持つ，という。分子にも乳酸のようにキラリティーを持つものがあり，その対を**エナンチオマー（鏡像異性体）**という。乳酸のように，キラル炭素が1つしかない分子は必ずキラルである*1。

ここで，乳酸の性質をもう少し調べてみよう。1つのキラル炭素を持ち，その結果，キラリティーを持つ乳酸はどのような特徴を持っているだろうか。乳酸の水酸基をメチル基で置き換えた2-メチルプロパン酸と比べてみよう。

*1 **Don't Forget!!**
キラルとは3次元的構造が異なり，重ね合わせることができないものの総称である。

■ 図6-2 2-メチルプロパン酸のエナンチオマー(a)(b)と，対称面

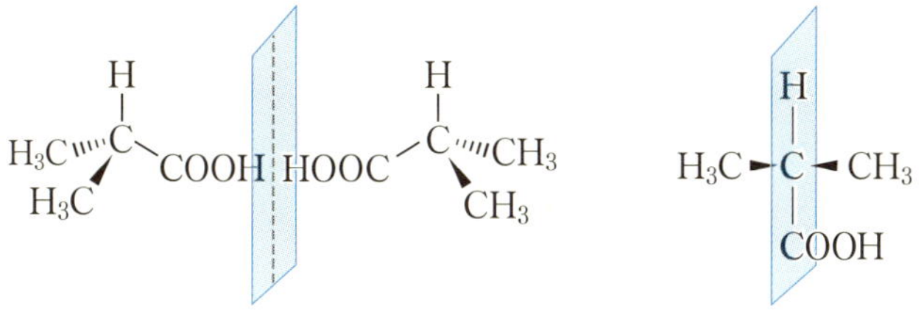

2-メチルプロパン酸（a）　2-メチルプロパン酸（b）

図6-2に示すように，2-メチルプロパン酸のエナンチオマーは，中心炭素に2つのメチル基を持っていることから，互いに重ね合わせることができる。つまり，(a)と(b)は同じ化合物である。これは，右の異性体(b)をC-H軸に沿って回転してみるとよく理解できる(図6-3)。

■ 図6-3 2-メチルプロパン酸(b)のC-H結合を軸とした回転

また，2つの同じ置換基（メチル基）が存在することから，2-メチルプロパン酸には対称面（分子を左右対称に分けることができる面）が存在する(図6-2)。同様な操作を乳酸(b)に行っても，生ずるのは乳酸(a)とメチル基と水酸基が反対方向に結合した乳酸であり，この2つはどのようにしても重ね合わせることができないことがわかる(図6-4)。

■ 図6-4 乳酸(b)のC-H結合を軸とした回転

乳酸（b）　　　　乳酸（b）　　　　乳酸（a）

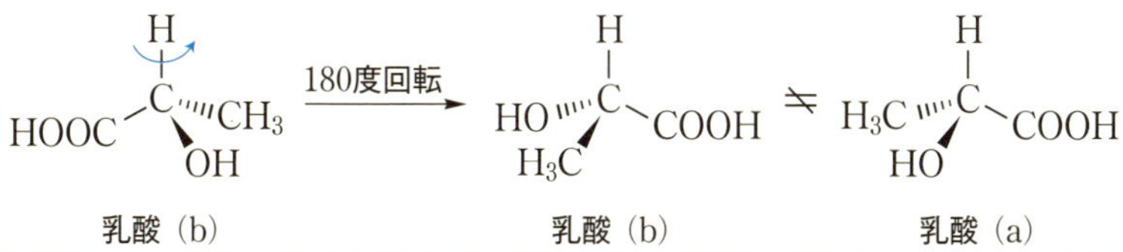

例題 6-1 次の用語を説明しなさい。

(1) キラル炭素　　(2) エナンチオマー

解答 (1) 4つの異なる原子あるいは官能基が結合した炭素のこと。

(2) 互いに重ね合わせることのできない鏡像体（対で2つある）の一方の化合物。例として，水素，メチル基，塩素，臭素を持つ化合物の一方の立体配置は，下の左のようになる。この鏡像体は，右の化合物である。

問 1 次のうち，キラルなものはどれか。
(1) 耳　(2) マグカップ　(3) 野球ボール　(4) らせん階段　(5) 靴下

問 2 次の化合物にはキラル炭素があるか。ある場合は，構造式中，星印（*）で示しなさい。
(1) イソプロピルベンゼン　　　(2) 2-メチルブタン
(3) 2-メチル-2-ブタノール　　(4) 3-ブロモシクロヘキサノン
(5) メチルシクロヘキサン　　　(6) 2-メチルシクロブタノン

6·2　立体配置の表し方（R, S 順位則）

次は立体配置の表示法である。エナンチオマーは結合している置換基は同じである。しかし，置換基の空間的な配置，3次元的な結合のしかた，つまり立体配置が異なっている。これを表示するために，アルケンの E/Z 配置を決めるために用いた原子あるいは置換基の順位則（R, S 表示＝Cahn-Ingold-Prelog 順位則）を利用する。

規則1 キラル炭素に直接結合した4つの原子の原子番号を比較して，原子番号の順に，より大きなものから順位をつける。最も原子番号の大きいもの，あるいはそれを持つ置換基を1位とする。直結した原子の原子番号の大きさであるから，メチル基 $-CH_3$ と水酸基 $-OH$ では，優先順位は $-OH \rightarrow -CH_3$（左側が高い）となる[*2]。

規則2 直接結合した原子の原子番号では決定できない場合は，2番目の原子，それでも決定できない場合は，順次，3番目，4番目の原子について規則1を適用していく。また，原子番号の大きい原子あるいは原子団の数が多いほうが優先順位が高い。$-CCl_3$ と $-CHCl_2$ では，優先順位は $-CCl_3 \rightarrow -CHCl_2$ となる。同様に，$-CH_3$, $-CH(CH_3)_2$, $-CH_2CH_2CH_3$, $-CH_2CH(CH_3)CH_3$, $-C(CH_3)_3$ の組み合

わせでは，優先順位は-C(CH$_3$)$_3$ → -CH(CH$_3$)$_2$ → -CH$_2$CH(CH$_3$)CH$_3$ → -CH$_2$CH$_3$CH$_3$ → -CH$_3$ である[*3]。

*3
Don't Forget!!

規則3 多重結合のある場合は，多重結合の程度に応じて，同じ原子を結合させた仮想的な置換基を考える。たとえば，カルボニル基の場合は，カルボニル炭素に1つの酸素が，カルボニル酸素に1つの炭素がそれぞれ結合した構造を考え，炭素−炭素二重結合には，それぞれの炭素に1つの炭素が結合した置換基を考える。

$$\begin{array}{c}\diagdown\\ \diagup\end{array}\!\!\text{C}=\text{O} \equiv \begin{array}{c}\diagdown\\ \diagup\end{array}\!\!\text{C}-\text{O} \qquad \begin{array}{c}\text{H}\\ \text{H}\end{array}\!\!\text{C}=\text{C}\!\!\begin{array}{c}\text{H}\\ \text{H}\end{array} \equiv -\text{C}-\text{C}-\text{H}$$

同様に，炭素−炭素三重結合，および，ベンゼン環のキラル炭素に結合した炭素（●印）は次のように表される[*4]。

*4
Don't Forget!!

$$-\text{C}\equiv\text{C}-\text{H} \longrightarrow -\text{C}-\text{C}-\text{H} \qquad \bullet\text{-Ph} \longrightarrow -\text{C}(\text{CH})(\text{CH})(\text{C})$$

規則3を当てはめると，置換基にベンゼン，炭素−炭素三重結合（末端水素），t-ブチル基が結合している場合の優先順位（左側が高い）は次のようになる。

$$-\text{C}_6\text{H}_5 \quad > \quad -\text{C}\equiv\text{C}-\text{H} \quad > \quad -\text{C}(\text{CH}_3)_3$$

規則4 同位体が結合しているときは，質量数の大きいほうの同位体を優先する。たとえば水素Hと重水素Dでは，原子番号は同じであるが，質量数の多いDを優先する。

こうして置換基の優先順位が決まったら，次に，優先順位の最も低い置換基（水素がある場合は水素）を遠くに置いて，残りの3つの置換基の位置関係によって立体配置を表示する[*5]。

*5
Don't Forget!!

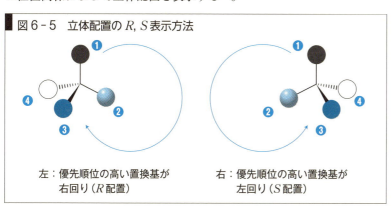

図6-5 立体配置のR, S表示方法

左：優先順位の高い置換基が右回り（R配置）
右：優先順位の高い置換基が左回り（S配置）

図6-5の四面体表示において，優先順位の一番低い置換基（❹）を遠くに置いてみたとき（図において，中心炭素に点線で結合している置換

6-2 立体配置の表し方（R,S順位則）

基❹は紙面の向こう側にあり，❶と❷は紙面の上，❸は紙面の手前に出ている)，優先順位の高い置換基が右回り(時計回り)に配置されている場合(図6-5左)は，そのキラル中心を **R配置**，逆に，優先順位の高い置換基が左回り(反時計回り)に配置されている場合(図6-5右)は，そのキラル中心を **S配置** とする。ここで，Rはrectus(右)，Sはsinister(左)というラテン語の頭文字をとったものである。乳酸でR, S表示を確認してみよう。

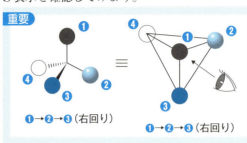

正四面体の頂点に置換基を置き，最小の置換基(白丸)を目から遠い側に置いて分子を眺めたときの置換基の並び方を考えるとよい。

乳酸では，R配置とS配置の乳酸はそれぞれ図6-6のように書ける。これらの分子が互いに鏡像異性体の関係にあることを確認しよう。

WebにLink
置換基の入れ替えと立体化学の関係。

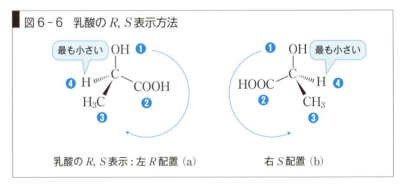

図6-6 乳酸のR, S表示方法

ここで，乳酸の立体配置すなわちR配置とS配置を変換するにはどうしたらよいだろうか。それには置換基のうち2つの結合を切断して入れ替えればよい。置換基4つのうち，どの2つを入れ替えても，R配置はS配置に，S配置はR配置になる。それは，この場合，中心炭素に結合している4つの置換基の中心炭素への結合のさせ方が2通りある(2通りしかない)からである。実際に試してみよう。今，図6-6のR配置の乳酸のメチル基と水酸基を入れ替えてみると，図6-7のよ

図6-7 乳酸の置換基の交換による立体配置の変化

うに乳酸(c)ができる。これは R 配置だろうか，それとも S 配置だろうか。図6-7に示すように，1組の置換基を1回入れ替えることによって得られる乳酸(c)は，置換基の配置が左回りとなって，S 配置であることがわかる。他のどの2つの置換基の交換でも同じことが起こることを，確かめてほしい。

例題 6-2 アミノ酸のアラニンの2つの鏡像異性体の立体配置を図示しなさい。

解答

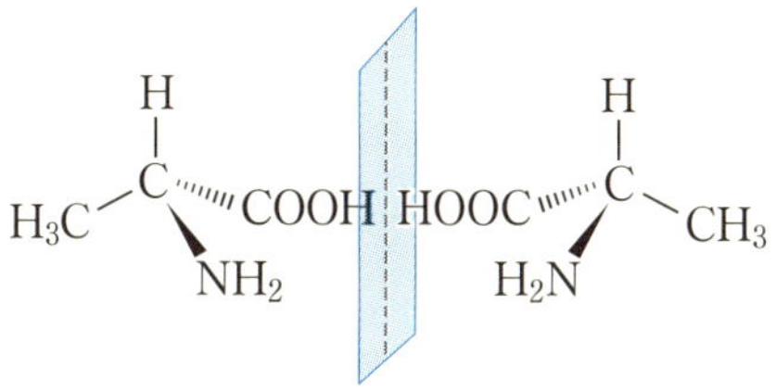

問3 次の分子にキラル炭素があれば，それに星印（*）をつけなさい。また，その R 配置の構造を示しなさい。

(1) CH₃CH₂CH₂CH(OH)CH₂CH₃

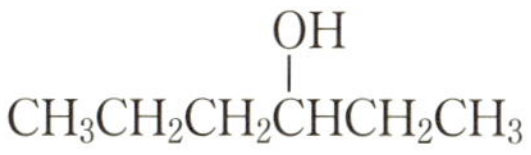

(2) 4-メチルシクロヘキサノン

(3) C₆H₅CH(CH₃)CH₃

(4) C₆H₅CH(CH₃)CH₂Br

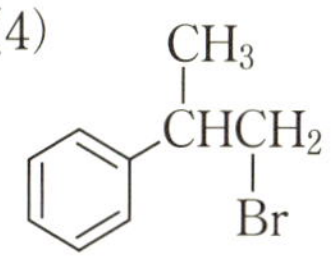

(5) CH₃CH(CH₃)CH₂CH(CH₃)CH₃

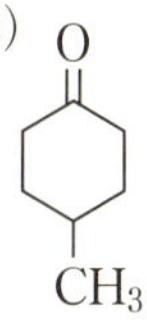

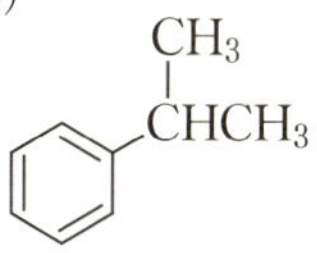

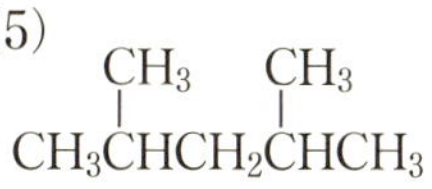

問4 以下の分子のキラル炭素に R, S 配置を帰属しなさい。

(1) Cl, H, CH₃CH₂, CH₃ がついた炭素

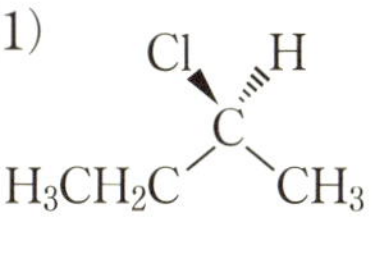

(2) HO, H, C₆H₅, CH₂CH₃ がついた炭素

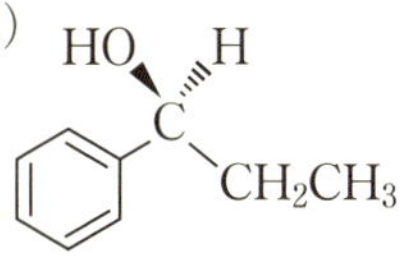

(3) H, CH₃, CH₃CH₂, CH₂CH₂COOH がついた炭素

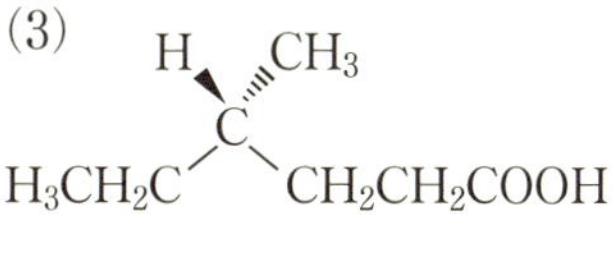

6-3 ジアステレオマー

　乳酸やアラニン，2-ペンタノールなどはキラル炭素が1つであるので，立体配置異性体（この場合エナンチオマー）は2つしかない。では，キラル炭素が2つあるいはそれ以上ある場合はどうなるだろうか。2-ブロモ-3-クロロブタンで調べてみよう。一般的に，キラル炭素が n 個ある場合は，立体異性体は 2^n 個ある。$n=2$ では4個の立体異性体がある。

WebにLink

キラル炭素が2つある分子の3次元構造の書き方

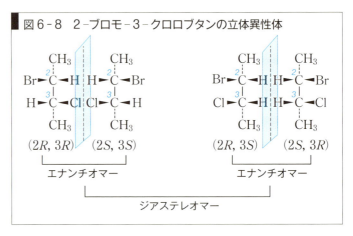

図6-8　2-ブロモ-3-クロロブタンの立体異性体

2-ブロモ-3-クロロブタンには2つのキラル炭素がある。C2の置換基は，水素，メチル基，臭素原子，それに，$-\mathrm{CHClCH_3}$であり，C3の置換基は，水素，メチル基，塩素原子，そして，$-\mathrm{CHBrCH_3}$であり，結合している置換基はすべて異なっている。それぞれのキラル炭素に2つの立体異性体があるから，立体異性体の数は全部で$2^2 = 2 \times 2 = 4$個あり，立体配置の組み合わせは，$(2R, 3R)$，$(2S, 3S)$，そして，$(2R, 3S)$，$(2S, 3R)$である。

ここで，$(2R, 3R)$と$(2S, 3S)$の対，そして，$(2R, 3S)$と$(2S, 3R)$の対はそれぞれ，互いにエナンチオマーの関係にある。この場合，鏡に映すと，キラル炭素の立体配置がRからSへ，あるいは，SからRへ変換することに他ならない。ここで，図6-8をみると，エナンチオマー以外（鏡像体でない）の関係にある立体異性体の組が存在することがわかる。たとえば，$(2R, 3R)$と$(2R, 3S)$，$(2S, 3S)$と$(2R, 3S)$の対がそうである。これらは，2つのキラル炭素のうち，1つの立体配置だけが異なっている。したがって，これらの対は互いにエナンチオマーではない。このような，互いに鏡像関係にない立体異性体を**ジアステレオマー**という。

例題 6-3 以下の用語を定義しなさい。

(1) **立体異性体**　　(2) **立体配置異性体**　　(3) **ジアステレオマー**

解答　(1) 原子の結合の順序は同じであるが，その空間的配置が異なる異性体のこと。

(2) 立体異性体のうち，結合を切断しない限り相互に変換できない異性体のこと。

(3) 互いに鏡像の関係にはない立体異性体のこと。たとえば，キラル炭素が2つある化合物で，それぞれの炭素の立体配置が$(2R, 3S)$の化合物と，その配置が$(2S, 3S)$の化合物は，ジアステレオマーの関係にある。ただし，ジアステレオマーは，キラル炭素を持つ化合物とは限らない。エナンチオマーの関係にない「立

体異性体」であるから，アルケンのシス－トランス異性体も互いにジアステレオマーの関係にある。

問 5　(2*R*, 3*R*)-ジフェニルペンタンの構造式を立体化学がわかるように書きなさい。また，この分子のジアステレオマーの構造を示しなさい。

6 4 メソ化合物

前節で，互いに鏡像異性体でない立体異性体であるジアステレオマーについて学んだが，キラル炭素が 2 個あっても，立体異性体の数が 3 個しか存在しない場合もある。酒石酸について検討してみよう。酒石酸はそれぞれのキラル炭素には 4 種類の「同じ」置換基が結合していて，4 個の異性体は図 6－9 のように書くことができる。

図 6－9　酒石酸の立体異性体

COOH
H C OH
HO C H
COOH
(2R, 3R)
COOH
HO C H
H C OH
COOH
(2S, 3S)
COOH
H C OH
H C OH
COOH
(2R, 3S)
COOH
HO C H
HO C H
COOH
(2S, 3R)

図 6－9 で，(2*R*, 3*R*) と (2*S*, 3*S*) は互いにエナンチオマーの関係にあるが，よく見ると，(2*R*, 3*S*) と (2*S*, 3*R*) は同じものである。この事実は，分子が対称面を持つことに由来する (図 6－10)。

これは，どちらか一方の構造を平面 (紙面) の上で 180 度回転 (紙面の上での物理的回転では化合物の立体配置は当然変化しない) してみると，もう一方の異性体となることから理解できる (図 6－11)。

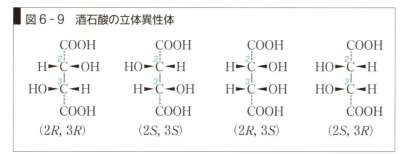

図 6－10　酒石酸の立体異性体 (メソ化合物)

対称面
COOH
H C OH
H C OH
COOH
(2R, 3S)
COOH
HO C H
HO C H
COOH
(2S, 3R)

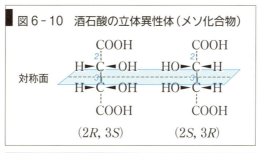

図 6－11　酒石酸の面の回転による立体異性体の変化 (同一物)

COOH
H C OH
H C OH
COOH
(2R, 3S)
面を回転
COOH
HO C H
HO C H
COOH
(2S, 3R)

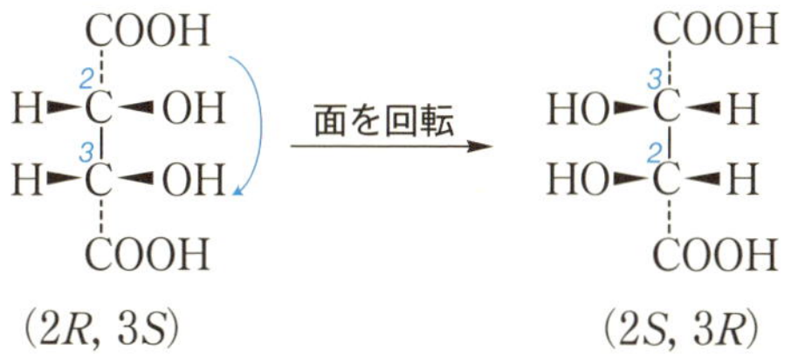

(2*R*, 3*S*) の紙面上での回転は (2*S*, 3*R*) を与える (図では，便宜上，回転後の構造は，炭素 2 と炭素 3 をそのままにして書いてある)。

WebにLink
対称面についてさらに詳しく学ぼう。

このように，キラル炭素が存在しても，分子が対称面を持てば，その分子はキラルではない。このような分子のことを**メソ化合物**という。メソ化合物が生じるのは，上で述べたように，分子に対称面があること，つまり，それぞれのキラル炭素に4種類の「同じ」置換基（酒石酸の場合，H，-CH$_3$，-COOH，-CH(OH)COOH）が結合しているからである。したがって，4つの立体異性体が存在する2-ブロモ-3-クロロブタン（前出）の塩素原子を臭素原子で置き換えた，2,3-ジブロモブタンでもまったく同じ現象が起こる。この場合，図6-12の2つの分子は同じもので，メソ化合物である。

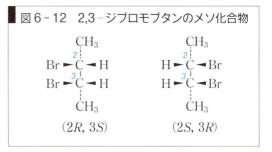

■ 図6-12　2,3-ジブロモブタンのメソ化合物

まとめると，酒石酸や2,3-ジブロモブタンのように，キラル炭素が2つあり，それぞれに，異なるが同じ組み合わせの4つの置換基を有する分子には，2つのエナンチオマーと一つのメソ化合物が存在する。また，この場合も，メソ化合物と2つのエナンチオマーは互いにジアステレオマーの関係にある。これらは異なる化合物であって，異なる物理的性質を示す。

例題 6-4　酒石酸や2,3-ジブロモブタン以外のメソ化合物を持つ分子の例をあげ，その立体配置を示しなさい。

解答　2,3-ジクロロ-1,4-ジヒドロキシブタン

$$\begin{array}{c} CH_2OH \\ H-\overset{2}{C}-Cl \\ H-\overset{3}{C}-Cl \\ CH_2OH \end{array}$$

問6　*cis*-1,2-ジメチルシクロヘキセンを酢酸中，酸化白金存在下で水素添加したとき得られる化合物の構造を立体化学がわかるように図示しなさい。この化合物はメソ化合物か。

6.5　光学活性とラセミ体

ここでキラルな分子の性質を見てみよう。その最大の特徴は光学活性であることである。光学活性とは，平面偏光を回転させる性質のことである。通常，光は，その進行方向と直角なあらゆる面で振動しているが，偏光板を通過させると，ある1つの面で振動している平面偏光を取り出すことができる（図6-13）。

WebにLink
旋光度の測定など，詳しくはWebで解説する。

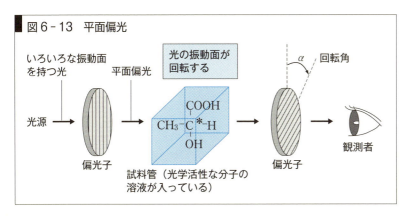

図6-13 平面偏光

　この平面偏光を光学活性な分子を含む試料に当てると，平面偏光の回転が起こる。偏光に向かって観測したとき，それを右側に回転させる場合，その分子は**右旋性**(dextrorotatory)，左に回転させる場合を**左旋性**(levorotatory)であるという。光学活性な分子は各分子固有の回転角を持つ。慣例により，**右回りの回転には（＋）を，左回りの回転には（－）**の符号をつける。回転角は光学活性な分子の数，すなわち，分子の濃度と試料管の長さに依存し，次の式で表される。ここで，$[\alpha]_D$ を比旋光度という。

$$[\alpha]_D = \frac{観測した回転角（度）}{試料管の長さ\ l\ (\mathrm{dm})} \times 試料濃度\ c\ (\mathrm{g/mL}) = \frac{a}{l} \times c$$

　この比旋光度は，各光学活性化合物の特性を表す物理定数である。実は，6-1節で学んだ S 配置の乳酸は平面偏光を右に回転させるので（＋）-乳酸，R 配置の乳酸は左に回転させるので（－）-乳酸である。（＋）-乳酸は $[\alpha]_D = 3.82$，（－）-乳酸は $[\alpha]_D = -3.82$ を持つ。このように，エナンチオマーの対は，平面偏光を互いに逆方向に回転させる性質を持ち，その回転角の絶対値は同じ値を示す。天然には多くの光学活性の分子が存在し，たとえば，モルヒネ，ショウノウ，コカインの比旋光度は，それぞれ -132，$+44.26$，-16 である。

　上記のように，キラルな分子は旋光度を持つが，エナンチオマーの混合物では必ずしもそうではない。R 配置と S 配置のキラル分子が 50：50 で混ざっている場合は，それぞれの平面偏光の回転は打ち消され，比旋光度はゼロになる。このような，R 配置と S 配置の等量混合物を**ラセミ体**（または**ラセミ混合物**）という。エナンチオマーの対は，比旋光度を別にすれば，分子としての物理的性質，すなわち，融点，沸点，密度などは同じであるが，興味深いことに，この対の等量混合物であるラセミ体は，それぞれのエナンチオマーとは異なる物性を持ち，純物質のようなそれ固有の物性を示す。たとえば，（＋）-乳酸と（－）-乳酸の融点は，それぞれ，53℃，52.8℃であるが，そのラセミ体の融点は 16.8℃である。

例題 6-5 天然にある右旋性および左旋性の分子の例をそれぞれ3つずつあげ，それらの構造を書きなさい。

解答

右旋性　（＋）-乳酸，（＋）-カルボン，ショウノウ

左旋性　（－）-メントン，（－）-セリン，（－）-リモネン

問7　1-ブテンに臭化水素を付加させたときの生成物を立体化学がわかるように書きなさい。また，生成物は旋光度を持つか。

6.6 キラル中心のないキラルな分子

これまでは，分子がキラル炭素，より一般的にはキラル中心を持つことに由来するキラリティーとそれに関連した立体化学を考察してきたが，ここで，キラル中心を持たないがキラリティーを有する分子について考えよう。キラリティーは，分子が対称面や回転軸などの対称要素を持たない場合に発生するので，キラル中心がなくても，分子にキラリティーが存在する場合がある。キラル中心を持たないが，分子がキラルである代表的な例はアレン誘導体であろう。

WebにLink　分子の対称要素についてはWebで確認しよう。

中心炭素がsp炭素で，それが2つのsp^2炭素と結合しているアレン（$CH_2=C=CH_2$）は有機化学で重要な化合物である。アレンには2つのπ結合があるが，この2つのπ結合平面は，図6-14の面a, bのように互いに直交しており，C1-C2とC2-C3が二重結合で結ばれているので，この2つの面の自由回転は通常の条件下では起こらない。

このアレン自身は，その鏡像体と重ね合わせることができてアキラル[*6]である

*6　アキラルとは実像と鏡像が重なる性質のこと。実験器具では，たとえばビーカーがそうである。アレンもビーカーも対称面を持ち，アキラルである。

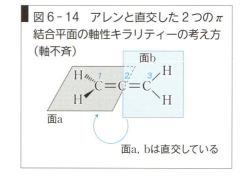

図6-14　アレンと直交した2つのπ結合平面の軸性キラリティーの考え方（軸不斉）

面a, bは直交している

が，炭素1と炭素3にメチル基を結合させた1,3-ジメチルアレンには，図6-15のようにエナンチオマーの対が存在する。この2つの化合物は重ね合わせることができず，よって，これらはキラルである。しかし，見てわかるように，この化合物にはキラル炭素は存在しない。

■図6-15　1,3-ジメチルアレンのエナンチオマー

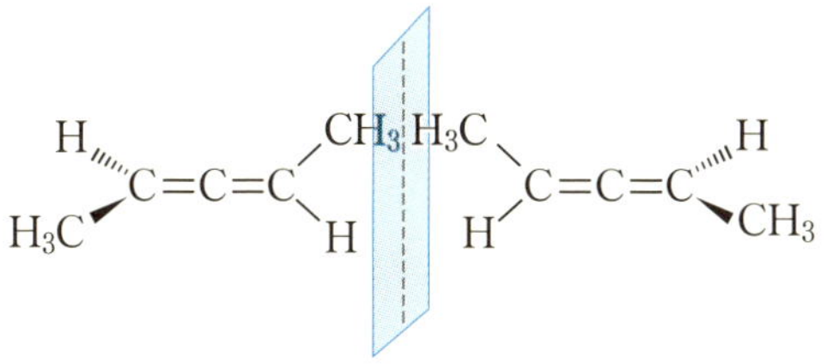

1,3-ジメチルアレンのキラリティーは，炭素1および炭素3に結合している2つの異なる置換基（この場合，Hと-CH₃）が，回転することのできない，互いに直交した2つの面内に保持されているために生ずる。しかし，炭素1あるいは3に同じ置換基が結合するとキラリティーは失われる。たとえば，炭素1に2つの塩素原子が結合した1,1-ジクロロ-3-メチルアレンの鏡像体は図6-16のように書けるが，(a)と(b)は同じものである。実際，アレン(a)を紙面に直交した面内で180度回転するとアレン(b)に一致する。これは，同じ置換基を持つことによって，1,1-ジクロロ-3-メチルアレンが対称面を持つことになるからである。

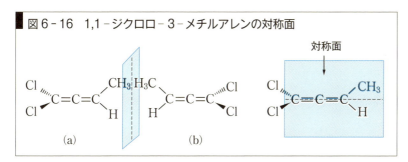

■図6-16　1,1-ジクロロ-3-メチルアレンの対称面

同様な理由で，ビフェニル誘導体にもキラリティーが生ずる。2,2′-ジニトロジフェン酸は，その2個のベンゼン環を結ぶC-C結合はベンゼン環のオルト位の置換基の立体障害によって回転することができず，室温でも一対のエナンチオマーとして存在している（図6-17）*7, *8。

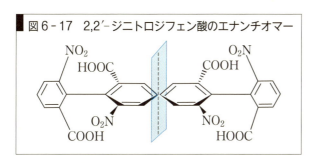

■図6-17　2,2′-ジニトロジフェン酸のエナンチオマー

*7 Don't Forget!!

*8 工学ナビ
このビフェニル誘導体のエナンチオマーの相互変換には結合の切断を必要としない。よって，このエナンチオマーの対は立体配置異性体ではなく，立体配座異性体である。
WebにLink

6-6　キラル中心のないキラルな分子

例題 6-6 アレンより二重結合がもう一つ多い，ブタ-1,2,3-トリエンはキラル分子かどうか判定しなさい。

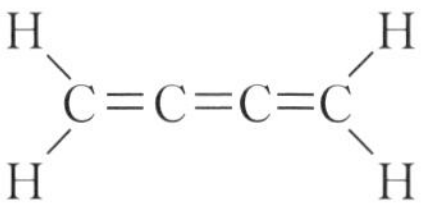

解答 ブタ-1,2,3-トリエンは，炭素1とそれに結合した2つの水素が作る面と，炭素4が作る同様な面は直交していない。したがって，重ね合わせることができない鏡像体は存在せず，キラルではない。

問8 以下のアレンがキラルかどうか判定しなさい。

(1), (2), 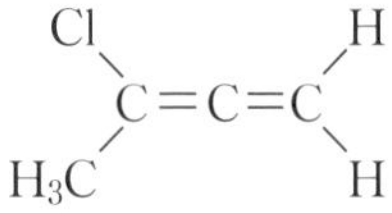 (3)

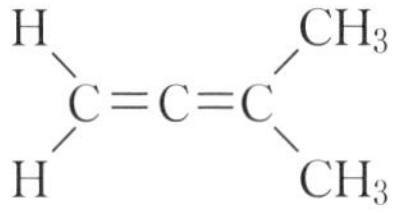

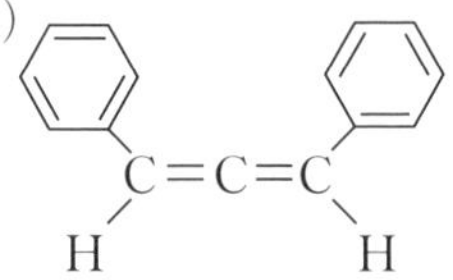

演習問題 A　基本の確認をしましょう

6-A1 次の化合物のキラル炭素に星印（＊）をつけなさい。

(1) $CH_3CH_2CH_2CHCH_2CH_2CH_3$ — CH_3 分岐

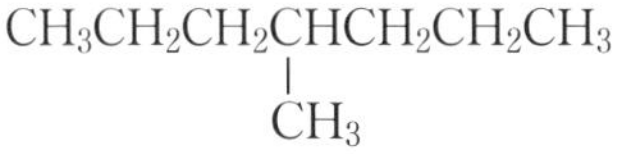

(2) $CH_3CH_2CHCH_2CHCH_2CH_3$ — CH_3, CH_3 分岐

(3) 1-フェニル-1-ブタノール型 (OH, $CHCH_2CH_3$, フェニル)

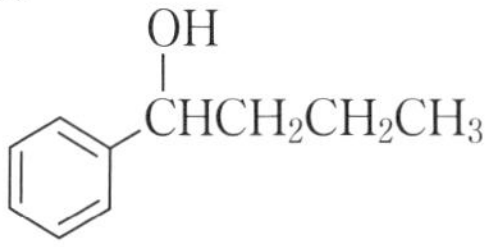

(4) 4-メチルシクロヘキサノン

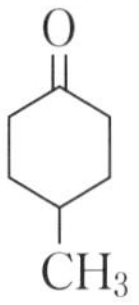

(5) 2-メチルシクロヘプタノン

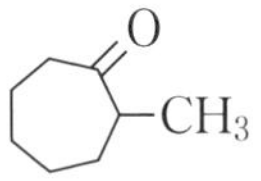

(6) 5-イソプロペニル-2-メチルシクロヘキサノン

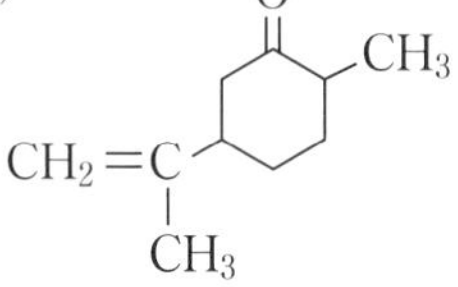

(7) 1,2-ジメチルピロリジン

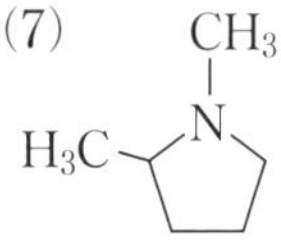

(8) 5-エチル-5-フェニルバルビツール酸

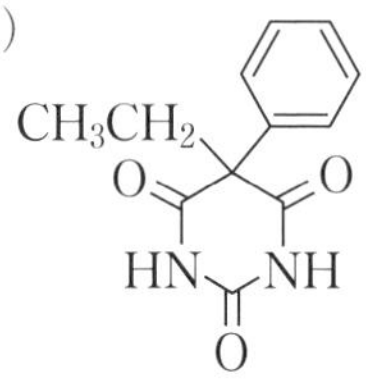

(9) 二環性アミン構造

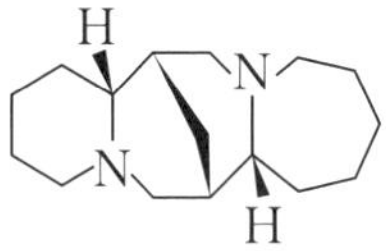

6-A2 以下の化合物に R, S 配置を帰属しなさい。

(1) CH_3CH_2-C(H)(OH)-CH_3

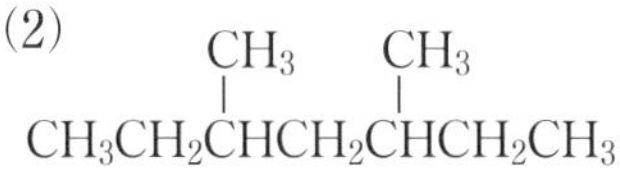

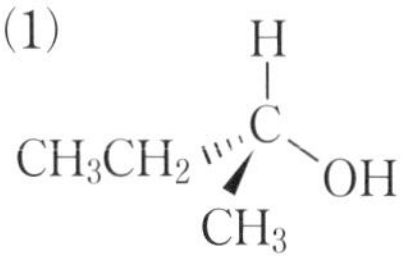

(2) CH_3CH_2-C(H)(Br)-CH_3

(3) HOOC-C(H)(OH)-Br

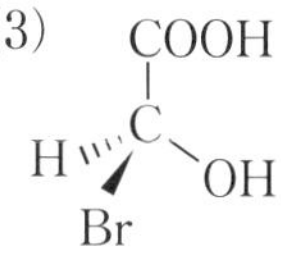

(4) Br-C(H)(CN)-CH_3

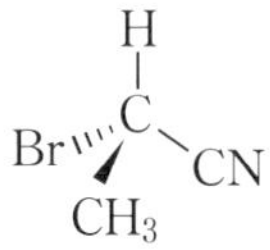

(5) H_3C-C(H)(Br)-C(H)(Br)-CH_3

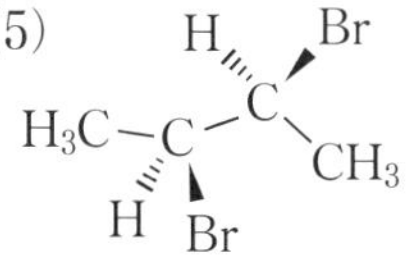

(6) 2-ブロモシクロヘキサノール

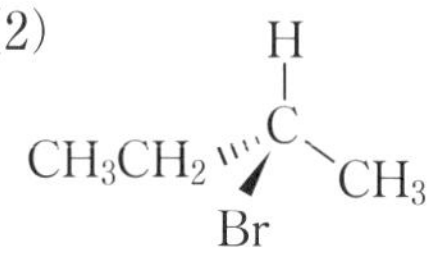

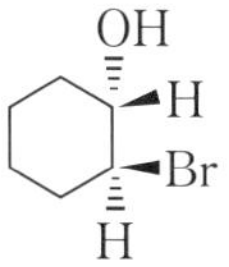

6-A3　分子式 $C_5H_{10}O$ のアルコールの中でキラル炭素を持つものすべての構造式を書きなさい。

6-A4　以下の記述にある化合物の構造式を書きなさい。
(1) 炭素数4のキラルなアルコール
(2) 炭素数5のキラルなカルボン酸
(3) ベンゼン環を持つ炭素数10のキラルな炭化水素
(4) 炭素数6のキラルなシクロアルカノン
(5) キラル炭素が2つあるナフタレン誘導体
(6) 芳香環を持つ炭素数14のメソ体

6-A5　タンパク質中にある以下のアミノ酸の構造式を書きなさい。また，その構造を R, S 配置で示しなさい。
(1) セリン　　(2) バリン　　(3) システイン
(4) フェニルアラニン　　(5) アスパラギン酸

演習問題　B　もっと使えるようになりましょう

6-B1　以下の化合物の構造を書きなさい。
(1) (S)-2-ペンタノール　　(2) (R)-3-ブロモ-1-ペンテン
(3) $(2R, 3R)$-ジクロロペンタン　　(4) $(2S, 3R)$-ジヒドロキシヘキサン

6-B2　次の化合物の構造式を書きなさい。また，キラル炭素に星印（*）をつけなさい。
(1) メントール　　(2) ヌートカトン　　(3) リボース
(4) アスコルビン酸　　(5) ビオチン　　(6) ショウノウ

6-B3　コレステロールの構造式を書き，すべてのキラル炭素に星印（*）をつけなさい。また，コレステロールにはいくつの立体異性体が可能か。

6-B4　次の化合物のニューマン投影式を書きなさい。
(1) (S)-グリセルアルデヒド　　(2) (R)-2-ブロモブタン
(3) メソ酒石酸

6-B5　cis-1,3-ジメチルシクロヘキサンについて以下の問に答えなさい。
(1) この化合物の安定配座を書きなさい。
(2) キラル炭素を指摘しなさい。
(3) この分子にはエナンチオマーは存在するか。説明しなさい。

> **あなたがここで学んだこと**
>
> この章であなたが到達したのは
> - □ 分子内のキラル炭素を指摘できる
> - □ キラル炭素を持つ分子の R 配置と S 配置を四面体表示で書くことができる
> - □ エナンチオマーとは何かを説明できる
> - □ ジアステレオマー，メソ化合物とは何かを説明できる
> - □ ラセミ体とは何かを説明できる
> - □ キラルな分子固有の旋光度について説明できる
> - □ キラル中心を持たないキラルな分子を，例をあげて説明できる
> - □ 自然界にあるキラルな物体や物質について，例をあげて説明できる
>
> この章で学んだ立体化学は，反応機構の理解や合成反応のデザインに必須である．立体化学の知識と理解なくして，S_N1，S_N2 反応は理解できず，薬や香料などの合成に必要な立体選択的反応や不斉反応をデザインすることもできない．また，生体内の酵素反応は通常，どちらか1つのエナンチオマーを合成あるいは分解する反応であることから，生体内反応の理解も本章で学んだことがその基礎となる．このように，「立体化学」の知識は，物質の理解と実社会で化学を応用していくうえできわめて重要なのである．

対称性を持ったタージマハルは，奥さんのために作られたんだ．世界に1つしかないよ．

7章

ハロゲン化アルキル

原油を精製して得られるナフサからエチレンやプロピレンなどのアルケンが日本では毎年1千万トン以上製造され，我々の生活に必要な合成有機化合物に変換されている。エチレンのおよそ半分，プロピレンのおよそ10万トンがいったんハロゲン化アルキルに変換されて重要な中間化合物として利用され，さらに別の化合物に変換されてゆく。この章で述べられるように，ハロゲン化アルキルは非常にシンプルな反応を容易に起こす便利な中間化合物であるからだ。一方，ほとんどのハロゲン化アルキルはヒトに重大な健康被害をもたらし，漏出すれば環境に悪影響を与えるので，非常に注意して取り扱われる。

自然界にハロゲン化アルキルはほとんど存在しないが，生体内ではハロゲン化合物に代わって酸素化合物や窒素化合物，硫黄化合物を使って類似の反応が行われている。

アルカンやアルケンの章で，ハロゲン化物や酸素化合物への変換方法をたくさん学ぶ必要がなぜあったのか，この章を通じても理解できるであろう。

二塩化エチレン

塩化アリル

エピクロロヒドリン

工業生産量が多く慣用名で呼ばれるハロゲン化アルキル

●この章で学ぶことの概要

ハロゲン化アルキルの特徴的な2つの反応である求核置換反応と脱離反応について学ぶ。これらの反応の起こり方を理解し，有機化学反応の重要な考え方を学ぶことができる。

> **予習　授業の前にやっておこう!!**
>
> 1. 周期の小さいほうから4つのハロゲンをすべて書きなさい。
> 2. 炭素，水素とハロゲンの電気陰性度を確認しよう。
> 3. アルカンの炭素の混成状態と，立体構造を思い出そう。
> 4. カルボカチオンの混成軌道と安定性の説明を思い出そう（マルコウニコフ則の説明（4-3-1項）を参照）。

7・1　ハロゲン化アルキルの命名およびその構造と性質

　ハロゲン化アルキル（alkyl halides）は，アルカンの水素原子をハロゲン（F, Cl, Br, I）で置換した構造を持ち，ハロアルカン（haloalkanes）と呼ばれることもある。一般式は，ハロゲン原子をXとしてR-Xと表される。IUPAC命名法では，最も長い炭素鎖を母体として，その名称の前にフルオロ（-F, fluoro-），クロロ（-Cl, chloro-），ブロモ（-Br, bromo-），ヨード（-I, iodo-）などの接頭語をつける。位置番号は，置換基の種類にかかわらず，最小番号となるようにつけ，アルファベット順に数字，置換基，母体化合物を並べる。また，簡単なハロゲン化アルキルでは，IUPAC命名法によらない慣用名が使われることも多い。そして，ハロゲン化されている炭素に結合しているアルキル基の数により，第一級ハロゲン化アルキル，第二級ハロゲン化アルキル，第三級ハロゲン化アルキルに分類される。ハロゲンの根元の炭素はsp^3混成軌道で，正四面体型構造をとっている（1-5-1項）。

	IUPAC名	慣用名
CH_3Cl	クロロメタン (chloromethane)	塩化メチル (methyl chloride)
CH_3CH_2Br	ブロモエタン (bromoethane)	臭化エチル (ethyl bromide)
$CH_3\underset{\underset{CH_3}{\|}}{\overset{\overset{CH_3}{\|}}{C}}-Br$	2-ブロモ-2-メチルプロパン (2-bromo-2-methylpropane)	臭化t-ブチル (t-butyl bromide)
$CH_2=CHCl$	クロロエテン (chloroethene)	塩化ビニル (vinyl chloride)
$CH_2=CHCH_2Cl$	3-クロロ-1-プロペン (3-chloro-1-propene)	塩化アリル (allyl chloride)

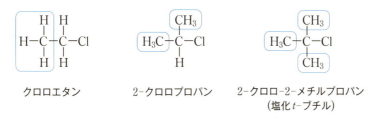

クロロエタン　　　2-クロロプロパン　　2-クロロ-2-メチルプロパン
　　　　　　　　　　　　　　　　　　　　　（塩化 *t*-ブチル）

第一級ハロゲン化アルキル　第二級ハロゲン化アルキル　第三級ハロゲン化アルキル

　ハロゲン化アルキルの Cl，Br，I などハロゲンは比較的容易に結合電子対とともに脱離して1価のアニオンとなるため，ハロゲンはよい**脱離基**（leaving group）である。このためハロゲン化アルキルの特徴的な反応が起こる（フッ化物イオンは容易には脱離しないので，この章の反応では扱わないことにする）。

　ハロゲンの電気陰性度が大きいため，ハロゲン化されている炭素は正に分極していて，この炭素上で反応が起こる。

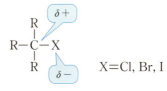

X＝Cl, Br, I

　また，ハロゲン化アルキルの反応点はハロゲンの根元以外にもう1つあり，それは C–X 結合の隣の炭素に結合した水素原子である。この水素原子もハロゲンの電子求引性によって電子密度が低下していて，H$^+$ として引き抜かれることがある。

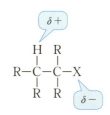

例題 7-1 次のハロゲン化アルキルを第一級，第二級，第三級ハロゲン化アルキルに分類しなさい。

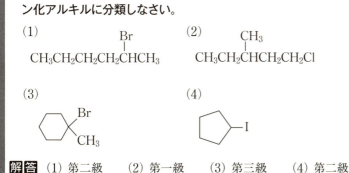

解答　(1) 第二級　　(2) 第一級　　(3) 第三級　　(4) 第二級

問 1　次のハロゲン化アルキルを第一級，第二級，第三級ハロゲン化アルキルに分類しなさい。

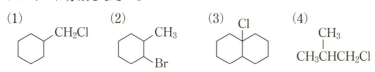

7.2 ハロゲン化アルキルの合成

ハロゲン化アルキルの合成方法としては，アルカンの直接ハロゲン化（3-4節），アルケン，アルキンへのハロゲン化水素の付加（4-3節，5-2-2項，5-2-3項）ですでに学んできた。また，以下のようなアルコールの置換反応については，8-4-2項で学ぶ。

$$R-OH \xrightarrow[H_2SO_4]{HBr} R-Br + H_2O$$

$$R-OH \xrightarrow{PBr_3} R-Br + HOPBr_2$$

$$R-OH \xrightarrow{SOCl_2} R-Cl + SO_2 + HCl$$

7.3 求核置換反応

正に分極した炭素に電子対を供給する試薬（**求核剤**, nucleophile）が結合し，その代わりにハロゲン化物イオンが脱離する反応を**求核置換反応**（nucleophilic substitution reaction）という。

反応式の中で求核剤を一般的に表現するとき nucleophile の頭文字と孤立電子対（と負電荷）を用い，Nu:⁻ または Nu: と表すことが多い。

$$\underset{\delta+\delta-}{R-\underset{R}{\overset{R}{C}}-\ddot{X}\!:} + Nu\!:^- \longrightarrow R-\underset{R}{\overset{R}{C}}-Nu + :\!\ddot{\underset{..}{X}}\!:^-$$

よく使われる求核試薬としては次のものがある。

負電荷を持つ求核試薬（対イオンとなる Na^+, K^+ の塩として用いられる）

HO⁻　RO⁻　RCOO⁻　N_3^-　NC⁻　RS⁻
(NaOH　NaOR　RCOONa　NaN_3　NaCN　NaSR)

中性の求核試薬（O, S, N, P などの化合物での孤立電子対を持つ）

$$H-\underset{..}{\overset{H}{\ddot{O}}}\!:\quad R-\underset{..}{\overset{H}{\ddot{O}}}\!:\quad R-\underset{..}{\overset{H}{\ddot{S}}}\!:\quad R-\underset{R}{\overset{H}{N}}\!:\quad R-\underset{R}{\overset{R}{P}}\!:$$

求核置換反応には 2 種類の反応機構があり，S_N1 反応と S_N2 反応に分けられる。

7-3-1 S_N1 反応

S_N1 反応が起こる条件は比較的限られている。第三級ハロゲン化アルキルを，水やアルコールなどの溶媒中で中性または酸性条件にしたとき S_N1 反応が起こる過程を示す。

[第三級カルボカチオンの生成]

$H_3C-\underset{\underset{CH_3}{|}}{\overset{\overset{CH_3}{|}}{C}}-\ddot{\underset{\cdot\cdot}{Br}}\colon$ —遅い律速段階→ $H_3C-\underset{\underset{CH_3}{|}}{\overset{\overset{CH_3}{|}}{C}}{}^+$ + $:\ddot{\underset{\cdot\cdot}{Br}}\colon^-$

カルボカチオン中間体

[求核付加] [脱プロトン化]

$H_3C-\underset{\underset{CH_3}{|}}{\overset{\overset{CH_3}{|}}{C}}{}^+$ + $:\overset{H}{\underset{\cdot\cdot}{O}}-H$ —速い→ $H_3C-\underset{\underset{CH_3}{|}}{\overset{\overset{CH_3}{|}}{C}}-\overset{H}{\overset{|}{O}}{}^+-H$ —$-H^+$→ $H_3C-\underset{\underset{CH_3}{|}}{\overset{\overset{CH_3}{|}}{C}}-OH$

まず，第三級ハロゲン化アルキルからハロゲン化物イオンが脱離し，カルボカチオン中間体が生じる。そして，カルボカチオン中間体に溶媒分子などが電子対を与えて結合が形成され，2段階で反応が起こる。カルボカチオン中間体に電子対を与えて結合する化学種が求核剤であり，この反応例では水分子が求核剤である。

これらの過程の中でカルボカチオン中間体の生成は遅く，置換反応全体の反応速度を支配している。このように反応の速度を支配する段階を **律速段階** といい，ハロゲン化アルキルのみが律速段階に関係しているので，**一分子的求核置換** (unimolecular nucleophilic substitution, S_N1 反応) **反応** と呼ばれる。反応速度は $v = k[RX]$ で表され，1 次反応である。

1. S_N1 反応の起こりやすさ S_N1 反応はカルボカチオン中間体を経由する反応であるので，安定なカルボカチオンを生成するハロゲン化アルキルで起こりやすい。カルボカチオンの安定性について 4 章を再度確認してほしい (4-3-1 項)。そうすれば，S_N1 **反応の起こりやすさが第三級ハロゲン化アルキル ＞ 第二級ハロゲン化アルキル ≫ 第一級ハロゲン化アルキル ＞ ハロゲン化メチル** の順になることが理解できるであろう[*1]。実際の実験結果もこの順であり，一般的に第一級ハロゲン化アルキルとハロゲン化メチルでは S_N1 反応は起こらないと考えてよい。

S_N1 反応ではカルボカチオン中間体の中心炭素の原子軌道は sp^2 混成軌道であり，正三角形の頂点に向かうように同一平面にある。そして，電子が入っていない p 軌道が平面の両側に露出しているので，求核試薬は空の p 軌道がある 2 つの方向のどちらからも衝突し，結合ができると中心炭素は sp^3 混成の正四面体構造となる。したがって，キラルな

[*1]
Don't Forget!!
S_N1 反応の起こりやすさ
第三級ハロゲン化アルキル ＞ 第二級ハロゲン化アルキル ≫ 第一級ハロゲン化アルキルの順である。

ハロゲン化アルキルでS_N1反応が起こった場合，2つの鏡像異性体の混合物（ラセミ体）に至る。

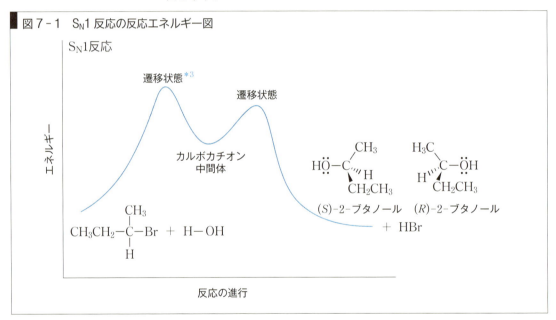

(S)-2-ブロモブタン　　　　　　カルボカチオン中間体

(S)-2-ブタノール　　(R)-2-ブタノール

*2
+α プラスアルファ
原料がキラルの場合は，生成物はラセミ体となる。

この立体的変化を**ラセミ化**と呼ぶ[*2]。図7-1にその反応エネルギー図を示す。

図7-1　S_N1反応の反応エネルギー図

*3
+α プラスアルファ
カルボカチオン中間体の生成がこの反応の律速段階であり，その遷移状態はエネルギーが最も高いエネルギー点となっている。

例題 7-2　次のS_N1反応の生成物を構造式で示しなさい。

S-エナンチオマー

解答

ラセミ体

問2 次の S_N1 反応の生成物を構造式で示し，反応機構を示しなさい。

[構造式: 1-ブロモ-1-メチルシクロペンタン] + CH_3CH_2OH ⟶

7-3-2 S_N2 反応

　第三級ハロゲン化アルキルを除いて，多くの基質で起こる求核置換反応は S_N2 反応である。

　(S)-2-ブロモブタンが水酸化ナトリウムと反応して置換反応が起こる場合の機構とその反応エネルギー図を図7-2に示す。

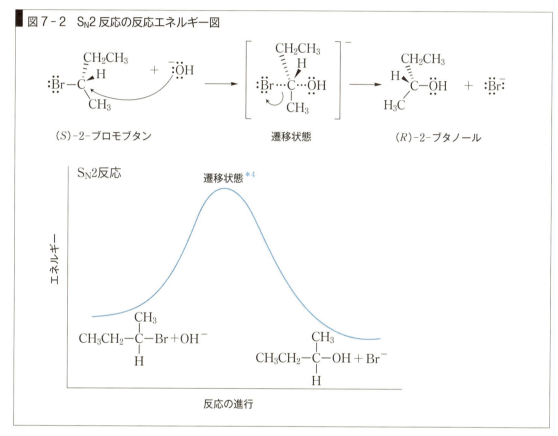

図7-2 S_N2 反応の反応エネルギー図

　水酸化物イオン OH^- がハロゲン化アルキルの正に分極した炭素に衝突すると，強い求核剤として働いて結合を形成し始め，同時にハロゲンが電子対を伴ってイオン (Br^-) として離れていく。この過程は結合の形成と切断が同時に起こりつつある**遷移状態**を経由して1段階で進む。遷移状態に至ることがこの反応の速度を支配しており，ハロゲン化アルキル RX と求核剤 (OH^-) の両方が反応速度に関係しているので，**二分子的求核置換**(bimolecular nucleophilic substitution, S_N2 反応) 反応と呼ばれる。**反応速度は $v = k[RX][OH^-]$ で表され，2次反応である。**

　S_N2 反応の反応機構図 (図7-2) をもう一度見てほしい。S_N2 反応が起こるとき，置換が起こる炭素原子では立体的な反転が起きている。傘

*4 **+αプラスアルファ**
遷移状態とは反応が進むときに通る最もエネルギーが高く不安定な状態である。分子が衝突してこの状態のエネルギーを獲得した場合に生成系側に進むことができる。

が強風にあおられておちょこのように反転してしまうシーンをイメージするとよい。この立体的変化は発見者の名にちなんで**ワルデン**[*5]（Walden）**反転**と呼ばれる。

S_N2反応では必ずワルデン反転が起きているが，ハロゲン化メチル，ハロゲン化エチルなどアキラルな基質では容易に確認することができない。キラルなハロゲン化アルキルでS_N2反応を行えば，本当に立体反転が起こっていることが証明できるし，意図するキラル化合物を合成するときにも役立つことがある。

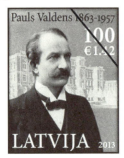

Walden
（写真提供：化学切手同好会（齊藤正巳））

1. S_N2反応の立体的要件と起こりやすさ　これまで述べたとおり，S_N2反応では求核剤が脱離基の反対側から中心炭素に衝突する必要がある。以下に示す構造式のように，ハロゲン化メチルの炭素ではハロゲンの反対側は立体的に混み合っていないので，求核試薬との衝突が容易に起こり，S_N2反応を受けやすい。これに対して，第三級ハロゲン化アルキルの中心炭素では，脱離基の反対側が3つのアルキル基で立体的に混み合っているため，求核剤は中心炭素に衝突できずS_N2反応は起こらない。

ハロゲン化メチル　　第一級ハロゲン化アルキル　　第二級ハロゲン化アルキル　　第三級ハロゲン化アルキル

すなわち，S_N2反応の起こりやすさはS_N1反応と反対で，**ハロゲン化メチル＞第一級ハロゲン化アルキル＞第二級ハロゲン化アルキル≫第三級ハロゲン化アルキル**の順になる。このように反応を制限する立体的な要因を**立体障害**と呼び，有機化学反応を理解するときにとても重要である。

2. 求核置換反応における溶媒の効果　反応物を溶かすために使われる溶媒のうち，水やアルコール，カルボン酸など-OHを持つものを**プロトン性極性溶媒**という。プロトン性極性溶媒の-OHの部分はOが負電荷，Hが正電荷に分極しているので，S_N1反応の際，C-X結合のイオン化を助け，カルボカチオン中間体C^+と脱離基X^-を取り囲んで安定化することができる。溶媒が分子やイオンを取り囲み，安定に保持している状態を**溶媒和**という。このようなことから水やアルコール中でS_N1反応は促進される。

S_N2反応においては**非プロトン性極性溶媒**という-OHを持たない極性溶媒が有効な場合が多い。よく使われる非プロトン性溶媒の例としては，N,N-ジメチルホルムアミド（DMF）[*6]やジメチルスルホキシド（DMSO）[*7]がある。水酸化カリウムやナトリウムアルコキシドといっ

[*6]

DMF

[*7]

DMSO

た陽イオンを対とする求核試薬を使う場合に，陽イオン(K^+, Na^+) は DMF や DMSO によく溶媒和*8されるが，求核剤として働く OH^- や OR^- (一般式 $Nu:^-$) は溶媒に束縛されずに求核性を高く保つことができる。

溶媒和

*8 **Let's TRY!!**
カルボカチオン中間体や脱離基が，プロトン性極性溶媒に溶媒和される様子を図に書いてみよう。

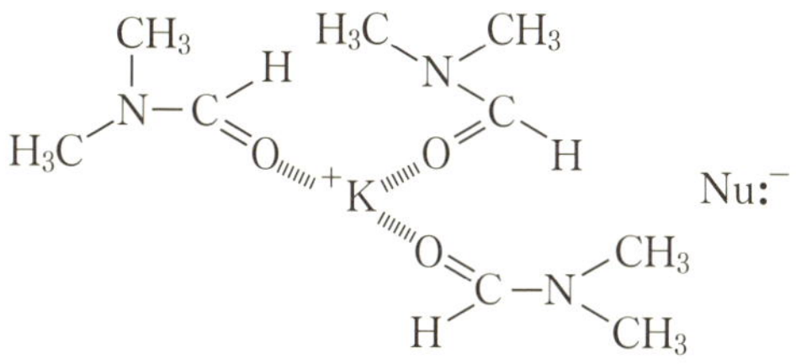

したがって，非プロトン性極性溶媒を用いると S_N2 反応は促進されることが多い。

例題 7-3 次の S_N2 反応の生成物を構造式で示しなさい。

(1)
$CH_3CH_2-\overset{Cl}{\underset{CH_3}{C}}-H$ + KCN ⟶

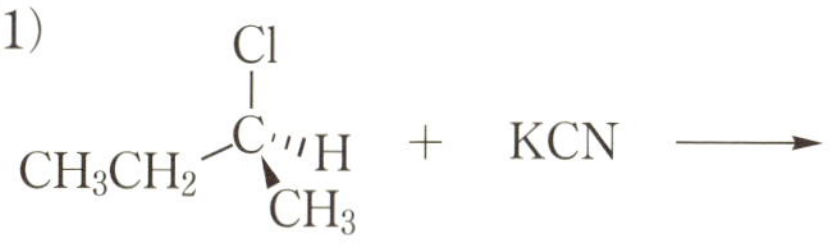

S-エナンチオマー

(2) $CH_3CH_2CH_2CH_2Cl$ + CH_3ONa ⟶

解答 (1) $CH_3CH_2-\overset{H}{\underset{CN}{C}}-CH_3$
(2) $CH_3CH_2CH_2CH_2-O-CH_3$

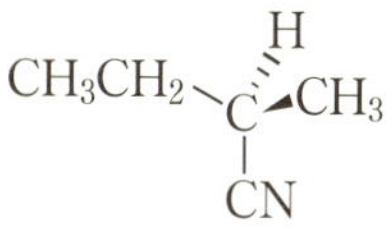

問3 次の S_N2 反応の生成物を構造式で示しなさい。

(1) シクロヘキシル-CH_2Cl + KOH ⟶

(2) 2-(2-クロロエチル)シクロヘキサノール (CH_2CH_2Cl, OH) + NaH ⟶

7・4 脱離反応

ハロゲン化アルキルの特徴的なもう1つの反応は脱離反応である。C-X 結合からハロゲン化物イオン X^- とその隣の炭素上にあるプロトン

H$^+$ が引き抜かれ，結果としてハロゲン化アルキルから HX が脱離した分子を与える。すなわちアルケンを与える。この脱離反応にも 2 つの反応機構があり，E1 反応と E2 反応と呼ばれる。

$$\underset{\text{ハロゲン化アルキル}}{R-\underset{\underset{R}{|}}{\overset{\overset{H}{|}}{C}}-\underset{\underset{X}{|}}{\overset{\overset{R}{|}}{C}}-R} \longrightarrow \underset{\text{アルケン}}{\underset{R}{\overset{R}{\diagdown}}C=C\underset{R}{\overset{R}{\diagup}}} + HX$$

7-4-1 E1 反応

反応の最初の段階は S_N1 反応と同様にカルボカチオン中間体の生成である。そして，カルボカチオンの隣の炭素上のプロトン H$^+$ が溶媒分子などに引き抜かれ，2 段階反応でアルケンを与える。

1. E1 反応の例と反応機構

[反応機構の図：(CH$_3$)$_3$C-Br → (CH$_3$)$_3$C$^+$ + :Br:$^-$ （カルボカチオン中間体）。結果として HBr が脱離した。次に H$_3$C-C$^+$(CH$_3$)-CH$_2$-H + :O(H)-H → (CH$_3$)$_2$C=CH$_2$ + H-O$^+$(H)-H（アルケン）。溶媒が塩基として働きプロトンを引き抜く]

この反応ではカルボカチオン中間体に至る過程が律速段階であり，すなわち反応速度を支配する分子はハロゲン化アルキルだけなので**一分子的脱離**（unimolecular elimination，E1 反応）**反応**という。E1 反応は S_N1 反応と同様にカルボカチオンを生じやすい第三級ハロゲン化アルキルで起こりやすく，実際の反応では S_N1 反応と E1 反応は同時に起こることが多い。

2. 塩基と求核試薬 プロトンを受け取る化学種を塩基ということは知っているであろう。脱離反応でもプロトンを受け取る塩基が働いている。塩基はこの章で扱った求核剤と「同じ試薬」である場合も多いが，反応に関わる際の「役割」が違うので呼び方を区別する必要がある。

E1 反応でカルボカチオンからプロトンを受け取るのは水やアルコールなどの溶媒分子であることが多く，**非常に弱い塩基**である。

3. 求核試薬と塩基の強さ 求核性と塩基性は別の性質である。求核性は正に分極した炭素原子 C$^{\delta+}$ との親和性を表しており，塩基性はプロトン H$^+$ との親和性である。

強い塩基は強い求核剤であるというのは時として正しいが，常にそうではない。

たとえば酸素原子を含む次の化学種では，塩基性と求核性の強さはともに $CH_3CH_2O^- > HO^- > CH_3COO^- > H_2O$ の順であるが，ハロゲン化物イオンでは求核性の強さ $I^- > Br^- > Cl^- > F^-$ に対し，塩基性の強さは逆で，$I^- < Br^- < Cl^- < F^-$ である。

例題 7-4 次の問に答えなさい。

(1) 次のE1反応では生成物として2種類のアルケンが考えられる。

$$Br-\underset{CH_3}{\overset{CH_3}{C}}-CH_2CH_3 \xrightarrow{CH_3CH_2OH}$$

それらの構造式を示しなさい。

(2) この反応の反応機構を示しなさい。

解答

(1)
$$\underset{CH_3}{\overset{CH_3}{C}}=CHCH_3 \qquad \underset{CH_2}{\overset{CH_3}{\underset{\|}{C-CHCH_3}}}$$

(2)

$$:\!\ddot{\underset{..}{Br}}\!-\!\underset{CH_3}{\overset{CH_3}{C}}\!-\!CH_2CH_3 \longrightarrow :\!\ddot{\underset{..}{Br}}:^- + \underset{CH_3}{\overset{CH_3}{\overset{+}{C}}}\!-\!CH_2CH_3$$

$$\underset{CH_3\ H}{\overset{CH_3\ H}{\overset{+}{C}\!-\!\overset{|}{C}\!-\!CH_3}} + CH_3CH_2\ddot{O}H \longrightarrow \underset{CH_3}{\overset{CH_3}{C}}=CHCH_3 + CH_3CH_2\overset{+}{\ddot{O}}H_{\underset{H}{}}$$

$$\underset{H-\overset{|}{C}-H}{\overset{CH_3}{\overset{+}{C}\!-\!CH_2CH_3}} + CH_3CH_2\ddot{O}H \longrightarrow \underset{CH_2}{\overset{CH_3}{\underset{\|}{C}-CH_2CH_3}} + CH_3CH_2\overset{+}{\ddot{O}}H_{\underset{H}{}}$$

問4 次の問に答えなさい。

(1) 右のE1反応では生成物として2種類のアルケンが考えられる。それらの構造式を示しなさい。

$$\underset{}{\overset{CH_3}{\underset{Br}{\bigcirc\!\!\!\!<}}} \xrightarrow{CH_3CH_2OH}$$

(2) この反応の反応機構を示しなさい。

7-4-2 E2 反応

ハロゲン化アルキルが**強い塩基**（NaOH や NaOCH$_3$ など）で処理されて脱離反応が起こるとき，C-X 結合の隣の炭素からプロトンが引き抜かれながら，同時にハロゲン化物イオンが脱離してアルケンに至る。

この脱離反応では中間体を経ず，ハロゲン化アルキルと塩基の二分子が衝突して遷移状態に至ることが律速段階となるので，**二分子的脱離**（bimolecular elimination，**E2 反応**）**反応**と呼ぶ。

1. E2 反応の例と反応機構

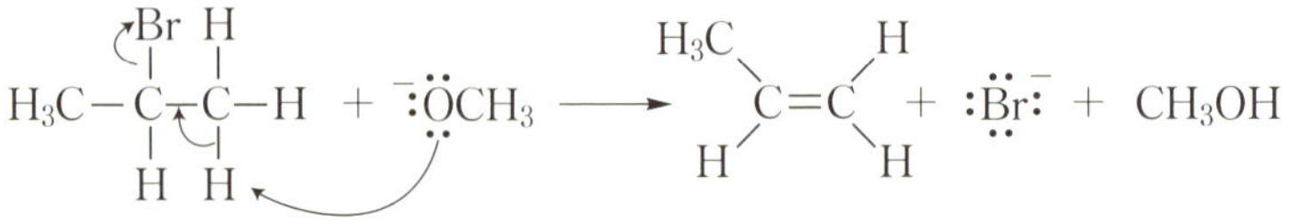

$$H_3C-\underset{\underset{H}{|}}{\overset{\overset{Br}{|}}{C}}-\underset{\underset{H}{|}}{\overset{\overset{H}{|}}{C}}-H + {}^-\!\!:\!\ddot{O}CH_3 \longrightarrow \underset{H}{\overset{H_3C}{>}}C=C\underset{H}{\overset{H}{<}} + :\!\ddot{B}\ddot{r}\!:^- + CH_3OH$$

実際の反応では S$_N$2 反応と E2 反応は同時に起こることがあるが，立体障害の大きい塩基（かさ高い塩基，カリウム t-ブトキシドなど）を用いると S$_N$2 反応は起こりにくいので，E2 反応を優先させることができる。

2. アンチ脱離 E2 反応では，脱離するハロゲン原子と引き抜かれる水素原子が同一平面にあって，かつ反対側（下図(a)：近平面アンチ位，anti periplanar）に位置したとき，最も少ない活性化エネルギーで反応が進む。

したがって，一般に鎖状のハロゲン化アルキルの E2 反応ではアンチ脱離による生成物となる（下図(b)）。

E2 反応の立体化学

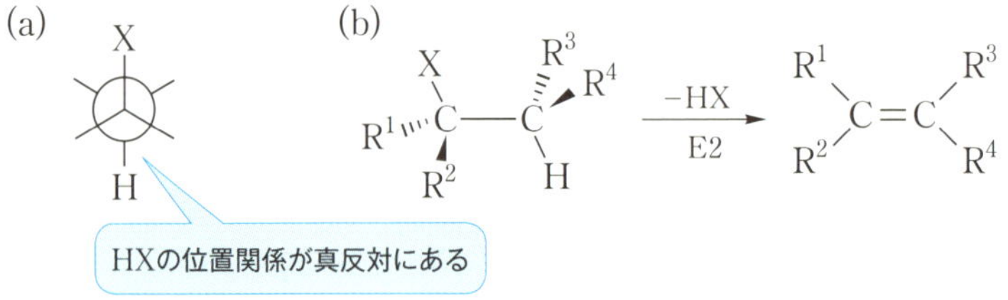

(a) ニューマン投影式（X と H が真反対，HX の位置関係が真反対にある）

(b) $\underset{R^2}{\overset{X}{\underset{|}{R^1\cdots C}}}-\underset{H}{\overset{R^3}{\underset{|}{C\cdots R^4}}} \xrightarrow[E2]{-HX} \underset{R^2}{\overset{R^1}{>}}C=C\underset{R^4}{\overset{R^3}{<}}$

(a) 近平面アンチ位を示すニューマン投影式
(b) アンチ脱離の生成物

1つのハロゲン化アルキルから2種類以上のアルケンの位置異性体が生成する可能性がある場合，アルキル基が多く置換した生成物が多く得られる。この傾向を**ザイツェフ（Zaitzev）則**と呼ぶ。これはアルキル基の多いアルケンのほうが安定なためである。

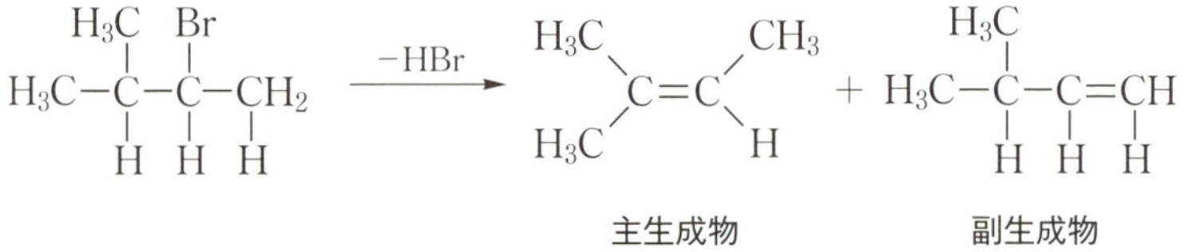

$$H_3C-\underset{\underset{H}{|}}{\overset{\overset{H_3C}{|}}{C}}-\underset{\underset{H}{|}}{\overset{\overset{Br}{|}}{C}}-CH_2 \xrightarrow{-HBr} \underset{H_3C}{\overset{H_3C}{>}}C=C\underset{H}{\overset{CH_3}{<}} + H_3C-\underset{\underset{H}{|}}{\overset{\overset{H_3C}{|}}{C}}-\underset{\underset{H}{|}}{\overset{\overset{H}{|}}{C}}=CH$$

主生成物　　　　　副生成物

ザイツェフ型反応の傾向は E1 反応において顕著である。E2 反応においても普通はザイツェフ型の反応となる。E2 反応において，かさ高い塩基（カリウム t-ブトキシドなど）を用いると，この反対の傾向となり，これを**ホフマン（Hofmann）則**と呼ぶ。理由は，かさ高い塩基が末端の水素原子を引き抜きやすいためである。

> **例題 7-5** 次の E2 反応の生成物を構造式で示しなさい。
> **解答** エトキシドイオンが臭素原子と結合している炭素原子に近づくよりも隣接した炭素原子上の水素原子に接近し水素を引き抜く。つまり，塩基として作用している。

問 5 次の E2 反応では生成物として 2 種類のアルケンが考えられる。それらの構造式を示しなさい。

$$\underset{\text{CH}_3\text{CH}_2\text{CHCH}_3}{\overset{\text{Br}}{|}} \xrightarrow{\text{CH}_3\text{CH}_2\text{ONa}}$$

7.5 置換反応と脱離反応，合成反応への利用

7-5-1 求核置換反応と脱離反応のまとめ

　ここに述べた 4 つの反応（S_N1, S_N2, E1, E2）はハロゲン化アルキルの特徴的な反応である。

　また，どの反応が進行するかは基質と求核剤や塩基の組み合わせ（反応性の高さや"かさ高さ"），溶媒の極性などによって異なり，複数の反応が同時に起こる場合もある。これらを簡単にまとめると表 7-1 のようになる。

表 7-1　求核置換反応と脱離反応のまとめ

ハロゲン化アルキル	S_N2	S_N1 と E1	E2
第一級	強い求核試薬を用いると起こりやすい	起こらない	かさ高く強い塩基を用いると起こる
第二級	強い求核試薬を用いるとゆっくり起こる	弱い求核試薬（弱い塩基）を用いるとゆっくり起こる	強塩基を用いると起こる
第三級	起こらない	弱い求核試薬（弱い塩基）を用いると起こる	強塩基を用いると起こる

例題 7-6 次の反応の主生成物とそれが得られる反応機構を示しなさい。

$$\underset{\underset{CH_3}{|}}{\overset{\overset{Br}{|}}{CH_3CCH_2CH_2CH_3}} + CH_3CH_2ONa \longrightarrow$$

解答

$$H_3C-\underset{\underset{CH_3}{|}}{\overset{\overset{Br}{|}}{C}}-\underset{\underset{H}{|}}{\overset{\overset{CH_2CH_3}{|}}{C}}-H + CH_3CH_2\ddot{\underset{\cdot\cdot}{O}}Na$$

$$\xrightarrow{E2} \underset{H_3C}{\overset{H_3C}{>}}C=C\underset{H}{\overset{CH_2CH_3}{<}} + CH_3CH_2OH + NaBr$$

問 6 次の反応では S_N1 反応と E1 反応が同時に起こる。このときの 2 つの生成物の構造式を書きなさい。

$$\underset{\underset{CH_3}{|}}{\overset{\overset{Br}{|}}{CH_3CCH_3}} \xrightarrow{CH_3CH_2OH}$$

7-5-2 合成反応への利用

ここで述べたハロゲン化アルキルの反応はさまざまな実用的な合成反応に利用できる。以下の反応式をよく見てほしい。医薬品・農薬となる分子の骨格と官能基を作っていくときや，界面活性剤など工業的に重要な機能性化合物を作るときにもハロゲン化アルキルの反応が利用されている。実際の有機合成ではアイデアと反応条件の検討が重要である。

1. エーテルの合成（Williamson 反応） ウィリアムソン（Williamson）反応はアルコキシド（RO^-）とハロゲン化アルキルの S_N2 反応で，エーテルを得るものである。

$$CH_3CH_2O^-Na^+ + CH_3-I \longrightarrow CH_3CH_2-O-CH_3 + NaI$$

ウィリアムソン反応で用いるアルコキシドはアルコールと水素化ナトリウムを注意深く反応させると得られる（8 章参照）。

$$CH_3CH_2OH + NaH \longrightarrow CH_3CH_2O^- + Na^+ + H_2\uparrow$$

2. アルケンへの変換（E2 反応）

環状のハロゲン化アルキルでは S_N2 反応は起こらず，E2 反応となる。C-Br 結合の反対側が立体的に混み合っているので，ハロゲンの付け

根の炭素原子にアルコキシドが衝突しにくいためである。

さて，このE2反応で生じるアルケンとして，下に示すもう1つの異性体が考えられる。しかし，ここではかさ高い塩基ではなく，小さな強塩基なので，生成物はザイツェフ則に従う。

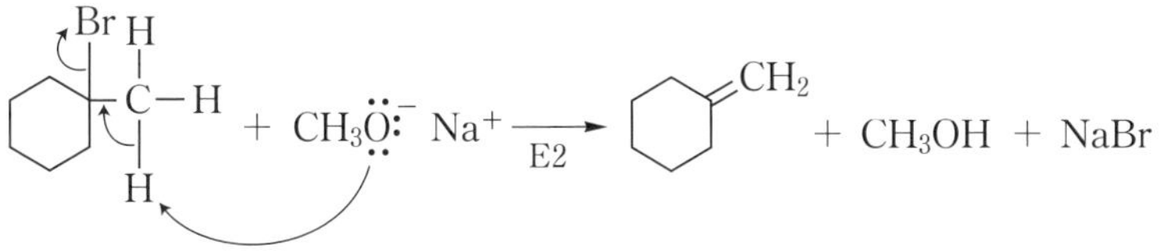

演習問題　A　基本の確認をしましょう

7-A1 次の反応の生成物として適当な化合物の構造式を書きなさい。

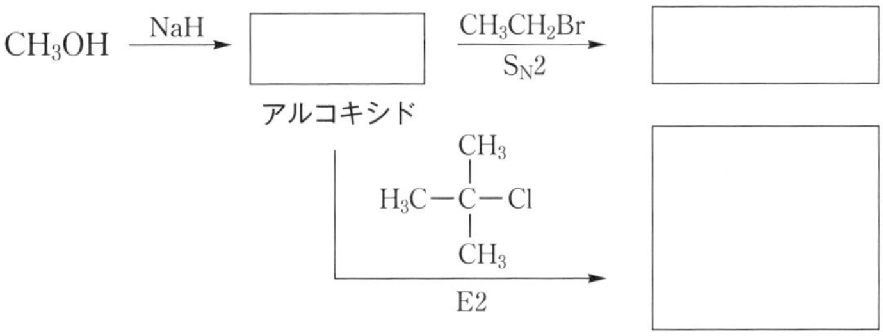

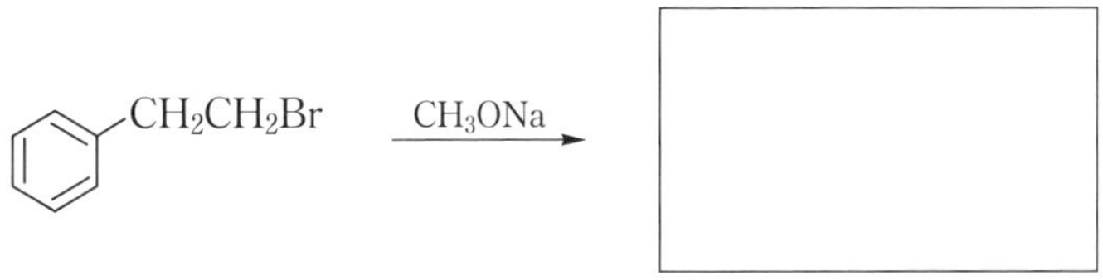

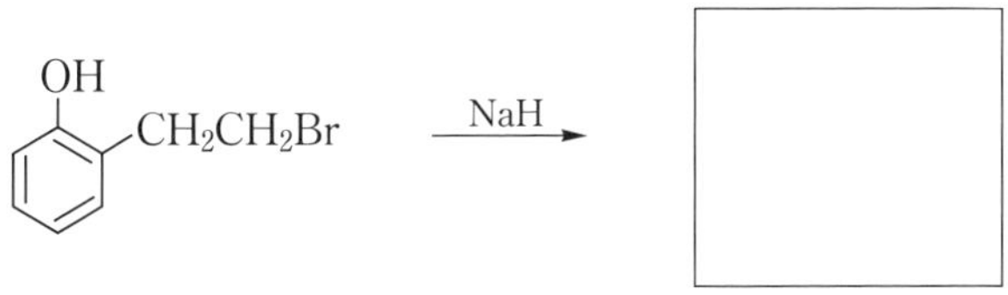

7-A2 S_N2 反応ではワルデン反転が起こる。次の反応の生成物の立体構造を示しなさい。

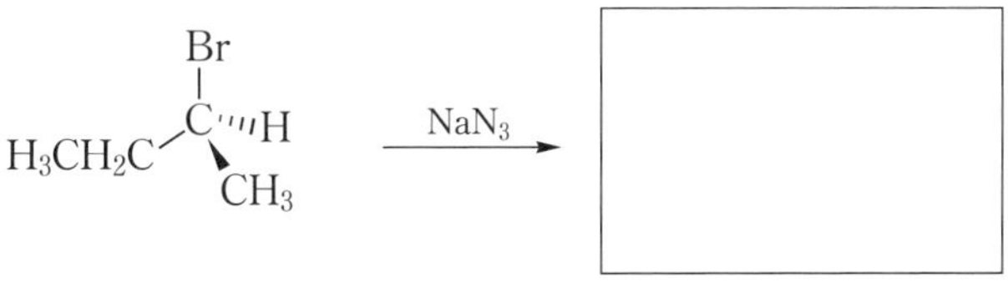

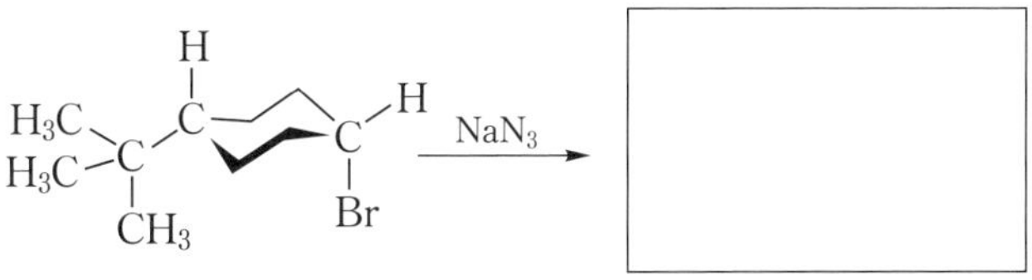

演習問題　B　もっと使えるようになりましょう

7-B1 次のホフマン型の反応を効率よく行うためにはどのような塩基を用いるべきか，ザイツェフ則とホフマン則を参照して答えなさい。

7-B2 次のハロゲン化アルキルは S_N1, S_N2 のいずれの反応も受けない。その理由をそれぞれ説明しなさい。

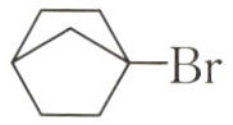

7-B3 次の反応結果を説明する反応機構を立体構造（イス形の基質）がわかるように書き，右の化合物が得られない理由を説明しなさい。

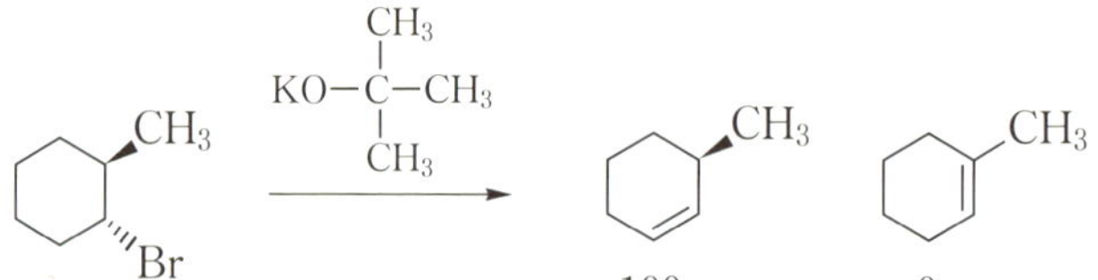

あなたがここで学んだこと

この章であなたが到達したのは

- □ ハロゲン化アルキルを第一級，第二級，第三級ハロゲン化アルキルに分類できる
- □ S_N1, S_N2, E1, E2 反応の機構を理解して，曲がった矢印を用いて記述できる
- □ ハロゲン化メチルと第一級ハロゲン化アルキルで，S_N2 反応が起こりやすいことを説明でき，生成物を示すことができる
- □ 第三級ハロゲン化アルキルで，S_N1 反応と E1 反応が起こりやすいことを説明でき，生成物を示すことができる
- □ 不斉炭素上で求核置換反応が起こるときに，反応機構（S_N1, S_N2）から，生成物の絶対配置が予測できる
- □ 工業的に重要な合成中間化合物を得るためにハロゲン化アルキルを用いた反応を正しく選択できる

有機化学の基礎的な反応に適用すべきパターンは意外に少ない。S_N1, S_N2, E1, E2 機構を理解してほんの少しの別の反応タイプと酸・塩基触媒さえ知ってしまえば，今後学ぶ有機化学反応は容易に飲み込めるということだ。裏を返せばこの章の理解が不十分なら先に進むのは難しい。オクテット則，ルイス式，混成軌道からしっかり復習しよう。

奇妙なことだ，脱離すると軽くなるそうだ。

8章

アルコール

　ドイツのブテナンド(Butenandt)は22年間にわたって，カイコ蛾(*Bombyx mori*)の雌が放出する性誘引物質を研究した。50万匹の雌のカイコ蛾からわずか6 mgの性フェロモンを単離した。カイコ蛾のラテン名*Bombyx mori*にちなんでボンビコール(bombykol)と命名された。この天然有機化合物を眺めてみると末端にヒドロキシ基が含まれている。ヒドロキシ基を含む有機化合物はアルコールに分類される。ヒドロキシ基は水に対して親和性が高いので人に対しても多くの恩恵を与えているが，一方で生物界においては信号伝達(フェロモンとして)としても役立っている。昆虫類のフェロモン合成は害虫である昆虫を誘引させ根絶するために利用されたり，昆虫そのものを駆除するために重要で合成方法が研究対象になっている。

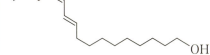

(写真提供：Nature Photo Gallery 越智伸二)

●この章で学ぶことの概要

　アルコールは自然界だけでなく工業的にも大切である。工場では多くの機械が動いているが，それらを動かす燃料に工業用アルコールが利用される。この章ではとくに，アルコールの性質や反応について理解することで有機化学反応の反応論を学ぶ。

　アルコールは次世代エネルギーとして期待されているバイオエタノールとも関わりがある。化学を専門とする者はアルコールの特性については学ぶべきことであるが，他分野の学生諸君には独自の目線で眺めてほしいと思う。

予習 授業の前にやっておこう!!

これまでに学習した水分子の構造を思い出してみよう。分子を構成する原子間の共有結合を価標と呼ばれる線で示した化学式を構造式という。構造式では，価標 1 本で示された共有結合が単結合，価標 2 本が二重結合，価標 3 本が三重結合に対応する。

Web に Link

1. 炭素数 1 ～ 10 のアルカンの命名ができるか。
2. C_5H_{12} で示される構造異性体を書くことができるか。
3. カルボカチオンの安定性について説明することができるか。

8 1 アルコールの命名

アルコールはアルカン（－ane）の語尾 e をオール（－ol）に置き換えて命名する。たとえば炭素が 1 つからなるアルコールを考えてみる。この場合，炭素が 1 つからなるアルカンであるメタンの語尾にオールをつけ，メタノールとなる。メタノールは，誤飲すると失明することで知られている。戦時中，飲料用のエタノールが不足し，メタノールを飲んだ人が失明したことはあまりにも有名である。環状化合物の場合，接尾語となる官能基の位置番号をつける必要はない。これは官能基が 1 番の炭素に結合していることを前提としているためである[*1]。

＊1 **Don't Forget!!**
・鎖状アルコールの命名ではアルカンの語尾にオールをつける。
・環状化合物の命名では側鎖についた水酸基を 1 位とする。

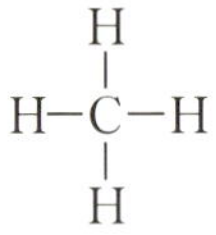

CH_3-H

メタン
(methane)

CH_3-OH

メタノール
(methanol)

CH_3CH_2OH

エタノール
(ethanol)

$CH_3CH_2CH_2OH$

プロパノール
(propanol)

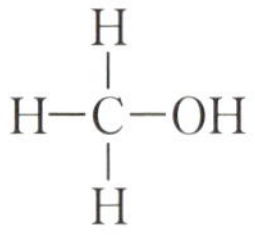

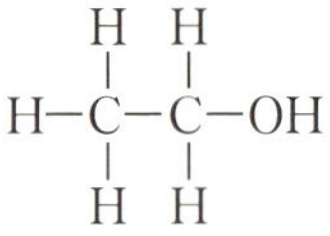

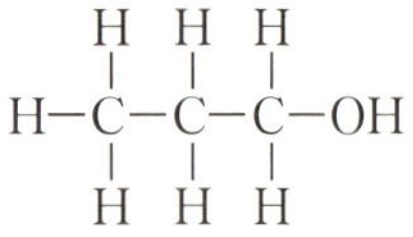

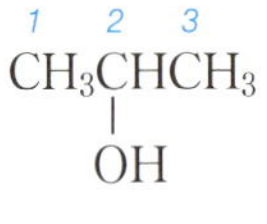

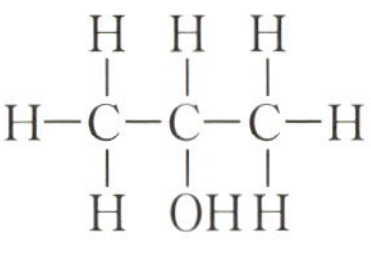

2-プロパノール
(2-propanol)

3-メチルシクロヘキサノール
(3-methylcyclohexanol)

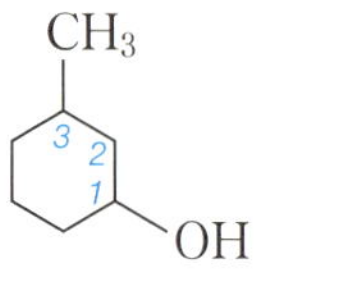

8 2 アルコールの分類

アルコールはヒドロキシ基の結合している炭素原子に結合しているアルキル基の数によって**第一級アルコール**，**第二級アルコール**，**第三級アルコール**に分類される。また，アルコールの分子内に含まれるヒドロキシ基の数により**一価アルコール**，**二価アルコール**，**三価アルコール**ともいわ

れる*2。

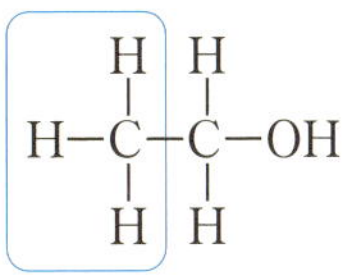

第一級アルコール 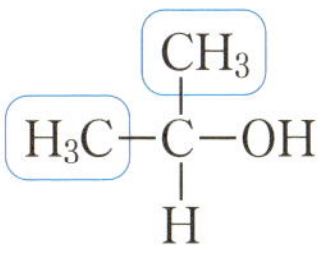　　第二級アルコール 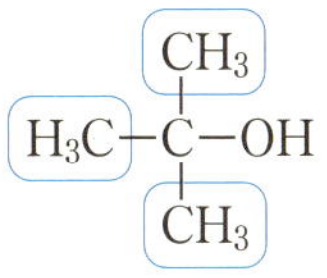　　第三級アルコール

Don't Forget!!
アルコールの分類は，

第一級　R-C(H)(H)-OH

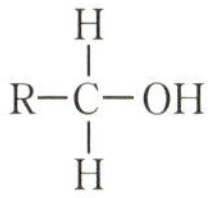

第二級　R-C(H)(R)-OH

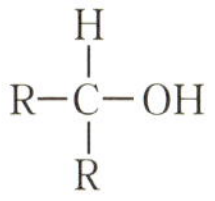

第三級　R-C(R)(R)-OH

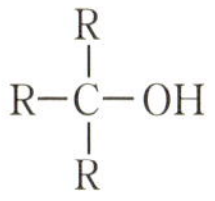

に分類でき，また，ヒドロキシ基の数により，一価，二価，三価に分類できる。

例題 8-1
$C_5H_{12}O$ で示される第一級アルコール，第二級アルコール，第三級アルコールはそれぞれ何種類書くことができるか。

解答

第一級アルコール

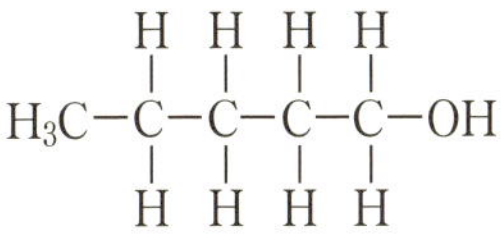

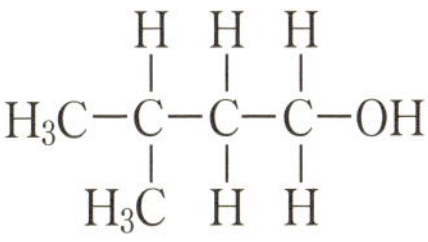

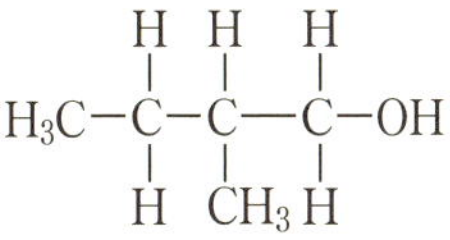

第二級アルコール

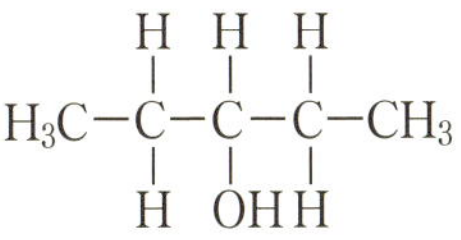

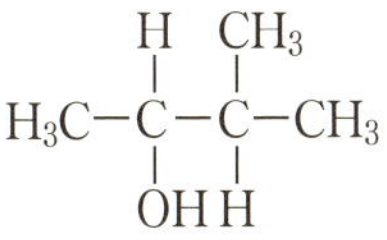

第三級アルコール

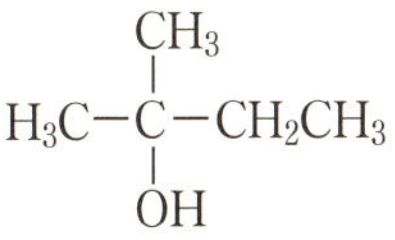

8-3 アルコールの性質

8-3-1 アルコールの性質

アルコールは一般式がROHで示される物質である。Rが小さいものと大きいものとでは区別されており，小さいものの場合「低級アルコール」，大きいものの場合「高級アルコール」と呼ばれる。アルコールは水分子と構造が似ているために水に溶解する*3。

表8-1　各種アルコールの溶解度*4

化合物名	示性式	水 100 cm³ に溶けるアルコール量 (g)
メタノール	CH_3OH	∞
エタノール	CH_3CH_2OH	∞
1-プロパノール	$CH_3(CH_2)_2OH$	∞
1-ブタノール	$CH_3(CH_2)_3OH$	8
1-ペンタノール	$CH_3(CH_2)_4OH$	2.7
1-ヘキサノール	$CH_3(CH_2)_5OH$	0.6

*3 **プラスアルファ**
Rとは？
有機化学ではアルキル基を記号Rで表示する。本書の場合も通例にならっている。

*4 **Let's TRY!!**
なぜ，炭素の数が増えると水への溶解度は減少するのか。構造式から考えてみよう。

しかし，炭素数が 4 以上のアルコールでは一定量以上は水に溶けない。

アルコール分子内のヒドロキシ基が水素結合を形成することができれば，アルコールの沸点が高くなる。

8-3-2 アルコールの酸性と塩基性

アルコールに強塩基を加えると，それぞれ H_2 や NH_3 を生じ，さらにナトリウムアルコキシドを生じる。また，アルコール分子に含まれる酸素原子には 2 対の孤立電子対があり，それがプロトン H^+ と反応しオキソニウムイオンを生じる。つまり酸と反応するので塩基でもある。

8-4 アルコールの合成と反応

8-4-1 アルコールの合成

1. 発酵法 人間は古来より生物が有益な物質を生産することを知っていた。生物発酵（酵母）を利用して人間はアルコールを得ている。アルコール発酵ではグルコースがエタノールに変換され，蓄積される。一般的に穀物（植物）に含まれるデンプンが麹や麦芽の働きによりグルコースに変えられ（糖化），酵母の働きによってエタノールが生成される[*5]。

*5
Let's TRY!!
バイオエタノールはどのようにして合成されるのか。調べてみよう。

2. アルケンと水の付加反応 酸性条件下，エチレンに水を反応させると付加反応が進行し，エタノールを生成する（4-3-4 項を参照）。

$$\underset{H}{\overset{H}{C}}=\underset{H}{\overset{H}{C}} + H_2O \longrightarrow H-\underset{H}{\overset{H}{C}}-\underset{H}{\overset{H}{C}}-OH$$

例題 8-2 次の反応生成物を答えなさい。

$$\underset{H}{\overset{H_3C}{C}}=\underset{H}{\overset{H}{C}} + H_2O \longrightarrow$$

解答 水分子を H^+，OH^- に分けて反応させる。アルケンが反応して生成するカルボカチオンは第二級カチオンのほうが安定である。そのため第一級アルコールは生成せず第二級アルコールができる。

$$H_3C-\underset{H}{\overset{OH}{C}}-\underset{H}{\overset{H}{C}}-H$$

問 1 次の反応生成物を答えなさい。

(1) $\underset{Br}{\overset{H_3C}{C}}=\underset{H}{\overset{H}{C}} + H_2O \xrightarrow{H^+}$

(2) $\underset{H}{\overset{H_3C}{>}}C=C\underset{CH_3}{\overset{H}{<}}$ + H_2O $\xrightarrow{H^+}$

3. アルケンのヒドロホウ素化とジボラン酸化

反マルコウニコフ則

$\underset{CH_3CH_2}{\overset{H}{>}}C=C\underset{H}{\overset{H}{<}}$ + BH_3 $\longrightarrow$ $\left(CH_3CH_2-\underset{H}{\overset{H}{C}}-\underset{H}{\overset{H}{C}}-B \right)_3$

1-ブテン
(1-butene)

$\xrightarrow{H_2O_2/NaOH/H_2O}$ $CH_3CH_2-\underset{H}{\overset{H}{C}}-\underset{H}{\overset{H}{C}}-OH$

1-ブタノール
(1-butanol)

1-ブテンにボランを加えた後,塩基性条件下で過酸化水素により反応をさせると1-ブタノールが得られる。このアルコール生成物は**マルコウニコフ則**(Markovnikov rule)を満たしていない[*6]。

[*6]
マルコウニコフ則
マルコウニコフ則とは何か。
5章を確認しよう。

例題 8-3 次の反応生成物を答えなさい。

$\underset{Br}{\overset{H_3C}{>}}C=C\underset{H}{\overset{H}{<}}$ + BH_3 $\xrightarrow{H_2O_2/NaOH/H_2O}$

解答 反応は反マルコウニコフ則で進行する。

$\underset{Br}{\overset{H_3C}{>}}C=C\underset{H}{\overset{H}{<}}$ + BH_3 $\xrightarrow{H_2O_2/NaOH/H_2O}$ $H_3C-\underset{Br}{\overset{H}{C}}-\underset{H}{\overset{H}{C}}-OH$

問2 次の反応生成物を答えなさい。

(1) [シクロヘキセン環にCH_3が付いた構造] $\xrightarrow[H_2O_2/NaOH/H_2O]{(CH_3)_2BH}$

(2) $\underset{H_3C}{\overset{H_3C}{>}}C=C\underset{H}{\overset{H}{<}}$ $\xrightarrow[H_2O_2/NaOH/H_2O]{(CH_3)_2BH}$

4. カルボニル化合物とヒドリドイオンとの反応

金属水素化物である水素化アルミニウムリチウム $LiAlH_4$ や水素化ホウ素ナトリウム $NaBH_4$ などが反応する場合,反応に関係するものは**ヒドリドイオン** H^- [*7] である。ヒドリドイオンがケトンやアルデヒドなどと反応すると

[*7]
+α プラスアルファ
ヒドリドイオンとは電子を余分に持った状態の水素のこと。

8-4 アルコールの合成と反応 113

アルコキシドイオンが生成する。

アルコキシドイオンの生成

$$R-\underset{\underset{}{\|}}{C}-R^1 + H^- \longrightarrow \boxed{R-\underset{\underset{H}{|}}{\overset{\overset{:\ddot{O}:^-}{|}}{C}}-R^1}$$

アルコキシドイオン

水素化アルミニウムリチウムは強力な還元剤であるが、官能基選択性に乏しい。エステルに作用させるとアルコールを生じる。

第一級アルコールの生成反応

$$CH_3CH_2-\underset{\underset{}{\|}}{\overset{:\ddot{O}:}{C}}-OCH_3 + LiAlH_4$$

$$\longrightarrow CH_3CH_2CH_2OH + HOCH_3$$

反応機構は以下のようになる。プロパン酸メチルに水素化アルミニウムリチウムを作用させるとアルコキシドイオンを生成した後、電子の移動によりアルデヒド体を生成する。これに再び水素化アルミニウムリチウムが作用しアルコキシドイオンが生成しプロトン化され第一級アルコールを生成する[*8]。

第一級アルコールの生成反応機構

ヒドリドイオンによるカルボニル基への攻撃

$$CH_3CH_2\underset{\underset{}{\|}}{\overset{:\ddot{O}:}{C}}-OCH_3 + H-\underset{\underset{H}{|}}{\overset{\overset{H}{|}}{Al}}-H \longrightarrow CH_3CH_2\underset{\underset{H}{|}}{\overset{\overset{:\ddot{O}:^-}{|}}{C}}-OCH_3$$

ヒドリドイオンによるカルボニル基への攻撃

$$\underset{-CH_3\ddot{O}:^-}{\longrightarrow} CH_3CH_2\underset{\underset{}{\|}}{\overset{:\ddot{O}:}{C}}H + H-\underset{\underset{H}{|}}{\overset{\overset{H}{|}}{Al}}-H \longrightarrow CH_3CH_2CH_2OH$$

*8 **+α プラスアルファ**
LiAlH₄ はヒドリド試薬と呼ばれヒドリドが化学種である。ヒドリドを利用する有機反応には還元反応が多く、今日の有機合成には欠かせない。このヒドリドは不安定であるために合成には"ワザ"が必要であるとともに、わずかな水分が存在すると生成しない。そのため利用する溶媒は蒸留を施した無水溶媒の使用がよい。

例題 8-4 次の反応生成物を答えなさい。

$$CH_3\underset{\underset{CH_3}{|}}{CH}\underset{\underset{}{\|}}{\overset{O}{C}}-OCH_3 + LiAlH_4 \xrightarrow{Et_2O}$$

解答

$$\text{CH}_3\text{CHC-OCH}_3 + \text{LiAlH}_4$$
(with =O above C, CH₃ below first CH)

$$\xrightarrow{\text{Et}_2\text{O}} \text{CH}_3\text{CHCH}_2\text{OH} + \text{HOCH}_3$$
(CH₃ below first CH)

ヒドリドイオンがカルボニル炭素に攻撃を行い，その後水素イオンが付加した後，第一級アルコールを生成する。

CH₃CH-C-OCH₃ + H⁻ ⟶ CH₃CH-C-OCH₃
(CH₃ below, :O: above first C)　　　　　(CH₃ below, :Ö:⁻ above, H on right C)

$\xrightarrow{-\text{OCH}_3}$ H₃C-C-CH + H⁻ ⟶ H₃C-C-CH₂OH
(with H, :O: above second C; CH₃ below)　　(CH₃ below center C, H above)

問3 次の反応生成物を答えなさい。

(1) $\text{H}_2\text{C}=\overset{\text{CH}_3}{\underset{\text{H}}{\text{C}}}-\text{CHCH}_2\overset{\text{O}}{\overset{\|}{\text{C}}}\text{OCH}_3$ $\xrightarrow{\text{1) LiAlH}_4}{\text{2) H}_2\text{O}}$

(2) シクロヘキシル-COOCH₂CH₃ $\xrightarrow{\text{1) LiAlH}_4}{\text{2) H}_2\text{O}}$

また，カルボン酸との反応においても同様に第一級アルコールを生成する。

$$\text{CH}_3\text{CH}_2\overset{\text{O}}{\overset{\|}{\text{C}}}-\text{OH} + \text{LiAlH}_4 \longrightarrow \text{CH}_3\text{CH}_2\text{CH}_2\text{OH}$$

基本的にエステルの場合と同様の反応機構であるが，**1,1-ジオール**[*9]を経ることが特徴である。この1,1-ジオールは不安定であるために脱水反応が起こりアルデヒドを生成する。

[*9] 1,1-ジオールはジェミナル(*gem*) とも呼ばれる。

【ヒドリドイオンによるカルボニル基への攻撃】

CH₃CH₂C-OH + H-AlH₃⁻ ⟶ CH₃CH₂C-OH
(:O: above C)　　　　　　　　　　(:Ö:⁻ above, H below)

⟶ CH₃CH₂C-OH $\xrightarrow{-\text{OH}^-}$ CH₃CH₂CH ⟶
(:ÖH above, H below —【1,1-ジオールは不安定】)　　(=O⁺H above)

8-4 アルコールの合成と反応

$$\text{CH}_3\text{CH}_2\overset{:\text{O}:}{\underset{\|}{\text{CH}}} \longrightarrow \text{CH}_3\text{CH}_2\overset{:\ddot{\text{O}}:}{\underset{\|}{\text{CH}}} + \text{H}-\text{AlH}_3^-$$

$$\longrightarrow \text{CH}_3\text{CH}_2\overset{:\ddot{\text{O}}:^-}{\text{CH}_2} \longrightarrow \text{CH}_3\text{CH}_2\overset{\text{OH}}{\text{CH}_2}$$

水素化ホウ素ナトリウム $NaBH_4$ も水素化アルミニウムリチウムと同様にヒドリドイオン H^- によって還元反応が進行する。

$$\text{CH}_3\overset{\text{O}}{\underset{\|}{\text{C}}}\text{CH}_3 + \text{NaBH}_4 \xrightarrow{\text{CH}_3\text{CH}_2\text{OH}} \text{CH}_3\overset{\text{OH}}{\underset{|}{\text{CH}}}\text{CH}_3$$

一般にアセトンは反応性が低いために有機溶媒として利用されるが，水素化アルミニウムリチウムとは反応するために利用できない。この場合の溶媒はジエチルエーテルが適している[*10]。

*10
Let's TRY!!
有機反応に利用する溶媒はどのようなものがあるのか調べてみよう。また，反応によっては無水溶媒を利用し反応に用いる。なぜか調べてみよう。

8-4-2 アルコールの反応
1. アルコールとハロゲン化水素との反応

$$\text{CH}_3\text{CH}_2\text{OH} + \text{HBr} \xrightarrow{\text{H}_2\text{SO}_4} \text{CH}_3\text{CH}_2\text{Br}$$

プロトン化　　　　　　　　　S_N2反応

$$\text{CH}_3\text{CH}_2\text{OH} \underset{-\text{H}^+}{\overset{\text{H}^+}{\rightleftarrows}} \text{CH}_3\text{CH}_2\overset{+}{\underset{|}{\text{O}}}\text{H} + :\ddot{\text{Br}}:^-$$
$$\text{H}$$

$$\xrightarrow{-\text{H}_2\text{O}} \text{CH}_3\text{CH}_2\text{Br}$$

第一級アルコールのヒドロキシ基にプロトン化が起こり，オキソニウムイオンが発生する。その後，ブロモニウムイオンからの攻撃によりハロゲン化が起こる。この反応は S_N2 反応である。

$$\text{H}_3\text{C}-\underset{\underset{\text{OH}}{|}}{\overset{\overset{\text{CH}_3}{|}}{\text{C}}}-\text{CH}_3 + \text{HBr} \xrightarrow{\text{H}_2\text{SO}_4} \text{H}_3\text{C}-\underset{\underset{\text{Br}}{|}}{\overset{\overset{\text{CH}_3}{|}}{\text{C}}}-\text{CH}_3$$

一方，第三級アルコールの場合はカルボカチオン中間体を経て生成物を与える。この反応は S_N1 反応である。

臭素化の反応機構

プロトン化　　　　　　　　　　　　　　第三級カルボカチオンの生成

$$\text{CH}_3\underset{\underset{\text{CH}_3}{|}}{\overset{\overset{\text{CH}_3}{|}}{\text{C}}}-\text{OH} \underset{-\text{H}^+}{\overset{\text{H}^+}{\rightleftarrows}} \text{CH}_3\underset{\underset{\text{CH}_3}{|}}{\overset{\overset{\text{CH}_3}{|}}{\text{C}}}-\overset{+}{\text{O}}\text{H}_2 \xrightarrow{-\text{H}_2\text{O}} \text{CH}_3\underset{\underset{\text{CH}_3}{|}}{\overset{\overset{\text{CH}_3}{|}}{\overset{+}{\text{C}}}} + :\ddot{\text{Br}}:^- \longrightarrow \text{CH}_3\underset{\underset{\text{CH}_3}{|}}{\overset{\overset{\text{CH}_3}{|}}{\text{C}}}-\text{Br}$$

プロトン化された後，脱水反応が生じ，第三級カルボカチオンが生成する。

例題 8-5 次の反応生成物を答えなさい。

$$CH_3CH_2CHCH_3 \text{（OH）} + HBr \xrightarrow{H_2SO_4}$$

解答

$$CH_3CH_2CHCH_3(\ddot{O}H) \quad H^+ \rightleftarrows \quad CH_3CH_2CHCH_3(\overset{+}{O}H_2)$$

$$\longrightarrow CH_3CH_2\overset{+}{C}HCH_3 \quad :\ddot{B}r:^- \longrightarrow CH_3CH_2CHCH_3(Br)$$

問4 次の反応生成物を答えなさい。

(1) $(H_3C)_3C-CHCH_3 \text{（OH）} + HBr \xrightarrow{H_2SO_4}$

(2) C₆H₅-CH(OH)CH₃ $+ HBr \xrightarrow{H_2SO_4}$

2. アルコールの酸化反応

アルコールは第一級，第二級，第三級に分類されることはすでに学んだ。アルコールの酸化は種類によって生成物が異なる。

第一級アルコール

$$CH_3CH_2CH_2-\underset{H}{\overset{OH}{\underset{|}{C}}}-H \xrightarrow{H_2Cr_2O_7}_{H_2SO_4/H_2O} CH_3CH_2CH_2-\overset{O}{\underset{}{C}}-H \longrightarrow CH_3CH_2CH_2-\overset{O}{\underset{}{C}}-OH$$

（α水素）

第一級アルコールには **α水素**[*11] が2個あり，そのうち1個が失われるとアルデヒドが生成する。通常の反応ではアルデヒドからさらに酸化されたカルボン酸を与える。アルデヒドで酸化を止めたい場合，さまざまな反応が開発されている[*12]。

なかでも PCC 酸化，Swern 酸化，Dess–Martin 酸化は有名であり，医薬品の製造などに利用されるので，こうした分野に興味を持つ諸君は実課題へ応用という観点から使いこなせる知識として定着させてほしい。

第二級アルコール

$$CH_3CH_2CH_2-\underset{H}{\overset{OH}{\underset{|}{C}}}-CH_3 \xrightarrow{H_2Cr_2O_7}_{H_2SO_4/H_2O} CH_3CH_2CH_2-\overset{O}{\underset{}{C}}-CH_3$$

[*11]
α水素とは
ヒドロキシ基が結合している炭素原子に結合している水素原子の総称。

[*12]
Let's TRY!!
アルデヒドで反応を止めることはできるか。現在行われている研究で，どのような方法でアルデヒドが得られているのか調べてみよう。

第二級アルコールにはα水素が1個あり，失われるとケトンが生成する。

第三級アルコール

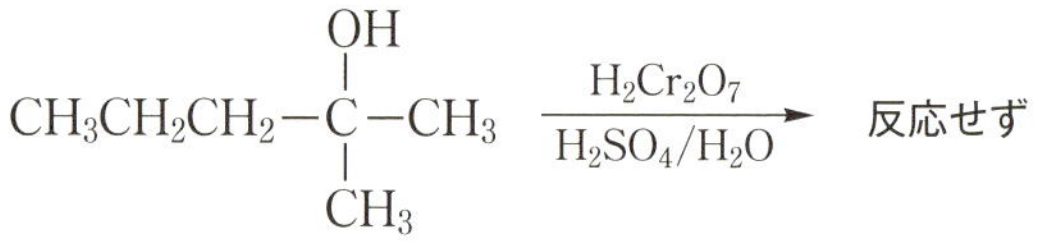

$$CH_3CH_2CH_2-\underset{\underset{CH_3}{|}}{\overset{\overset{OH}{|}}{C}}-CH_3 \xrightarrow[H_2SO_4/H_2O]{H_2Cr_2O_7} 反応せず$$

第三級アルコールにはα水素が存在しない。そのため酸化されない[*13]。

3. アルコールの脱水反応 アルコールを濃硫酸と加熱すると脱水反応が起こり，反応温度に応じてアルケンやエーテルが生成する。エタノールと濃硫酸を170℃で加熱すると，分子内で脱水反応が起こりエチレンを生じるが，130℃で加熱すると分子間脱水が進行しジエチルエーテルを生じる。

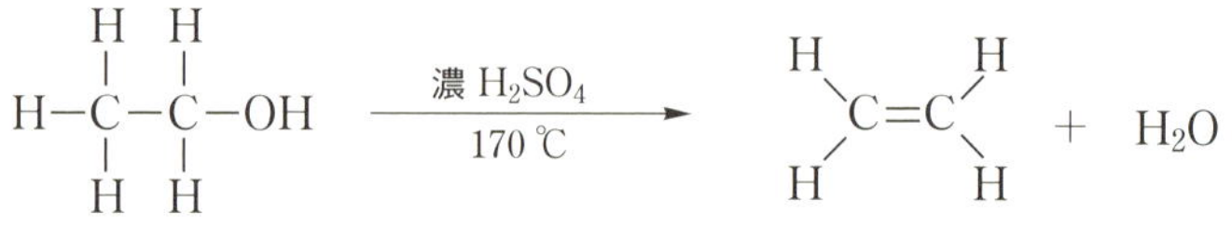

エタノール → エチレン + H_2O （濃H_2SO_4，170℃）

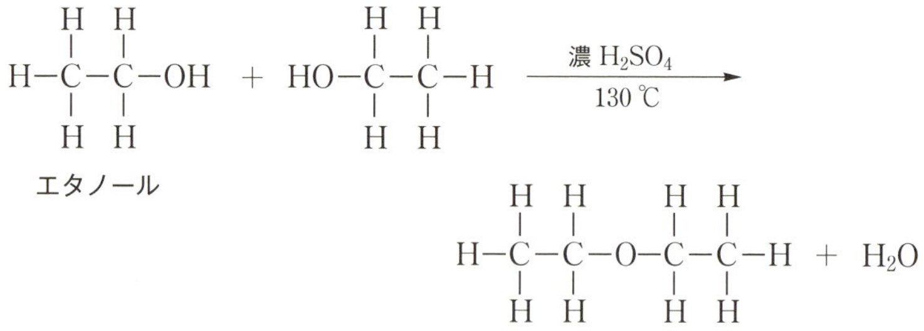

エタノール + エタノール → ジエチルエーテル + H_2O （濃H_2SO_4，130℃）（脱水縮合反応）

分子間で反応し，水などの簡単な分子がとれて新しい分子ができる反応を縮合反応（condensation reaction）という[*14]。

[*13] **Don't Forget!!**
第一級アルコールは酸化されるとアルデヒドを得て，カルボン酸になる。第二級アルコールは酸化されるとケトンを生じる。第三級アルコールは酸化されない。

[*14] **Let's TRY!!**
分子内脱水，分子間脱水を生じることで生成物を与える有機反応は多い。**分子内反応**（intramolecular reaction），**分子間反応**（intermolecular reaction）を決定する要因は何であろうか。

演習問題 A　基本の確認をしましょう

8-A1 次の化合物のIUPAC名（日本語と英語）を答えなさい。

(1) $CH_3CH_2CH_2CH_2OH$

(2) 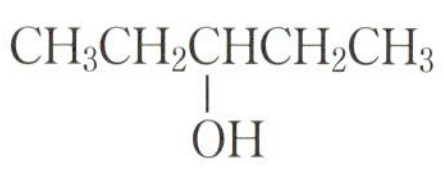 $CH_3CH_2CHCH_2CH_3$ （OHが中央炭素に結合）
　　　　　　|
　　　　　OH

(3) フェノール（C₆H₅-OH）

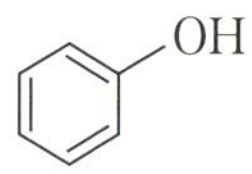

(4) 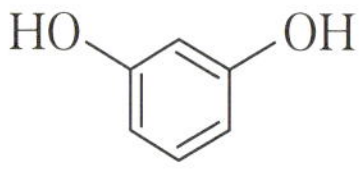 HO-C₆H₄-OH（1,3位）

(5) 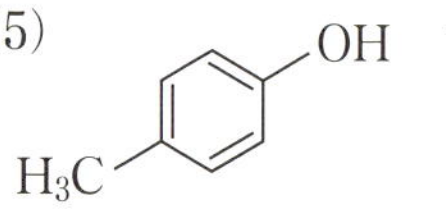 H_3C-C₆H₄-OH（4位）

8-A2 次の原料から生成物を合成する際の反応式を完成させなさい。

(1)
$$CH_3I \longrightarrow CH_3CH_2\underset{\underset{CH_3}{|}}{C}HOH$$

(2)
$$H_3C-\underset{\underset{O}{||}}{C}-CH_3 \longrightarrow CH_3\underset{\underset{OH}{|}}{C}(CH_3)CH_2CH_3$$

(3)

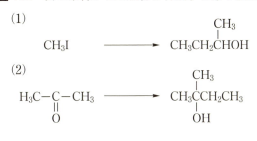
$$\xrightarrow{PCC}$$

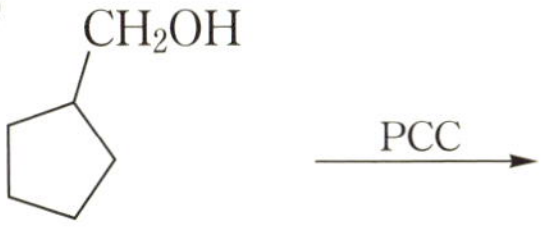

演習問題 B　もっと使えるようになりましょう

8-B1 次の生成物を与える出発物質（アルケン）を答えなさい。

(1) 3-メチル-3-ペンタノール

(2) 2-メチルプロパノール

8-B2 次の反応が起こる際の反応機構を答えなさい。

(1) 〜〜〜OH　$\xrightarrow[\text{2) Et}_3\text{N}]{\text{1) DMSO, (COCl)}_2}$

(2) 〜〜〜OH　$\xrightarrow{PBr_3}$

あなたがここで学んだこと

この章であなたが到達したのは
- □アルコールとは何か理解している
- □アルコールの性質が説明できる
- □アルコールの分類ができる
- □アルコールの反応における電子の移動を矢印を使って説明できる
- □アルコールの合成が説明できる

　本章で学習したように，アルコールはヒドロキシ基を有する。そのため食品や医薬品そして工業製品などへの利用が盛んに行われている。これはヒドロキシ基の性質に起因するといっても過言ではない。このように有機化学は反応や反応機構も大事ではあるが，官能基の性質を熟知することが，実課題に知識を適用するためにきわめて重要であることを学生諸君には知ってもらいたい。

9章

エーテル

クラウンエーテルの発見により，ペダーセン（C. J. Pedersen），レーン（J.-M. Lehn），クラム（D. J. Cram）に1987年にノーベル化学賞が贈られている。クラウンエーテルはその命名にあるようにクラウン（王冠）状の形をした分子である。酸素原子でつながった環状化合物の特徴は，酸素原子上に存在する孤立電子対と環の大きさである。図のように，クラウンエーテルはその空孔に特定の分子やイオンを受け入れることができる。いわば鍵穴と鍵の関係である。この特定の分子を受け入れる側と受け入れられる側の関係からホスト−ゲストの概念が生まれ，特定の分子を受け入れる性質から，その特性を活かすことで，分子認識化学が確立した。多くの研究者が研究を行い，物質の分離，反応の制御，生物モデルの再現など，多くの報告が行われているホットな領域である。

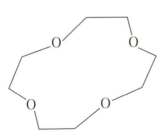 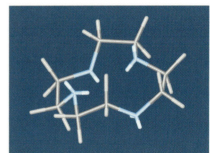

●この章で学ぶことの概要

この章ではエーテルの構造を理解したうえで物理的性質に触れる。エーテルは創薬や工業製品などの中間体合成に用いられることから，エーテル特有の反応性について理解することは，多様な有機化合物へと展開させるには基本的な知識として重要である。

予習 授業の前にやっておこう!!

8章で学習したアルコールと同様に，分子内に1つの酸素原子を持っている。一般式はR－O－R，Ar－O－Ar[1]，で表される。ジエチルエーテルはエーテルの代表的な物質である。

$C_5H_{12}O$ で示されるエーテルは何種類書くことができるか。

WebにLink

9-1 エーテルの命名と性質

エーテルは酸素原子にフェニル基やアルキル基が結合している。2つのフェニル基やアルキル基の命名方法によって命名される。たとえばジエチルエーテルの場合，エチル基 $R=CH_3CH_2$ が2つ結合している。さらにアルキル基が異なる場合，アルファベット順に並べて命名する。工業的に有名な化合物については慣用名が用いられる。代表的なエーテル化合物としてアニソール(anisole)がある。アニソールは昆虫フェロモンの一種であるが，その特性から合成中間体として有用である[1]。エーテルのIUPAC名は母体のアルカンの －ane を －oxy に換え，アルコキシ基として命名する。また，簡単な構造のエーテルは，よく慣用名が用いられる。

[1] **＋αプラスアルファ**
合成中間体
工業的に有用物質を得るには多段階の合成を実施する。そのプロセスの中で重要な役割を果たす化合物についての名称。

エーテルの構造と命名

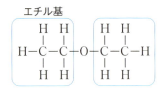
ジエチルエーテル(diethyl ether)
エトキシエタン(ethoxyethane)

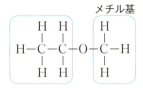
エチルメチルエーテル(ethyl methyl ether)
メトキシエタン(methoxyethane)

アニソール
(anisole)
（慣用名）

例題 9-1 組成が $C_5H_{12}O$ で示されるエーテルのうち，メトキシ基を有するものは何種類書くことができるか。

解答

```
    H H H H   H           H H H   H
    | | | |   |           | | |   |
H－C－C－C－C－O－C－H   H－C－C－C－O－C－H
    | | | |   |           | | |   |
    H H H H   H           H CH₃ H  H

    H H CH₃  H           H CH₃  H
    | |  |   |           |  |   |
H－C－C－C－O－C－H     H－C－C－O－C－H
    | |  |   |           |  |   |
    H H  H   H           H CH₃  H
```

メトキシ基 $CH_3O－$ を持つため，一方の酸素原子側に結合する炭素の配置だけを考える必要がある。

問 1 $C_7H_{16}O$ で示されるエーテルのうち,エトキシ基 CH_3CH_2O- を有するものは何種類書くことができるか[*2]。

*2
ヒント
エーテルの命名はアルキル基をアルファベット順に並べて行う。

エーテルは一般式が ROR^1 で示される物質である。これは一価アルコールと構造異性体の関係にある。エタノールの沸点は 78 ℃ であるが,ジエチルエーテルでは 34 ℃ である。この差は水素結合が関係している。アルコールは水素結合により分子どうしが強く結びついているが,エーテルでは結びつきがないのが理由である。

エーテルの反応性はヒドロキシ基を持たないので,アルコールと異なり金属ナトリウムとは反応しない。引火しやすく,麻酔性のある液体である。水には溶けにくいが,有機物はよく溶かすので有機溶媒として利用される。

エーテルを空気中に放置しておくと**過酸化物**ができる。このように自然に酸化が起こることを**自動酸化**という[*3]。

*3
工学ナビ
エーテルの取り扱いには注意を要する。どのように扱うのが適しているのか調べてみよう。

$$CH_3CH_2OCH_2CH_3 + O_2 \longrightarrow CH_3CH_2OCHCH_3$$
$$|$$
$$OOH$$

一方でエタノールとジメチルエーテルは異性体の関係にある。

9-2 エーテルの合成

9-2-1 アルコールの脱水反応

アルコールに硫酸を作用させると**脱水縮合**が起こりエーテルが生成する。この反応は対称のエーテル合成には適応できるが,非対称のものには向かない[*4]。

*4
Don't Forget!!

$$R^1OH + HOR^1 \xrightarrow[\text{脱水}]{H_2SO_4} R^1OR^1 + H_2O$$

第一級アルコールの場合,S_N2 反応で進行する。

エーテル生成の反応機構(1)

$$CH_3CH_2OH + H_2SO_4 \longrightarrow CH_3CH_2\overset{+}{O}H_2 \xrightarrow{CH_3CH_2\ddot{O}H} CH_3CH_2-\overset{+}{O}CH_2CH_3$$
$$|$$
$$H$$

酸によるプロトン化の後 S_N2 反応で進行する

$$\longrightarrow CH_3CH_2\text{:}OCH_2CH_3 + H^+$$

第三級アルコールの場合,カルボカチオンが安定なために生成しやすい。そのために S_N1 反応で進行する。

エーテル生成の反応機構(2)

$$H_3C-\underset{CH_3}{\underset{|}{\overset{CH_3}{\overset{|}{C}}}}-\ddot{O}H + H_2SO_4 \longrightarrow H_3C-\underset{CH_3}{\underset{|}{\overset{CH_3}{\overset{|}{C}}}}-\overset{+}{\underset{H}{\ddot{O}H}}$$

第三級カルボカチオンは安定

$$\longrightarrow H_3C-\underset{CH_3}{\underset{|}{\overset{CH_3}{\overset{|}{C^+}}}} + H\ddot{O}-\underset{CH_3}{\underset{|}{\overset{H}{\overset{|}{C}}}}-CH_3$$

$$\longrightarrow H_3C-\underset{CH_3}{\underset{|}{\overset{CH_3}{\overset{|}{C}}}}-\overset{+}{\ddot{O}}-\underset{CH_3}{\underset{|}{\overset{H}{\overset{|}{C}}}}-CH_3$$

脱プロトン化

$$\longrightarrow H_3C-\underset{CH_3}{\underset{|}{\overset{CH_3}{\overset{|}{C}}}}-\ddot{O}-\underset{CH_3}{\underset{|}{\overset{H}{\overset{|}{C}}}}-CH_3 + H^+$$

2-メチル-2-プロパノールはプロトンと反応すると脱水が生じ,結果として第三級カルボカチオンを生成する。第三級カルボカチオンは安定なために,さらにアルコールと反応してエーテルを生成する。

8章でアルコールには第一級,第二級,第三級が存在することを学んだ。もし級数が異なるアルコールどうしが反応した場合,どのような反応が起こるのだろう。

9-2-2 アルコキシドとハロゲン化アルキルの反応 ―ウィリアムソンのエーテル合成―

第三級アルコールの場合には,カルボカチオンが生成しやすいので脱離反応が起こりアルケンが生成する。その場合,ナトリウムを反応させアルコキシドへと変換し,ハロゲン化アルキルと反応して非対称のエーテルを得る。この反応を**ウィリアムソン(Williamson)のエーテル合成**という。アルコキシドは求核試薬でありながら塩基としても働く。そのため脱離反応が生じることも考慮した反応設計が必要となる。**ハロゲン化アルキルの脱離反応性**は第三級 > 第二級 > 第一級の順に強くなる。ウィリアムソン反応に用いるハロゲン化アルキルは第一級を用いることが多い。

$$CH_3CH_2OH \xrightarrow[CH_3I]{NaH} CH_3CH_2OCH_3$$

エタノール　　　　　　メトキシエタン
(ethanol)　　　　　　(methoxyethane)

エタノールに水素化ナトリウムを添加した場合，ただちにナトリウムエトキシドを生成する。ついでヨードメタンを加えることで**酸素原子上の孤立電子対**[*5]が炭素原子を攻撃し，収率よく非対称エーテルを生成することができる。

[*5] アルコラートアニオンともいう。

エチルメチルエーテルの生成機構

$$CH_3CH_2\ddot{O}Na + CH_3-I \longrightarrow CH_3CH_2OCH_3 + NaI$$

ヨウ化物イオンは脱離能が強い

例題 9-2 次の反応生成物を答えなさい。

$$\text{C}_6\text{H}_5\text{-CH}_2\text{CH}_2\text{OH} \xrightarrow[\text{CH}_3\text{I}]{\text{NaH}}$$

解答 まず水素化ナトリウムがヒドロキシ基と反応する。反応性が向上したため，ヨードメタンを添加すると容易に反応が進行し生成物を与える。

$$\text{C}_6\text{H}_5\text{-CH}_2\text{CH}_2\text{OH} \xrightarrow[\text{CH}_3\text{I}]{\text{NaH}} \text{C}_6\text{H}_5\text{-CH}_2\text{CH}_2\text{OCH}_3$$

問2 次の反応生成物を答えなさい。

(1) $(CH_3)_3COH \xrightarrow[CH_3I]{NaH}$

(2) $(CH_3)_2CHOH \xrightarrow[CH_3I]{NaH}$

9-3 エーテルの反応

9-3-1 ハロゲン化水素との反応

エーテル結合の反応性は低く，酸性条件下でハロゲン化水素と反応させると，エーテル鎖が切れてハロゲン化物が生成する。この反応には特に**ヨウ化水素が適切**である。

$$R^1OR^2 + HI \longrightarrow R^1-\overset{+}{O}H \xrightarrow{\Delta} R^1I + R^2OH$$
$$\phantom{R^1OR^2 + HI \longrightarrow R^1-\overset{+}{O}}R^2$$
$$\phantom{R^1OR^2 + HI \longrightarrow R^1-\overset{+}{O}H}I^-$$

（Δ は加熱を意味する）

ヨウ化水素によるエーテルの開裂反応の最初の段階はエーテル酸素のプロトン化である。これにより強い塩基性のアルコキシドが弱い塩基性のアルコールに変換される。反応機構は S_N1，S_N2 反応の両方考えられるが，アルキル基の種類によって決まる。

*6
■工学ナビ
よく利用される有機溶媒。

$CH_3CH_2-O-CH_2CH_3$
ジエチルエーテル
(diethyl ether)

テトラヒドロフラン
(tetrahydrofuran)

1,4-ジオキサン
(1,4-dioxane)

*7
Don't Forget!!

重要 エーテルが反応する唯一の試薬はハロゲン化水素である。そのためエーテルは反応溶媒*6として頻繁に用いられる*7。

例題 9-3 エチルメチルエーテルとヨウ化水素との反応機構を示しなさい。

$CH_3OCH_2CH_3 + HI \longrightarrow$

解答 最初にプロトン化が起こる。その後，ヨウ化物イオンの反応と脱離が同時に生じることで生成物を与える。よってこの反応はS_N2的に起こる。

$$CH_3CH_2-\overset{H}{\underset{+}{O}}-CH_3 + :\ddot{I}:^- \longrightarrow CH_3CH_2OH + CH_3I$$

問3 次の反応生成物を答えなさい。

(1) $CH_3\underset{\underset{CH_3}{|}}{\overset{\overset{CH_3}{|}}{C}}OCH_2CH_3 \xrightarrow[\Delta]{HBr}$

(2) $CH_3\underset{\underset{CH_3}{|}}{\overset{\overset{CH_3}{|}}{C}}OCH_2CH_3 \xrightarrow[\Delta]{HI}$

9.4 エポキシドの合成と反応

環状エーテルは鎖状エーテルと同様の性質を示すことが知られているが，唯一異なるものは三員環のエーテルである**エポキシド**（epoxide）である*8。

*8
オキシラン (oxirane) とも呼ばれる。

特有のひずみを持つために反応性が高い。通常，合成は過酸化物（よく使われるものはm-CPBA：メタクロロ過安息香酸）が利用される*9。

*9
Don't Forget!!
過酸を試薬瓶から薬さじで取り出すとき，金属製の薬さじを利用してはいけない。過酸は衝撃や静電気と反応して爆発を伴うことがあるためである。これは過酸を使う実験を安全に行うため決して忘れてはいけない。

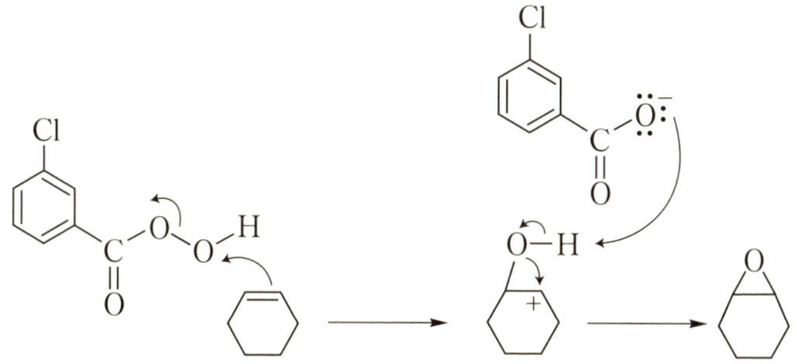

鎖状エーテルは酸性条件下で，厳しい反応条件で反応が進行する。しかし，エポキシドはひずみを持つため反応性が高く，水やアルコール，弱酸と容易に反応する。

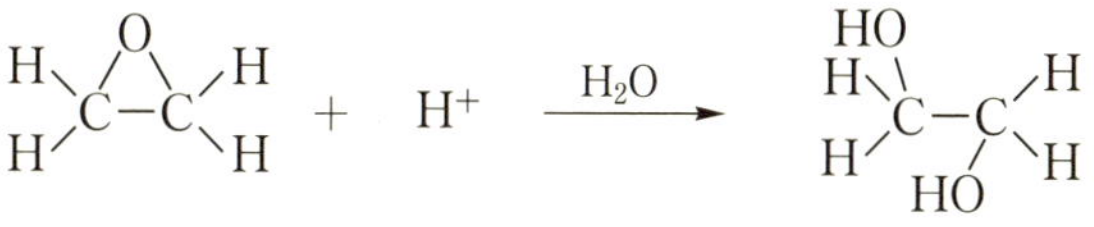

エチレンオキシド (oxirane) → エチレングリコール (ethane-1,2-diol)

反応機構は以下のようになる。

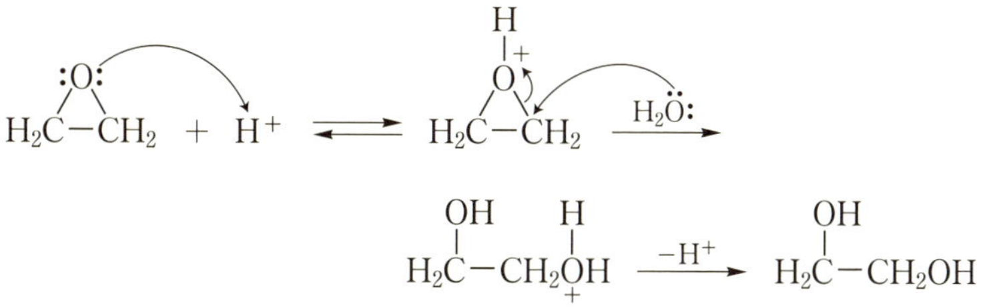

エポキシドを構成している酸素原子にプロトン化が起こり，水酸化物イオンが炭素原子を攻撃することで炭素-酸素結合が切断される。

重要 対称エポキシドの場合，求核攻撃による反応性に差がみられないが，多置換エポキシドの場合，生成物は異なってくる[*10]。

*10 Don't Forget!!

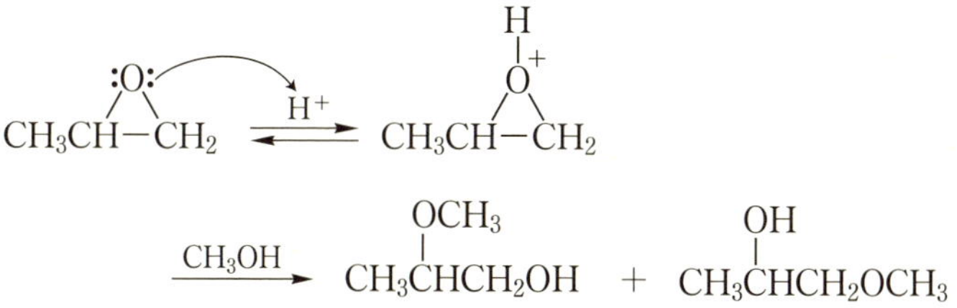

2-メトキシプロパノール (2-methoxypropanol) 主生成物

1-メトキシ-2-プロパノール (1-methoxy-2-propanol) 副生成物

酸触媒による開裂反応では多置換の炭素への求核攻撃による生成物が主となる。

9-4 エポキシドの合成と反応

$$\underset{CH_3CH-CH_2}{\overset{H}{\underset{|}{\overset{+|}{O}}}} \xrightarrow{CH_3\ddot{\ddot{O}}H} \underset{\underset{H-OCH_3}{|}}{CH_3CHCH_2OH} \rightleftarrows \underset{\underset{OCH_3}{|}}{CH_3CHCH_2OH} + H^+ \quad \text{主生成物}$$

$$\underset{CH_3CH-CH_2}{\overset{H}{\underset{|}{\overset{+|}{O}}}} \xrightarrow{CH_3\ddot{\ddot{O}}H} \underset{\underset{H}{|}}{\overset{OH}{\underset{|}{CH_3CHCH_2\overset{+}{O}CH_3}}} \rightleftarrows \underset{}{\overset{OH}{\underset{|}{CH_3CHCH_2OCH_3}}} + H^+ \quad \text{副生成物}$$

*11
Don't Forget!!

> **重要** また，エポキシドは歪んだ構造をとるために，プロトン化が起こらなくても開裂反応は生じる。この場合，置換基の少ないほうの炭素に求核攻撃が起こる*11。

エポキシドの開裂反応機構

$$\underset{CH_3CH-CH_2}{\overset{:\ddot{O}:}{\underset{|}{}}} \xrightarrow{{}^{-}:\ddot{O}CH_3} \underset{CH_3CHCH_2OCH_3}{\overset{:\ddot{O}:^{-}}{\underset{|}{}}} \xrightarrow{H^+}$$

$$\underset{CH_3CHCH_2OCH_3}{\overset{OH}{\underset{|}{}}}$$

演習問題　A　基本の確認をしましょう

9-A1 次の化合物を命名しなさい。

(1) $H_3C-O-CH_2CH_2CH_3$

(2) $CH_3CH_2OCH(CH_3)CH_2CH_3$

(3) $H_3CHC-CH_2$ (エポキシド)
　　　　_O_

(4) $H_3CHC-CHCH_2CH_3$ (エポキシド)
　　　　_O_

(5) $CH_3CH(Cl)OCH(CH_3)CH_2CH_3$

9-A2 次のおもな生成物は何か。

(1) $CH_3OCH(CH_3)CH_3 \xrightarrow[\Delta]{HI}$

(2) $CH_3C(CH_3)-CH_2$ (エポキシド) $\xrightarrow[\Delta]{HI}$

(3) 
$$\text{CH}_3\text{C}\underset{\underset{\text{CH}_3}{|}}{-}\overset{\overset{\text{O}}{\diagup\diagdown}}{}\text{CH}_2 \quad \xrightarrow[\text{CH}_3\text{OH}]{\text{CH}_3\text{COONa}}$$

演習問題　B　もっと使えるようになりましょう

9-B1 次の生成物を与える反応式を完成させなさい。

(1) $CH_3CH_2OCH_2CH_3$

(2) 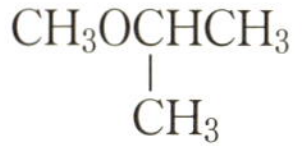 CH_3OCHCH_3
       $\quad\quad\quad\; |$
       $\quad\quad\quad CH_3$

(3)
$$\text{CH}_3-\underset{\underset{\text{CH}_3}{|}}{\overset{\overset{\text{CH}_3}{|}}{\text{C}}}-\text{OCH}\underset{}{}\text{CH}_3$$
$$\quad\quad\quad\quad\quad\;\;|$$
$$\quad\quad\quad\quad\quad CH_3$$

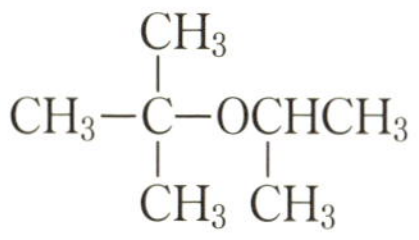

9-B2 ジフェニルエーテルの合成方法としてウィリアムソン合成法が適さないのはなぜか。

あなたがここで学んだこと

この章であなたが到達したのは

☐ エーテルとは何か説明できる
☐ エーテルの性質が説明できる
☐ エーテルの反応性が説明できる
☐ エポキシドとは何か説明できる

　本章では，エーテル，エポキシドについて学んだ。これらの有機化合物が持つ性質について多様な研究がこれまでになされている。一例として，代表的な環状化合物であるクラウンエーテルは空孔を有しており，その空孔の大きさや酸素原子の数に応じて，特定の金属イオンを選択的に捕捉したり，反応場としての利用など興味深い研究が実施されている。クラウンエーテルは人工の分子であり，それを用いるホスト−ゲスト化学は，有機化学の範囲にとどまらず，生化学，無機化学，分析化学，環境化学，さらにはエレクトロニクスの分野にまで広がりをみせている。

Pedersen, Cram, Lehn らが
クラウンエーテルを発見。

10章

芳香族の化学

近年，次世代材料として炭素のみでできたフラーレンやカーボンナノチューブが注目されている。これらは球状や筒状の形状を持った巨大なπ電子雲を有する3次元の芳香族化合物である（原料のままではあくまでも炭素の同素体であり，正確には化合物ではない）。これらの巨大分子は金属ではないにもかかわらず，電流を流したり電子を受け取ったりする作用があり，次世代の有機電子材料として大いに期待されている。また，カーボンナノチューブは一部の電子顕微鏡に使われており，すでに実用化されている。

フラーレン

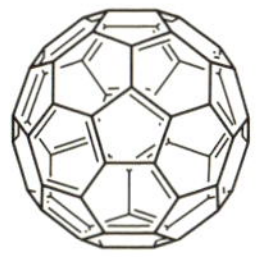

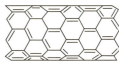
カーボンナノチューブ

これらの構造の基礎となる六角形の芳香族炭化水素を「ベンゼン C_6H_6」として習ってきた。「有機化学」といえばベンゼン環の構造をイメージするのではないだろうか。ベンゼンは安定で反応性は低いが，電子が豊富で求電子試薬 E^+ とは反応しやすい。

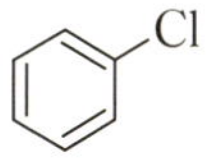

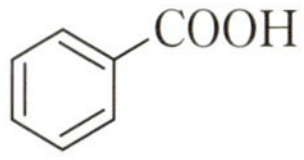

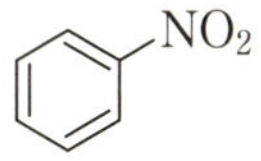

官能基が導入された誘導体は，さまざまな有機合成反応の原料となり，医薬品の製造につながっている。実際，このベンゼンの構造はどうなっているのか，またベンゼンはどのような反応をするのかをこの章で学習する。

● この章で学ぶことの概要

これまで1章では二重結合とπ結合ならびに sp^2 混成軌道の概念を学習した。また4章では二重結合を有するアルケンを学習した。この章では芳香族化合物の性質と反応を学ぶ。これまでの結合と分子を復習し，単結合と二重結合の違いや反応性の違い，二重結合に典型的な付加反応をまず復習したうえで，改めてベンゼンの構造と反応性の違いを比較しながら理解しよう。芳香族化合物の名称が書け，構造を書くことができる。またさまざまな求電子試薬と反応し，芳香族置換反応が進行することがわかる。これらの理解が，ベンゼン環に対して目的の官能基を結合させたいと考えるとき，必要な試薬を選択するための実践的な応用力につながるのである。

予習 授業の前にやっておこう!!

この章に入る前に sp² 混成軌道とアルケンの反応性について復習しておこう。アルケンと反応する試薬は求電子試薬か求核試薬か。また，付加反応を起こすのか置換反応を起こすのか。これまで学習した芳香族化合物をもう一度振り返りながら芳香族化合物の特徴を学ぼう。

1. エチレン，アセチレンの構造を電子雲とともに書くことができるか。
2. ベンゼンの構造を書くことができるか。
3. アルケンの反応の特徴は何か。この反応はアルケンのπ電子とどのような試薬との反応に進行するか。
4. ベンゼンにメチル基が2つ置換する場合，何種類の異性体が存在するか。

10.1 芳香族化合物の性質と命名法

有機化合物を大きく2つに分けると，脂肪族化合物と芳香族化合物に分けることができる。芳香族化合物とは「芳香」があることから名づけられているが，芳香族化合物すべてが芳香を持っているわけではない。芳香族化合物とは性質や化学挙動がベンゼンに類似した物質のことをいう。

芳香族の命名は以下の規則に従う。

(1) 置換基の後にベンゼン (benzene) をつけて命名する。
(2) 多置換ベンゼンは優先順位の最も高い官能基が結合する炭素を1とし，位置番号の合計が最も小さくなるように命名する。
(3) 慣用名として，オルト，メタ，パラを用いる場合がある。二置換ベンゼンで 1,2-置換体をオルト，1,3-置換体をメタ，1,4-置換体をパラとし，最初にそれぞれ o-，m-，p- をつける。
(4) 慣用名を母体とする場合は，母体の置換基の位置番号を1として命名する。

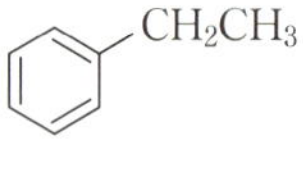

エチルベンゼン (ethylbenzene) 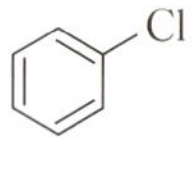
クロロベンゼン (chlorobenzene) 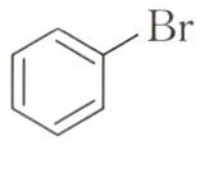
ブロモベンゼン (bromobenzene) 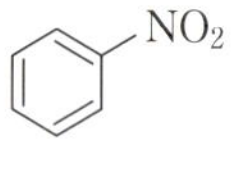
ニトロベンゼン (nitrobenzene)

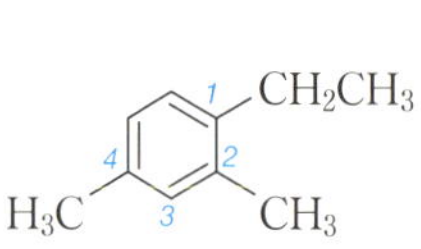

1-エチル-2,4-ジメチルベンゼン (1-ethyl-2,4-dimethylbenzene)
p-ジクロロベンゼン (p-dichlorobenzene) 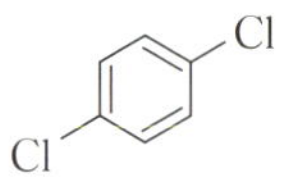
2,4,6-トリニトロトルエン (2,4,6-trinitrotoluene) 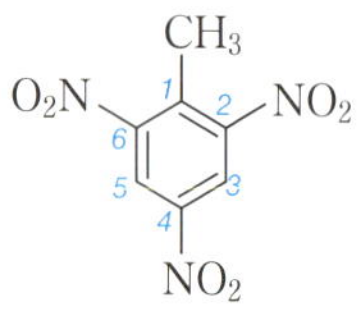

芳香族は非常に慣用名の多い化合物である。よく用いられる慣用名を示すので覚えておこう。

芳香族の慣用名

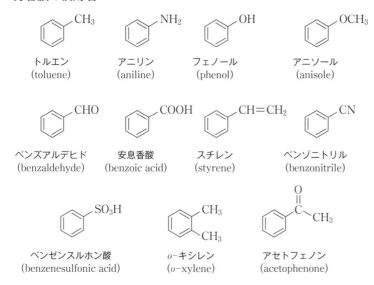

また窒素や酸素などの炭素以外のヘテロ原子を含むヘテロ環化合物（複素環化合物）の中にも芳香族が存在する。

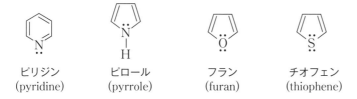

次のような芳香族を含む置換基の慣用名が認められている。

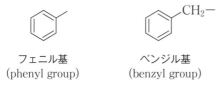

芳香族炭化水素は石炭の乾留や石油の留分に含まれる。また，石油留分のナフサを熱分解（クラッキング）や改質（リフォーミング）することにより得られる。

例題 10-1 次の化合物を命名しなさい。

(1) H₃C環CH₃ / CH₃ (1,3,5位) (2) Cl環Cl (1,3位)

解答 (1) 1,3,5-トリメチルベンゼン，(2) 1,3-ジクロロベンゼン（m-ジクロロベンゼン）

10-1 芳香族化合物の性質と命名法

問1 次の化合物を命名しなさい。

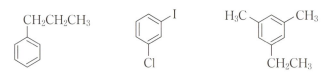

問2 次の化合物の構造を書きなさい。

(1) 1-クロロ-2-メチルベンゼン

(2) 1-エチル-2,3-ジメチルベンゼン

(3) *p*-ブロモトルエン

(4) 2,4,6-トリニトロフェノール

10・2 ベンゼンの構造と性質

ベンゼンは芳香族化合物の代表である。図10-1の構造Aのように略記されることが多いが、正しくは構造Aと構造Bの共鳴であり、C-C間の結合距離は単結合と二重結合の中間の0.139 nmで、正六角形であることがわかっている。

図10-1 ベンゼンの構造

すべてのC-C結合は単結合と二重結合の中間の0.139 nm

環は平面構造をとり、電子はすべて非局在化して共鳴安定化している。

芳香族性（aromaticity）とは、π電子の完全な非局在化により、電子系が大きく安定化する性質のことであるが、これには、(1) 共役π電子系であること、(2) 環状電子系であること、(3) 平面電子系であること、(4) π電子数が $(4n + 2)$ であることがあげられており、これを**ヒュッケル（Hückel）則**という。ベンゼンの場合、芳香族安定化エネルギーは約 150 kJ/mol である[*1]。

[*1] **Don't Forget!!**
芳香族の定義
(1) 共役π電子系であること。
(2) 環状電子系であること。
(3) 平面電子系であること。
(4) π電子数が $(4n + 2)$ であること。

10・3 ベンゼンの反応

アルケンやアルキンは、電子不足な求電子試薬と反応しカルボカチオンを経由した付加反応が起こる。芳香族化合物もπ電子が豊富なため、同様に求電子試薬と反応しカルボカチオンが生成するが、その後プロトンが脱離し、全体的には置換反応が進行する[*2]。

電子豊富なベンゼンは電子不足の求電子試薬（次の反応式のE^+）が結

[*2] **Don't Forget!!**
芳香族化合物はπ電子が豊富なため、電子不足な求電子試薬と反応する。

合するものの，共鳴安定化エネルギーを獲得するため，**求電子置換反応**を起こす。

アルケンの求電子付加反応

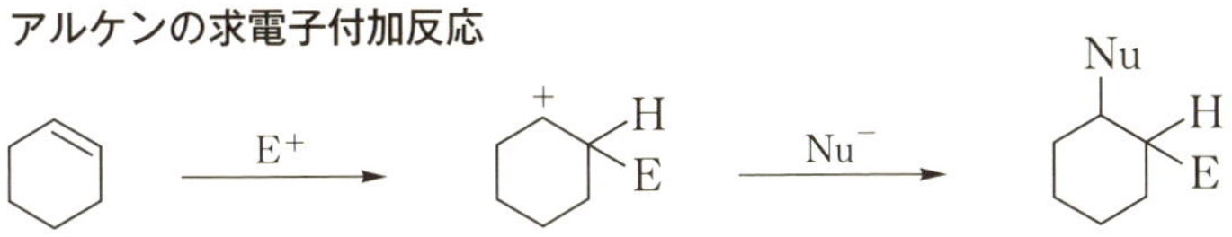

芳香族の求電子置換反応

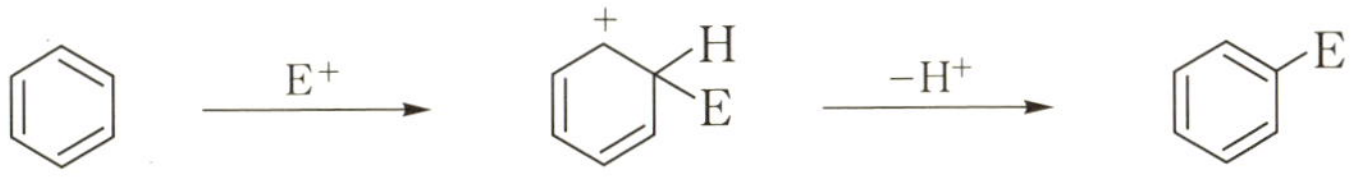

芳香族は付加反応でなく置換反応が起こる。

10-3-1 ベンゼンのニトロ化

ベンゼンに濃硫酸と濃硝酸を加え[*3]加熱すると，ニトロベンゼンが生成する。より強酸である濃硫酸が濃硝酸にプロトンを渡し，濃硝酸は水を放出してニトロニウムイオンを生じる。ニトロニウムイオンはベンゼンに求電子的に反応しカルボカチオンを生じる。硫酸水素イオンがこのカチオンと結合すれば求電子付加反応となるが，ベンゼンは芳香族性を保とうとするため硫酸水素イオンはプロトンを奪い，最終的に置換反応したニトロベンゼンが得られる。

$$HONO_2 + 2H_2SO_4 \rightleftharpoons H_3O^+ + 2HSO_4^- + NO_2^+$$

*3
＋α プラスアルファ
濃硫酸と濃硝酸の混合溶液のことを混酸という。

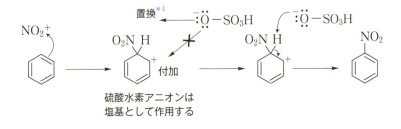

*4
Don't Forget!!
ベンゼンは芳香族性を保とうとするため，求電子置換反応を起こす。

10-3-2 ハロゲン化反応

ベンゼンをルイス酸存在下，塩素と反応させるとクロロベンゼンを生じる。塩素陽イオンが芳香族を攻撃する芳香族求電子置換反応の代表例である。

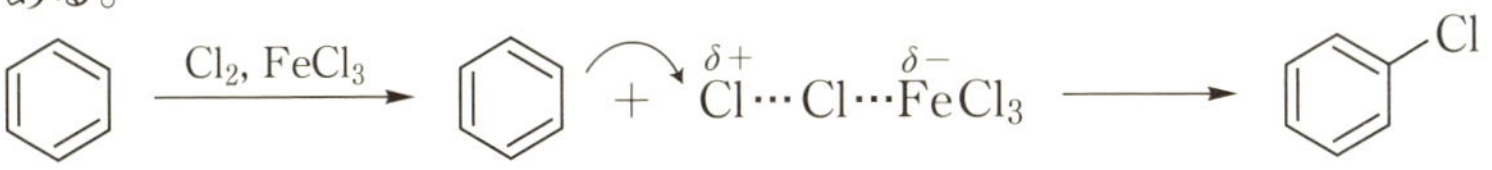

10-3-3 スルホン化

ベンゼンを硫酸または発煙硫酸と反応させるとベンゼンスルホン酸を生じる。この求電子試薬は$^+SO_3H$である。また，この反応は可逆であり，希硫酸中で加熱すると脱スルホン化が起こり，ベンゼンを生じる。

スルホン化により芳香族にスルホ基を導入すると硫酸と同様に強酸性を示すため，イオン交換樹脂や酸性染料として多方面で用いられている。

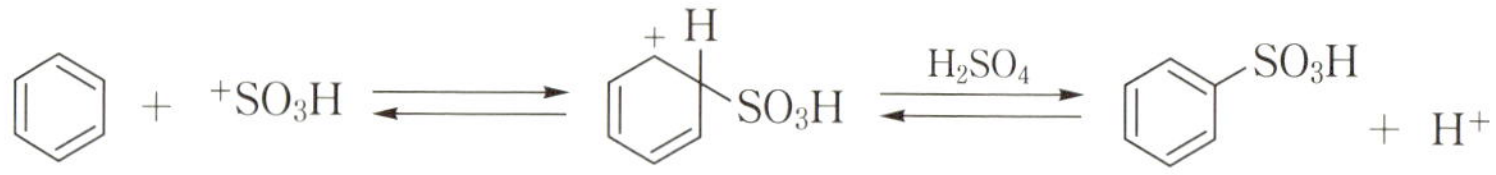

10-3-4 フリーデル–クラフツ（Friedel–Crafts）反応

芳香環に炭素側鎖を結合する有効な反応として**フリーデル–クラフツ反応**がある。ベンゼンに無水塩化アルミニウム触媒下，塩化イソプロピル（2-クロロプロパン）を作用させるとイソプロピルベンゼン（クメン）が生じる。無水塩化アルミニウムは強いルイス酸で他の分子の孤立電子対と結合する。この場合，塩化イソプロピルの塩素原子の孤立電子対と強く結合し，炭素–塩素間の結合を切断する。結果として第二級カルボカチオンとして，イソプロピルカチオンがベンゼン環を求電子攻撃し，続いてプロトンが脱離してイソプロピルベンゼンを生成する。これを**フリーデル–クラフツのアルキル化反応**という。アルキル化反応は転位反応が起こることや多アルキル化（ポリアルキル化）反応を起こすため，実用に使われるケースは少ない[*5]。

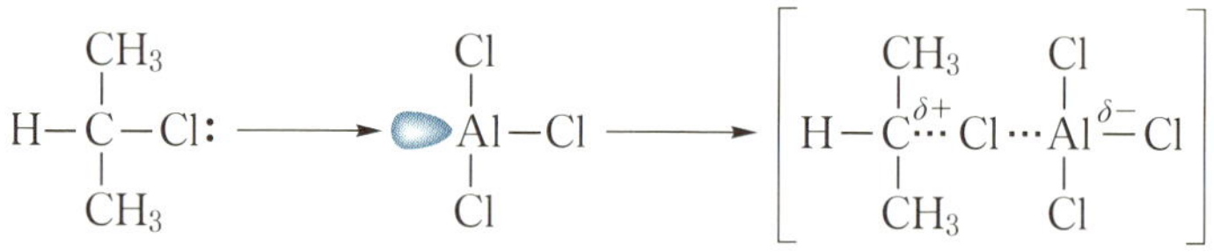

無水塩化アルミニウムは空軌道を持つためルイス酸[*6]になる

求電子試薬イオン対

フリーデル–クラフツのアルキル化

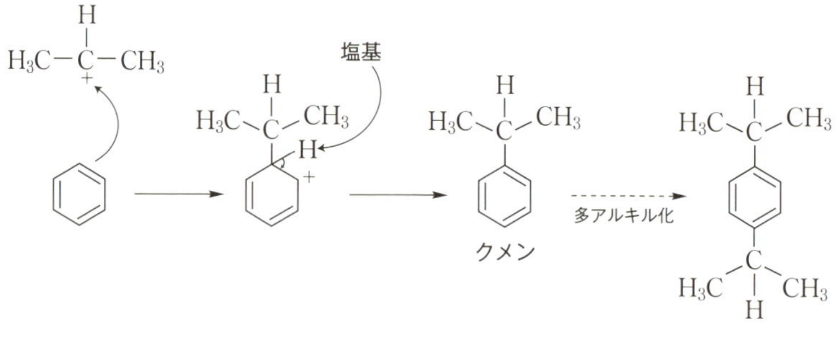

クメン　　多アルキル化

フリーデル–クラフツのアシル化

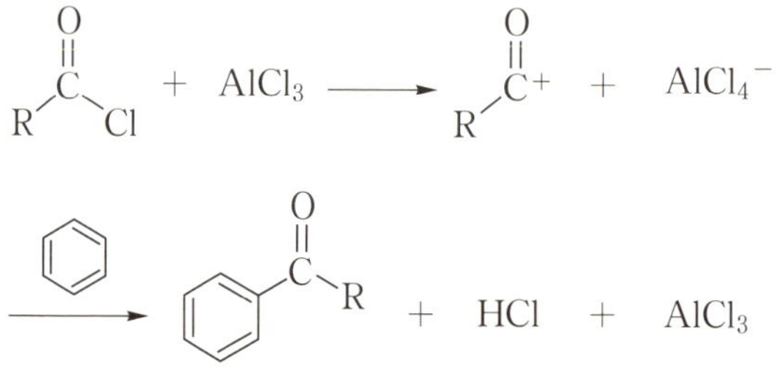

*5 **Don't Forget!!**
フリーデル–クラフツのアルキル化反応では，転位反応や多アルキル化が起こる。

*6 ルイスは，孤立電子対を持つものをルイス塩基，電子不足で空軌道を有する分子をルイス酸と呼び，ルイス酸は他の孤立電子対を持つルイス塩基と結合するものと定義した。

芳香族化合物と酸塩化物から芳香族ケトンを合成する反応を**フリーデル-クラフツのアシル化反応**と呼ぶ。生成したケトンは還元反応によりアルキル基にできるため，直鎖状アルキルベンゼンを合成する場合でもまず，アシル化を行った後，還元する例が多い。

10-3-5 ザンドマイヤー（Sandmeyer）反応

アニリンを氷冷下，亜硝酸と作用させると塩化ベンゼンジアゾニウムを生じる。ジアゾニウムイオンは他の求核試薬と求核置換反応を起こし，窒素が脱離した芳香族誘導体が合成される。この反応は**芳香族求核置換反応**の一種である[*7]。

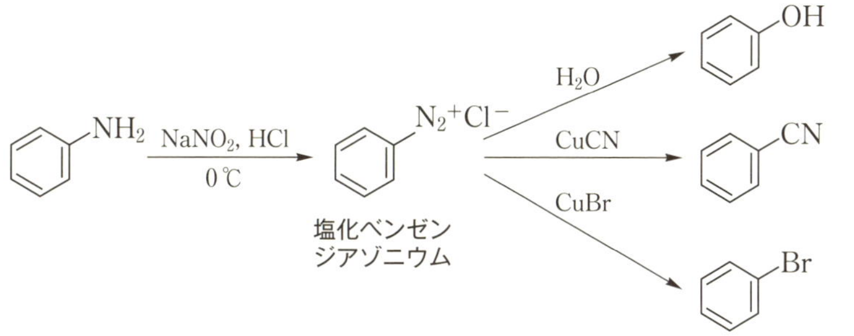

[*7] **+α プラスアルファ**
ザンドマイヤー反応は，工業的に重要な中間体を得るためのシアン化物や7章で学んだハロゲン化物を合成するため重要な反応である。

10-3-6 ジアゾカップリング

低温条件下，塩化ベンゼンジアゾニウムに電子豊富な芳香族を反応させると，ジアゾカップリングを起こす[*8]。ジアゾ化合物は可視光線を強く吸収するため，染料や指示薬に用いられる。スルファニル酸から導いた塩化ベンゼンジアゾニウム誘導体に N,N-ジメチルアニリンを作用させると，pH指示薬として用いられるメチルオレンジが合成できる。スルホン酸を有するジアゾニウム塩などの色素は酸性染料として知られ，ナイロンや羊毛などアミド基と強く水素結合する。

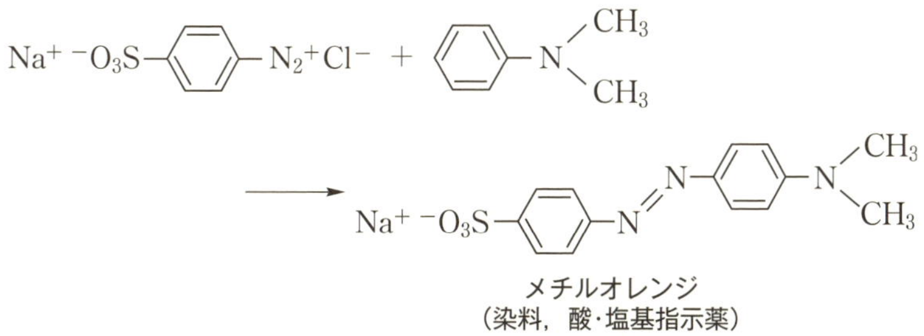

メチルオレンジ
（染料，酸・塩基指示薬）

[*8] **工学ナビ**
ジアゾカップリングは温度が大事である。通常5℃以下で行う。この理由を考えてみよう。
本章では塩化ベンゼンジアゾニウムの反応にはジアゾカップリングとザンドマイヤー反応があることを学習した。
このジアゾカップリングの際，温度が高いと，ジアゾカップリングの相棒の芳香族と反応する前に周囲にある大量の水と反応するため，カップリングが起こらずフェノールばかりになる。
実験の際には常に「副反応」が起こりうることに注意が必要である。

10-4 置換ベンゼンの官能基の変換

前節で学んだベンゼンに官能基を導入した誘導体（置換ベンゼン）は，その置換基を別の置換基に変換することによって，新たな物質を合成することができる。これらの物質は，農薬や医薬品などの中間体となる。

10-4-1 ベンジル位の酸化

ベンゼン環に結合した炭素の位置をベンジル位と呼ぶ。ベンジル位は酸化ならびに還元を受けやすく，トルエンのメチル基は過マンガン酸カリウム水溶液により酸化され，安息香酸となる[*9]。また，ベンジル位は芳香族と共鳴するため，ベンジルラジカルやベンジルアニオンが安定化される。そのため，ベンジル位は光照射下，塩素化や臭素化を受けやすい。また，ベンジル位の水素は酸性度が高い。

[*9] **Don't Forget!!**
ベンジル位の水素は酸化されやすい。

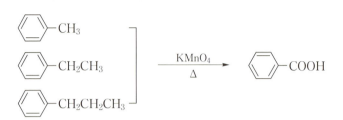

10-4-2 ニトロ基とカルボニル基の還元

ニトロ基とカルボニル基は Pd/C を用いた水素添加反応によって還元できる。たとえばニトロベンゼンはアニリンに，アセトフェノンはエチルベンゼンに変化する。なお，ベンゼン環の二重結合は共鳴安定化の効果により反応は起こらない。

例題 10-2 エチルベンゼンはスチレンやポリスチレンの合成のための原料としてきわめて重要である。フリーデル-クラフツ反応でエチルベンゼンを合成するときの，その出発原料も含め合成法を検討しなさい。

解答 フリーデル-クラフツのアルキル化反応を用い，エチルブロミドとベンゼンから合成する反応もあるが，上に述べたとおり，多アルキル化が進行する可能性が高い。この場合にはフリーデル-クラフツのアシル化反応をした後，還元すればよい。

問3 ベンゼンから次の化合物への合成法を示しなさい。

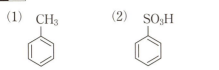

10-5 多置換ベンゼンの反応性と配向性

芳香環に置換基を導入すると，無置換の場合と比べて反応速度が変化する。反応を早めることを置換基がベンゼン環を活性化させるといい，そのような化合物を**活性化基**という。遅くなることを不活性化するといい，**不活性化基**という[*10]。求電子置換反応はまず電子豊富なベンゼン環に求電子剤が付加することにより反応が始まる。活性化基はベンゼン環に電子を供与してより反応性が高まる。それに対して不活性化基はベンゼン環の電子を求引し，反応性が弱まる。置換基ごとの反応性を表10-1にまとめた。一般に活性化基はベンゼンに直接置換した原子が孤立電子対を持つ官能基が多く，不活性化基はカルボニル基や，ベンゼンに直接置換した原子がプラスを帯びた官能基に多く見られる。

[*10] ＋α プラスアルファ
活性化と不活性化
活性化とは反応が早く進行することであり，不活性化とは反応の進行が遅いことである。

活性化基

電子が供与されるとベンゼン環の反応性が増大する

不活性化基

電子が吸引されるとベンゼン環の反応性が減少する

表10-1　置換基の反応性と配向性　　（－R：アルキル基，－X：ハロゲン）

反応性	置換基	配向性
非常に強力な活性化	－N(H)H　－N(H)R　－N(R)R　－Ö-H　－Ö-R	o, p
強力な活性化	H :O:　　　　　:O: －N－C－R　　－Ö－C－R	o, p
弱い活性化	－R　　[R置換ベンゼン]　　[R,R,H置換アルケン]	o, p
比較の基準	－H	
弱い不活性化	－X　　　H 　　　－C－X 　　　H	o, p
強力な不活性化	:O:　　:O:　　:O:　　:O: －C－H　－C－R　－C－ÖH　－C－X	m
非常に強力な不活性化	F　　　　:O:　　H －C－F　－N－Ö:⁻　－N⁺－H F　　　　＋　　　H	m

また，置換基は反応性だけでなく，官能基が置換する場所にも影響を与える。一置換ベンゼンに求電子試薬を作用すると，オルト(o)，メタ(m)，パラ(p)の3種類の二置換ベンゼン化合物が生成すると考えられるが，実際には生成物に偏りが生じる。

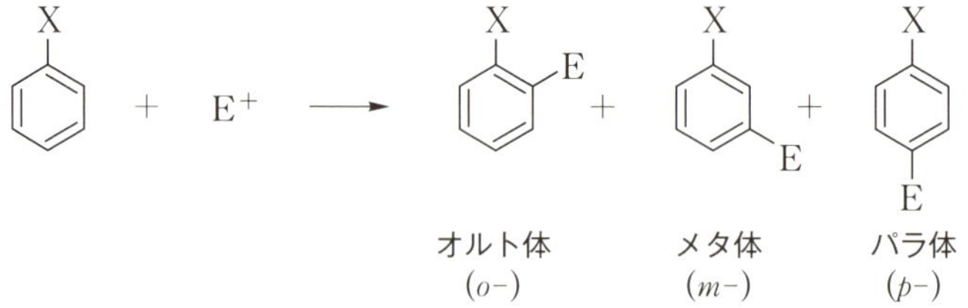

活性化基を持つ一置換ベンゼンはオルトとパラの置換体が，また不活性化基を持つ一置換ベンゼンの多くはメタの置換体が多く生成する。このように置換基によって生じる反応位置の選択性を**配向性**と呼ぶ。

オルト-パラ配向性を示す置換基を次に示す。

$$X = -\ddot{N}H_2 \quad -\ddot{N}HR \quad -\ddot{N}HCOR \quad -\ddot{O}H \quad -\ddot{O}R \quad -\ddot{F}: \quad -\ddot{C}l: \quad -\ddot{B}r: \quad -\ddot{I}:$$

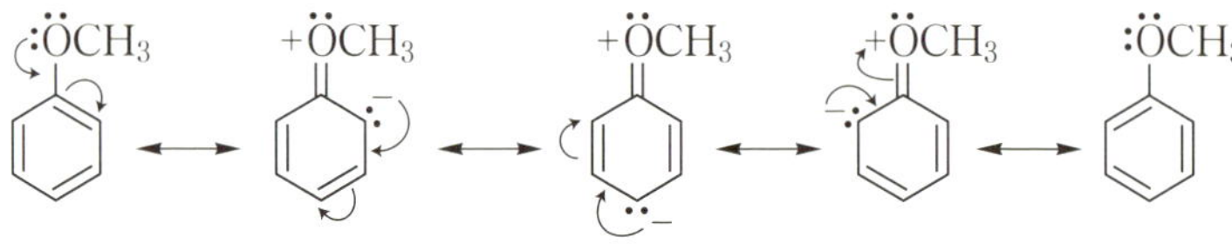

代表的なオルト-パラ配向性置換基であるメトキシ基を例にあげて説明する。電子供与性基であるメトキシ基 $-OCH_3$ が有する孤立電子対はベンゼン環上で非局在化することができる。孤立電子対を持つメトキシベンゼンでは，酸素の電子対が共鳴により電子をベンゼン環に供与し，o-，p-位の電子密度が高くなり，正の電荷を持つニトロニウムイオンが攻撃しやすくなり，オルト-パラ配向性となる。この結果，次のような共鳴構造式を書くことができ安定化することができる。

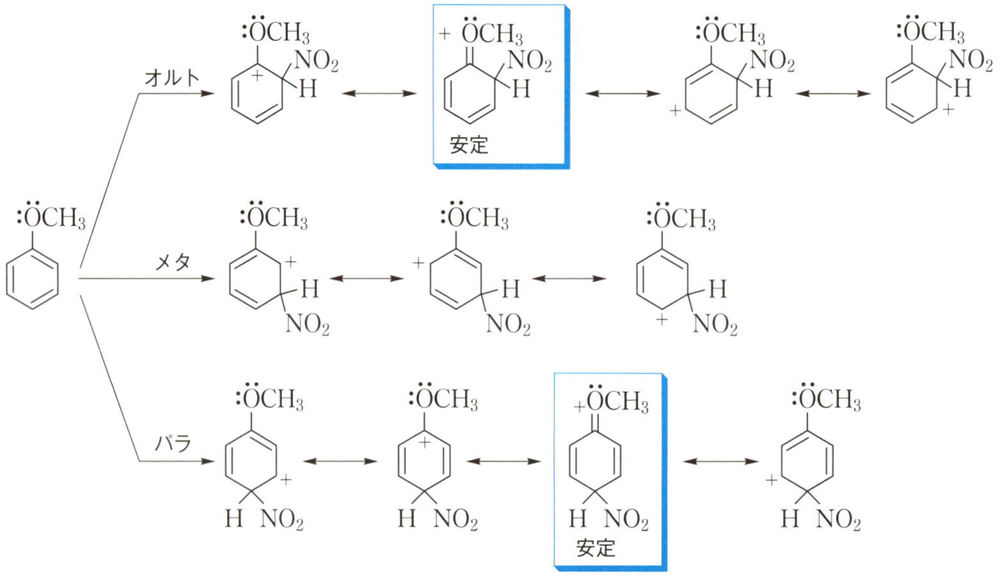

次にメタ配向性を示す置換基を示す。

X = −NO$_2$ −CF$_3$ −COOH −COOR −CONH$_2$ −COR −SO$_3$H −CN

メタ配向性基はいずれも電子求引性基であることを知っておくと便利である。

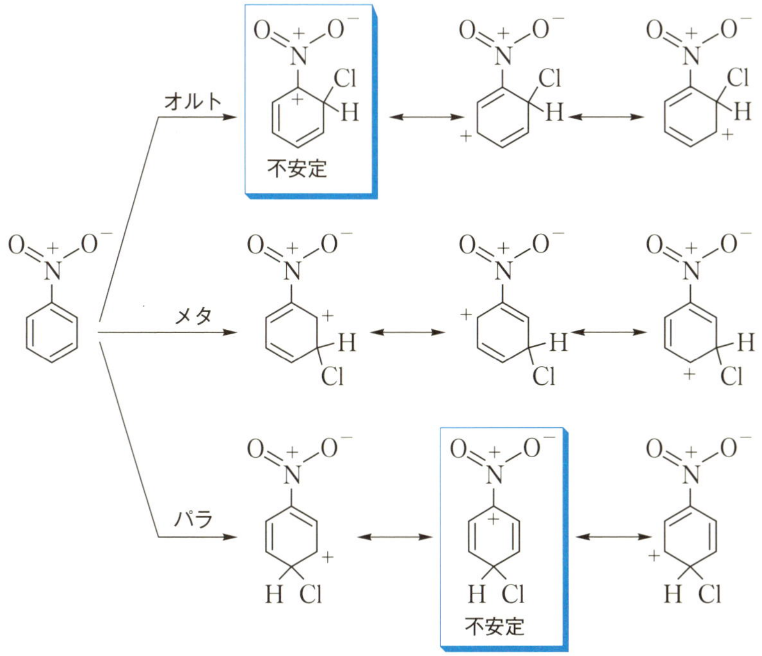

正電荷どうしは反発しあうので，不安定である。よってメタ配向性になる。ニトロベンゼンの場合，窒素上には電子がないので芳香族のπ電子を借りることになる。一方で o-, p-位の炭素が + になるため，m-位しか反応できなくなる。ハロゲン類はπ電子密度を下げ，ニトロ化反応を遅くするが，ハロゲンの孤立電子対の効果のためオルト−パラ配向となる[*11]。

[*11] 芳香族の共鳴を考える際，曲がった矢印を書いてみることはきわめて重要である。+ の符号が付く位置は正に偏り，− の符号がつく位置は負に偏っている。この結果から o-, m-, p-の配向が予測できる。

例題 10-3 トルエンのニトロ化について官能基としてのメチル基の性質を考慮して生成物を予想しなさい。

解答 トルエンにはメチル基がついている。メチル基は水素に比べ電子供与性があるため，ベンゼンのπ電子雲密度を上昇させる。また o, p-位に電子密度を局在化させるため，+ 性を有するニトロニウムイオン NO$_2^+$ が o, p-位に近づきやすくなり，オルト−パラ配向となる。

例題 10-4 1−ブロモ−4−メトキシベンゼンの配向性を予測しなさい。メトキシ基とブロモ基の配向性の優劣を考慮して考えなさい。

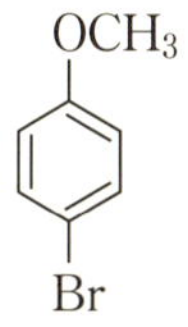

解答 メトキシ基 –OCH₃ は強力な オルト(*o*-)-パラ(*p*-)活性化基 であり，ブロモ基 Br- は弱い不 活性化基である。

強力な活性化基であるメトキシ基の配向性に従う。

問 4 ベンゼンから出発して以下の化合物の合成法を答えなさい。

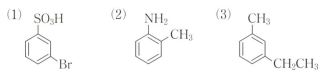

問 5 次の反応生成物を答えなさい。

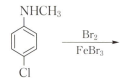

演習問題 A　基本の確認をしましょう

10-A1 次の化合物を命名しなさい。

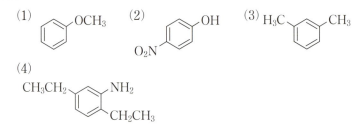

10-A2 次の化合物をニトロ化したときに得られる化合物を予想しなさい。なぜオルト-パラ配向なのか，メタ配向なのか，その理由も書きなさい。

トルエン，ブロモベンゼン，アセトアニリド，ニトロベンゼン，ベンズアルデヒド

10-A3 次の化合物をニトロ化に対する反応性が高い順に並べなさい。

(1) CH₃ (2) (3) OCH₃ (4) NO₂

10-A4 次の反応式を完成させなさい。

(1)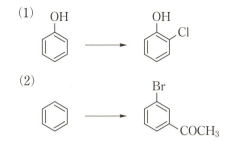

(2)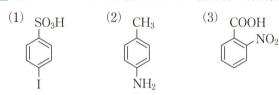

演習問題　B　もっと使えるようになりましょう

10-B1 芳香族化合物にアルキル基を導入するためにはどのようにすればよいのだろうか。この反応の欠点を述べなさい。またアシル基を導入するためにはどうすればよいか。説明しなさい。

10-B2 芳香族化合物は電子豊富な分子であるため，電子不足の求電子試薬と反応する。芳香族化合物を電子豊富な求核試薬と反応させるためにはどうすればよいか。説明しなさい。

10-B3 ベンゼンから出発して以下の化合物の合成法を答えなさい。

(1) 4-ヨードベンゼンスルホン酸 (2) 4-メチルアニリン (3) 2-ニトロ安息香酸

10-B4 トルエンの配向性を答えなさい。またその理由を，カルボカチオン中間体の共鳴構造を示して説明しなさい。

あなたがここで学んだこと

この章であなたが到達したのは
- □ 芳香族の性質を説明できる
- □ 芳香族の命名ができる
- □ ベンゼンの構造を説明できる
- □ ベンゼンの反応が説明できる
- □ ベンゼンに求電子試薬が反応する際の配向性を説明できる

ベンゼン環の電子供与性等に起因した芳香族化合物の反応性は，官能基の有無や種類に応じて判断できるようになったであろうか。芳香族化合物は石油化学の中心となっている。ポリスチレンやPETなどは身のまわりにあふれており，重要な芳香族高分子化合物である。また，さまざまな芳香族化合物が有用な機能性材料として注目を集めている。次世代型太陽電池の色素薄膜型太陽電池や色素増感型太陽電池の色素，有機ELの材料などは可視光を吸収する芳香族化合物が中心となっている。

LET US LEARN TO DREAM, THEN WE MAY PERHAPS FIND THE TRUTH.

KEKULÉ

11章

アルデヒドとケトン

人間の嗅覚は，犬などの動物に比べると退化してしまったが，それでも香り（フレグランス，アロマ）から受ける精神的，生理的影響は否定できない。香りによる鎮静作用，高揚感，リラックス・リフレッシュ効果を意識した人も多いのではないだろうか。鎮静作用はアルコール，ケトン，テルペンなど，高揚感・興奮作用はアルデヒド，フェノール類，脂肪酸エステル類などの成分が作用しているといわれている。

アロマ減圧水蒸気蒸留装置
（製造元：㈱本村製作所（西華産業㈱，サッポロエンジニアリング㈱共同開発））

　香水の成分は花，果実および動物などから抽出（水蒸気蒸留，圧搾，溶媒抽出，酵素処理など）された天然の香り（天然香料）から，人工的に作られた香り（合成香料）を調香したものまで多種多様である。

　とくに，アルデヒド，ケトン類は，独特の香り（におい）を持つ物質が多く，バニリン（バニラの香り），ベンズアルデヒド（アーモンド・杏仁の香り），シンナムアルデヒド（シナモンの香り），ゲラニアール（レモングラスの香り），カンファー；ショウノウ（クスノキの精油成分）などがよく知られている。

●この章で学ぶことの概要

　炭素－酸素二重結合（C＝O）をカルボニル基（carbonyl group）といい，有機化学における重要な官能基の一つである。このカルボニル基は，アルデヒド（aldehyde），ケトン（ketone），カルボン酸（carboxylic acid）とその誘導体（their derivative）の化合物中に存在する。これらのカルボニル化合物は，樹脂，消毒薬，溶剤，ポリエチレンテレフタラート（PET；polyethylene terephthalate），ナイロンなどの重要な工業原料となったり，酢酸などの有機酸，アミノ酸，タンパク質などの生体を構築する成分だったり，幅広い分野に関わる物質である。

　カルボニル基の特徴は，カルボニル基とどのような原子が結合しているかによって大きく変化する。カルボニル基の性質とあわせて，その多様な反応性について学ぶ。

予習 授業の前にやっておこう!!

1. カルボニル基にどんな原子が結合するかで分類される。

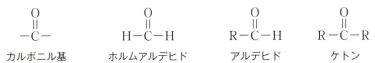

カルボニル基　　ホルムアルデヒド　　アルデヒド　　ケトン

2. カルボニル基を含む物質と用途の一例

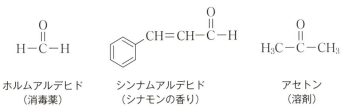

ホルムアルデヒド　　シンナムアルデヒド　　アセトン
（消毒薬）　　　　（シナモンの香り）　　（溶剤）

3. 電気陰性度と分子の極性

	1	2										13	14	15	16	17	18
1	H 2.20																He
2	Li 0.98	Be 1.57										B 2.04	C 2.55	N 3.04	O 3.44	F 3.98	Ne
3	Na 0.93	Mg 1.31										Al 1.61	Si 1.9	P 2.19	S 2.58	Cl 3.16	Ar
4	K 0.82	Ca 1.00	Sc 1.36	Ti 1.54	V 1.63	Cr 1.66	Mn 1.55	Fe 1.83	Co 1.88	Ni 1.91	Cu 1.90	Zn 1.65	Ga 1.81	Ge 2.01	As 2.18	Se 2.55	Br 2.96	Kr

ポーリングの電気陰性度（一部抜粋）

分極（極性）は，原子によって電子を引きつける力（電気陰性度*1）が異なることにより生じる。

4. カルボニル化合物は，分子間水素結合はできないが，O－H結合，N－H結合を持つ化合物とは水素結合を形成できる。

---

1. アルコールを酸化すると，アルデヒドを経由してカルボン酸になる。
エタノールを出発原料として，化学反応式を書きなさい。人では，アルコール脱水素酵素（ADH）とアルデヒド脱水素酵素（ALDH）が作用している。

2. 低分子量のカルボニル化合物（アセトアルデヒド，アセトンなど）は水溶性である。その理由を説明しなさい。

---

*1
工学ナビ
C＝O結合の酸素は炭素よりはるかに電気陰性度が大きいので，電子は酸素側に引きつけられ分極している。

WebにLink
水素結合

11-1 アルデヒドおよびケトンの命名

11-1-1 アルデヒド

IUPAC命名では，alkaneの語尾 e を al に置き換えて alkanal（アルカナール）とする[*2]。置換基の位置番号は，アルデヒド基が最優先し，CHO基の炭素が位置番号1となる。慣用名でよく用いられるのは，ホルムアルデヒド[*3]とアセトアルデヒドである。

[*2] **Don't Forget!!**
アルデヒドの命名は alkane の語尾 e を al に置き換えて alkanal（アルカナール）とする。

[*3] **化学ナビ**
防腐消毒薬として知られるホルマリンは，ホルムアルデヒドの37％水溶液である。

	IUPAC名	慣用名
H–CHO	メタナール (methanal)	ホルムアルデヒド (formaldehyde)
H_3C–CHO	エタナール (ethanal)	アセトアルデヒド (acetaldehyde)
CH_3CH_2–CHO	プロパナール (propanal)	プロピオンアルデヒド (propionaldehyde)
$CH_3CH_2CH_2$–CHO	ブタナール (butanal)	ブチルアルデヒド (butyraldehyde)
$CH_3CH(CH_3)CH_2$–CHO	3-メチルブタナール (3-methylbutanal)	イソブチルアルデヒド (isobutyraldehyde)

環状アルデヒドの命名では，母体化合物名に接尾語**カルバルデヒド**（carbaldehyde）をつける。また，CHO基はホルミル基（formyl）とも呼ばれ，置換基とした命名法が用いられるときもある。単純および芳香族アルデヒドは，慣用名が使われることが多い。

	IUPAC名	慣用名
シクロヘキシル-CHO	シクロヘキサンカルバルデヒド (cyclohexanecarbaldehyde)	ホルミルシクロヘキサン (formylcyclohexane)
フェニル-CHO	ベンゼンカルバルデヒド (benzenecarbaldehyde)	ベンズアルデヒド (benzaldehyde)
2-OH-フェニル-CHO	2-ヒドロキシベンゼンカルバルデヒド (2-hydroxybenzenecarbaldehyde)	サリチルアルデヒド (salicylaldehyde)

問1 次のアルデヒドをIUPAC命名法で命名しなさい。

(1) HCCH=CHCH₂CH (両端に =O)

(2) シクロペンチル-CH=O

(3) C₆H₅-CH₂CH₂CH=O

(4) CH₃CH₂CH(CH₂CH₃)CH₂CH=O

(5) ピロール-2-CHO

(6) CH₂ClCH₂CHClCH₂CH=O

11-1-2 ケトン

IUPAC命名では，alkaneの語尾eをoneに置き換えてalkanone（アルカノン）とする*4。位置番号は，カルボニル基炭素の番号が一番小さくなるようにつける。

*4 **Don't Forget!!**
ケトンの命名は，alkaneの語尾eをoneに置き換えてalkanone（アルカノン）とする。

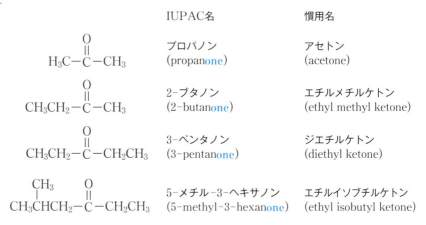

	IUPAC名	慣用名
H₃C-CO-CH₃	プロパノン (propanone)	アセトン (acetone)
CH₃CH₂-CO-CH₃	2-ブタノン (2-butanone)	エチルメチルケトン (ethyl methyl ketone)
CH₃CH₂-CO-CH₂CH₃	3-ペンタノン (3-pentanone)	ジエチルケトン (diethyl ketone)
CH₃CH(CH₃)CH₂-CO-CH₂CH₃	5-メチル-3-ヘキサノン (5-methyl-3-hexanone)	エチルイソブチルケトン (ethyl isobutyl ketone)

環状のケトンではカルボニル基の位置が位置番号1となる。芳香族ケトンでは慣用名が使われることも多い。

	IUPAC名	慣用名
シクロヘキサノン	シクロヘキサノン (cyclohexanone)	アノン (anone)
C₆H₅-CO-CH₃	1-フェニルエタノン (1-phenylethanone)	アセトフェノン (acetophenone)
C₆H₅-CO-C₆H₅	ジフェニルメタノン (diphenylmethanone)	ベンゾフェノン (benzophenone)

カルボニル基を含む代表的な置換基*5 は以下の通りである。

*5
Don't Forget!!
代表的な置換基名は覚えよう。

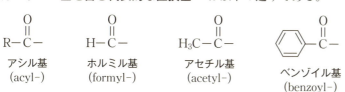

アシル基 (acyl-)　　ホルミル基 (formyl-)　　アセチル基 (acetyl-)　　ベンゾイル基 (benzoyl-)

問 2　次のケトンを IUPAC 命名法で命名しなさい。

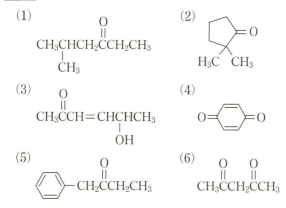

11　2　カルボニル基の構造

11-2-1　カルボニル基の構造

カルボニル基の炭素−酸素二重結合は，σ結合1つとπ結合1つから構成されていて，アルケンの二重結合に比べて，短く，強く，そして極性が大きいのが特徴である。

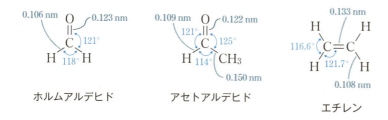

ホルムアルデヒド　　アセトアルデヒド　　エチレン

例題 11-1　以下の同じ分子量を持つ化合物の沸点を比較して，ブタナールがペンタンより高く，3-ブテン-1-オールより低い理由を説明しなさい。

$CH_3CH_2CH_2CH_2CH_3$　　$CH_3CH_2CH_2CHO$　　$CH_2=CHCH_2CH_2OH$
　　　　　　　　　　　　　　　　　　　　　　　3-ブテン-1-オール

Mw = 72, bp 36 ℃　　Mw = 72, bp 76 ℃　　Mw = 72, bp 114 ℃

解答　ブタナールのカルボニル基は極性を持つので会合しやすい（δ+ と δ− 部分の静電相互作用）。アルデヒドが気化するには，こ

の相互作用を断ち切るエネルギーが必要になるので，アルカンより沸点は高くなる。ペンタンは無極性で相互作用がないので，沸点は一番低い。一方，アルコールはOH基を持ち，分子間で水素結合を形成しているので，一番沸点が高くなる。アルデヒドにも酸素はあるが，OH基ではないので同種の分子間での水素結合はできない。

問3 アセトアルデヒド，アセトンの水への溶解度は無限大（∞）である。その理由を説明しなさい。

11-2-2 カルボニル基の電子構造

カルボニル基の炭素と酸素はともにsp^2混成であり，炭素に結合している残りの2つの基とともに同一平面上にある。酸素（3.4）の電気陰性度は炭素（2.6）より大きく，炭素－酸素二重結合はかなり大きく分極し，炭素上に部分的正電荷（$\delta+$）が，酸素上に部分的負電荷（$\delta-$）が生じる（誘起効果[*6]）。

*6
+α プラスアルファ
原子あるいは原子団（置換基）により，σ結合を通して正，負いずれかの電荷が移動する現象を誘起効果（inductive effect）という。たとえば，$-COOH$，$-CN$，$-CF_3$などの炭素は電気陰性度のより大きな酸素，窒素，フッ素により分極し，正電荷を帯びている。さらに，ハロゲンは結合した相手から直接電子を引っぱり，$-NO_2$は，窒素上に正電荷を帯びている（電子求引性）。
一方，$-CH_3$などのアルキル基は，炭素と水素の電気陰性度から考えて，炭素が陰性なので，電子を押し出している（電子供与性）。

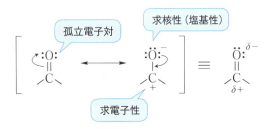

11.3 アルデヒドおよびケトンの合成

11-3-1 アルデヒドおよびケトンの工業的合成

ホルムアルデヒド（メタナール）は気体であり，その水溶液（ホルマリン）が消毒剤，殺菌剤およびフェノール樹脂の製造で用いられている。

$$CH_3OH \xrightarrow[\text{Ag触媒}]{O_2, 600℃} \underset{H \quad H}{\overset{O}{\underset{\|}{C}}}$$

アセトアルデヒド（エタナール）は，酢酸，酢酸ビニルなどの有機工業薬品原料として用いられている。合成は，水銀触媒を用いた水和法に代わり，パラジウム－銅触媒を用いたヘキスト・ワッカー法が使われている。

水和法

$$H-C\equiv C-H \xrightarrow[\text{HgSO}_4]{H_2O/H_2SO_4} \underset{H_3C \quad H}{\overset{O}{\underset{\|}{C}}}$$

ヘキスト・ワッカー法

$$\underset{H \quad H}{\overset{H \quad H}{C=C}} \xrightarrow[\text{PdCl}_2-\text{CuCl}_2触媒]{H_2O, O_2} \underset{H_3C \quad H}{\overset{O}{\underset{\|}{C}}}$$

アセトン（2-プロパノン）は，溶剤やメタクリル酸メチル，ビスフェノール A などの原料として用いられている。

ワッカー法

$$CH_3CH=CH_2 \xrightarrow[H_2O, 120℃]{O_2, Pd-Cu触媒} H_3C-\underset{\underset{O}{\|}}{C}-CH_3$$

クメン法

クメン → クメンヒドロペルオキシド → フェノール ＋ アセトン

O_2 ／ H^+

クメンヒドロペルオキシド

例題 11-2
環境への影響面からアセトアルデヒドの工業的製法は移り変わりをしている。その変遷を説明しなさい。

解答 現在は，ヘキスト・ワッカー法で生産されている。それは，石油化学の発展で原料がエチレン中心になったことが一つの原因である。もう一つの原因は，以前行われていたアセチレンの水銀触媒を用いた水和反応は，触媒に毒性の強い水銀（日本では水俣病[*7]と関係）を使用しており，環境への影響を抑えるために，使用される触媒も変化しているからである。

アセチレンの水銀触媒による水和反応

$$H-C\equiv C-H \xrightarrow[H_2SO_4, HgSO_4]{H_2O} \left[H-\underset{\underset{}{}}{\overset{OH}{C}}=\underset{\underset{}{}}{\overset{H}{C}}-H \right] \xrightarrow{ケト-エノール互変異性} H-\underset{\underset{H}{|}}{\overset{\overset{O}{\|}}{C}}-\underset{\underset{H}{|}}{\overset{H}{C}}-H$$

エノール

[問 4] クメン法によるフェノール合成では，副生成物としてアセトンもできる。この反応機構をクメンを出発物質として書きなさい。

11-3-2 アルデヒドおよびケトンの実験室的合成

第一級アルコールを酸化剤（CrO_3，$KMnO_4$ など）で酸化[*8]すると，アルデヒドを生成するが，さらに酸化が進行[*9]して，最終生成物はカルボン酸となる。

第一級アルコールの酸化で，アルデヒドを得るには PCC（CrO_3，ピリジン，HCl）を用いる。

$$CH_3CH=CH-CH_2OH \xrightarrow[CH_2Cl_2]{PCC} CH_3CH=CH-\underset{\underset{H}{}}{\overset{\overset{O}{\|}}{C}}$$

第二級アルコールを酸化剤（CrO_3）で酸化するとケトンが生成する。芳香族ケトンの合成[*10]は，フリーデル-クラフツのアシル化反応を

[*7] +α プラスアルファ
公害病（水俣病）
水俣病の原因は，有機水銀（メチル水銀が主）であり，これは触媒として利用した無機水銀から変化したものである。

[*8] Let's TRY!
アルコールの酸化反応を見てみよう（8章）。

[*9] +α プラスアルファ
第一級アルコールを酸化してアルデヒドが得られるが，系内に水が存在すると，アルデヒドの過剰酸化が進行し，カルボン酸が生成する。これは，酸化で生じたアルデヒドが水和により 1,1-ジオールとなり，このジオールがさらに酸化されてカルボン酸になるためである。

Webにリンク
PCC の説明。

[*10] Let's TRY!
芳香族の反応を見てみよう（10章）。

WebにLink
KMnO₄酸化（酸，加熱），アルケンのオゾン分解アルキンの水和反応。

例題 11-3 次の反応に必要な試薬を矢印に加え，反応式を完成させなさい。

(1)
$$CH_3CH_2-\underset{H}{\overset{H}{C}}=\underset{}{\overset{H}{C}}-CH_2OH \longrightarrow CH_3CH_2-\underset{H}{\overset{H}{C}}=\underset{}{\overset{H}{C}}-CHO$$
2-ペンテン-1-オール　　　　　　　　　2-ペンタナール

(2)
$$H_3C-\underset{H}{\overset{H}{C}}=\underset{}{\overset{H}{C}}-CH_2-\underset{OH}{CHCH_3} \longrightarrow H_3C-\underset{H}{\overset{H}{C}}=\underset{}{\overset{H}{C}}-CH_2-\underset{O}{\overset{}{C}}CH_3$$
4-ヘキセン-2-オール　　　　　　　　　4-ヘキセン-2-オン

解答 第一級アルコールをアルデヒドに酸化するには，クロロクロム酸ピリジニウム塩（PCC）が最もよく用いられる。

第二級アルコールのケトンへの酸化は，KMnO₄, Na₂Cr₂O₇ などが用いられる。しかし，他に酸化されやすい官能基がある場合は工夫が必要であり，炭素−炭素二重結合，三重結合を侵さず選択的にアルコールを酸化するときは，CrO₃ / H₂SO₄ / アセトン（Jones試薬）が用いられる。

(1)
$$CH_3CH_2-\underset{H}{\overset{H}{C}}=\underset{}{\overset{H}{C}}-CH_2OH \xrightarrow[CH_2Cl_2, 25℃]{PCC} CH_3CH_2-\underset{H}{\overset{H}{C}}=\underset{}{\overset{H}{C}}-CHO$$
2-ペンテン-1-オール　　　　　　　　　2-ペンタナール

(2)
$$H_3C-\underset{H}{\overset{H}{C}}=\underset{}{\overset{H}{C}}-CH_2-\underset{OH}{CHCH_3} \xrightarrow[CH_3COCH_3]{CrO_3, H_2SO_4} H_3C-\underset{H}{\overset{H}{C}}=\underset{}{\overset{H}{C}}-CH_2-\underset{O}{\overset{}{C}}CH_3$$
4-ヘキセン-2-オール　　　　　　　　　4-ヘキセン-2-オン

問5 次の反応式を完成させなさい。

(1)
C₆H₅−CH₂OH $\xrightarrow{A}$ C₆H₅−CHO

(2)
C₆H₆ + B $\xrightarrow{AlCl_3}$ (C₆H₅)₂C=O

11-4 カルボニル基の反応性

11-4-1 カルボニル基の一般的反応性（求核付加反応）

カルボニル基（C＝O）二重結合は分極しているので，求核性の高い試薬（HCN，アミン，グリニャール試薬）との反応では，求核試薬はカルボニル炭素を攻撃する。その結果，C＝O 結合の π 結合は切れ，酸素原子上に移動し，アルコキシドイオン（正四面体型中間体）を生成する。通常これに溶媒などのプロトンが付加してアルコール誘導体となる。

$$\underset{\delta+}{C}\!\!=\!\!\underset{\delta-}{O} + {}^-\!Nu \rightleftarrows \underset{\substack{\text{アルコキシドイオン}\\(\text{正四面体型中間体})}}{\overset{:\!\ddot{O}\!:^{-}}{\underset{Nu}{C}}} \xrightarrow{H_2O} \underset{Nu}{\overset{:\ddot{O}-H}{C}}$$

一方，求核性の低い試薬（水，アルコール）では，酸を用いてカルボニル酸素にプロトンを付加させることで，反応を触媒することができる。

$$\overset{:\ddot{O}}{\underset{}{C}} + H^+ \rightleftarrows \left[\overset{{}^+\!\ddot{O}-H}{C} \leftrightarrow \overset{:\ddot{O}-H}{{}^+\!C}\right] \xrightarrow{:Nu-H} \underset{Nu}{\overset{:\ddot{O}-H}{C}} + H^+$$

共鳴安定化した炭素陽イオン
（カルボカチオン）

求核付加反応では，一般的にはアルデヒドのほうがケトンより反応性が高い。理由は，立体的効果と電子的効果で説明できる。

> **Webにリンク**
> 立体的効果，電子的効果を，図を用いて解説。

問 6 次のアルデヒドの求核反応性に対する反応性の順序を説明しなさい。

$$\underset{H}{\overset{O}{\underset{\|}{H-C-H}}} > \underset{H}{\overset{O}{\underset{\|}{R-C-H}}} > \underset{H}{\overset{O}{\underset{\|}{Ar-C-H}}}$$

Ar：アリール基

11-4-2 水の求核付加反応（水和反応）

水は弱い求核剤で反応は遅いが，酸や塩基により触媒される。生成物は，1つの炭素に2つのヒドロキシ基が結合した *gem* - ジオールである。通常の *gem* - ジオールは，負に分極した2つのヒドロキシ基間の静電反発で不安定である。

> **Webにリンク**
> 酸触媒と塩基触媒の反応機構を解説。

$$\underset{\text{ホルムアルデヒド}}{\overset{O}{\underset{\|}{H-C-H}}} + H-OH \underset{}{\overset{K=2\times10^3}{\rightleftarrows}} \underset{H}{\overset{OH}{\underset{H}{C}}}\!\!-\!OH$$

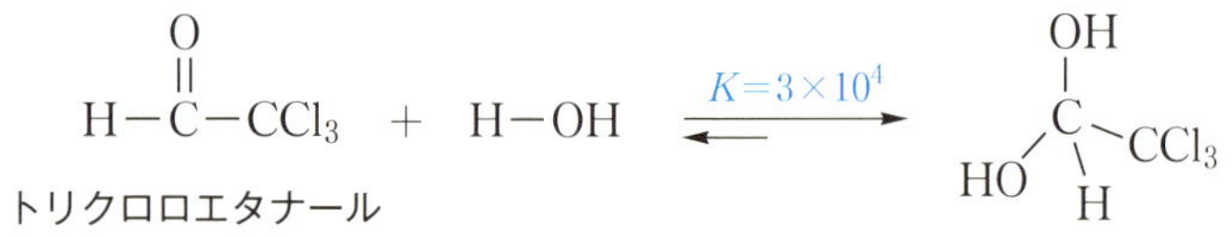

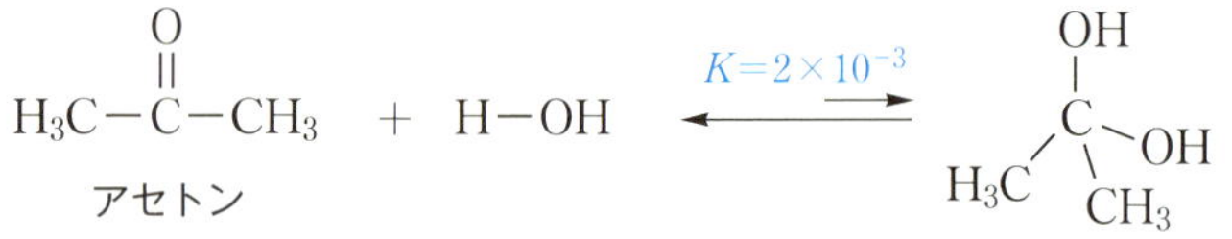

$$\text{H-C(=O)-CCl}_3 + \text{H-OH} \xrightleftharpoons{K=3\times10^4} \text{CCl}_3\text{-C(OH)(OH)-H}$$

トリクロロエタナール

$$\text{H}_3\text{C-C(=O)-CH}_3 + \text{H-OH} \xrightleftharpoons{K=2\times10^{-3}} \text{H}_3\text{C-C(OH)(OH)-CH}_3$$

アセトン

ホルムアルデヒド，トリクロロエタナールは水中ではほとんどが水和物（*gem*-ジオール）として存在するが，他のカルボニル化合物の平衡は左に偏っており，アセトンの水溶液では，*gem*-ジオールは約 0.1% である[*11]。

[*11] 工学ナビ
水和平衡定数からわかるとおり，水和物の安定性は，トリクロロエタナール > ホルムアルデヒド ≫ アセトンの順である。

問7 次の反応の生成物を答えなさい。

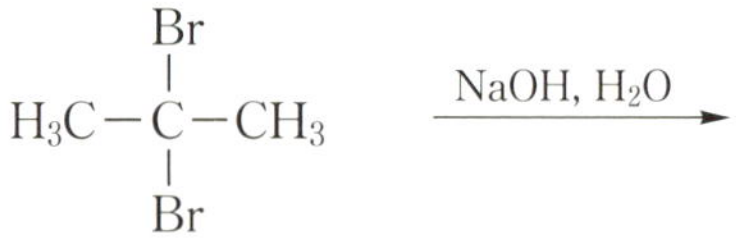

$$\text{H}_3\text{C-CBr}_2\text{-CH}_3 \xrightarrow{\text{NaOH, H}_2\text{O}}$$

11-4-3 アルコールの求核付加反応

水和反応の H–OH を R–OH に変えれば，アルコールの付加反応が説明できる。アルコールは水と同様に求核性が低いので，酸および塩基触媒が用いられる。

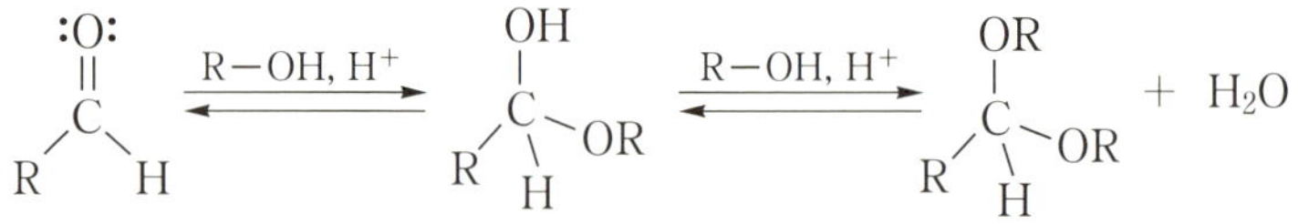

（反応機構）

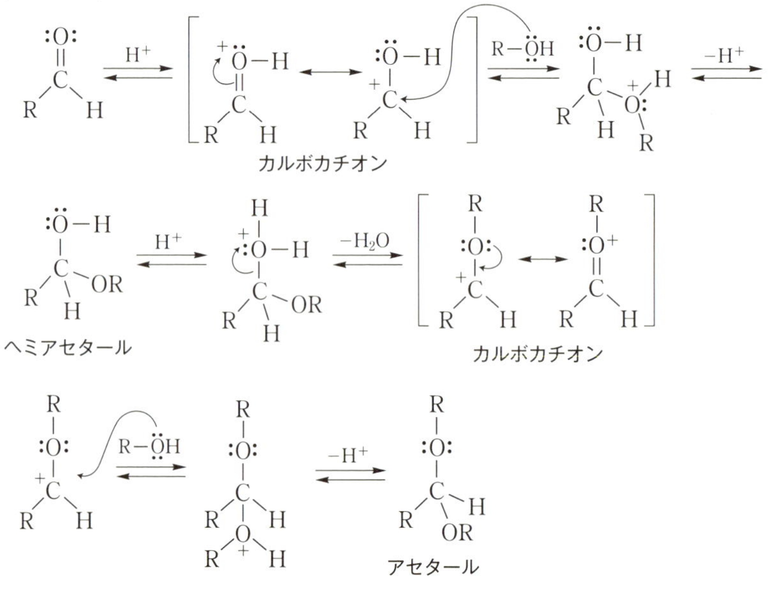

ヘミアセタール　　カルボカチオン

アセタール

各段階とも可逆反応であり，過剰のアルコールを用いるか，生成する水を除けばアセタール側に，過剰の水を加えれば出発原料側（アルデヒド，ケトン）に平衡は偏る。

問8 アセタールの酸触媒による加水分解反応は，単純なエーテルの酸触媒開裂反応に比べれば容易に起こる。その理由を反応機構とともに説明しなさい。

一方，アセタール化を 1,2-エタンジオールのようなジオール類で行うと，環状アセタールに変換される。この環状アセタールは，酸性水溶液中では加水分解されるが，塩基性，有機金属系反応剤およびヒドリド反応剤に対しては安定なので，カルボニル基の保護基（protecting group）[*12] として有用である。

WebにLink
保護基としてのアセタール反応機構。

[*12]
工学ナビ
複雑な化合物を合成するとき，反応させたい官能基と反応させたくない官能基が出てくる。反応させたくない官能基を一時的に反応しない官能基に変えるのが保護基である。

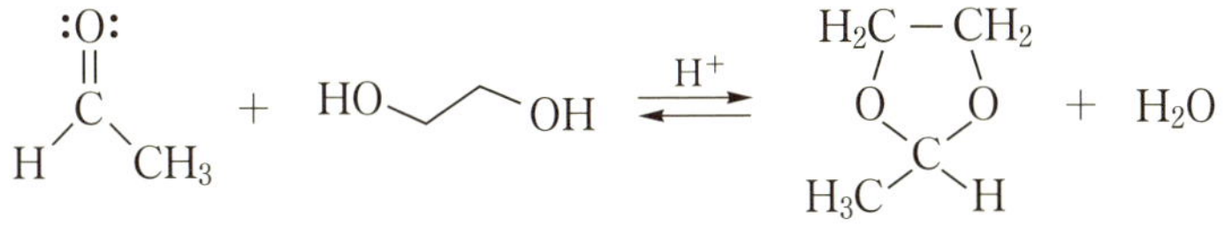

エタナール　　　1,2-エタンジオール　　　2-メチル-1,3-
（アセトアルデヒド）（エチレングリコール）　ジオキサシクロ
　　　　　　　　　　　　　　　　　　　　　　ペンタン
　　　　　　　　　　　　　　　　　　　　　（環状アセタール）

11-4-4 シアン化水素の求核付加反応

シアン化水素 HCN は常温では気体（bp. 26 ℃）でかつ猛毒なので，使うときは，不揮発性のシアン化ナトリウムあるいはシアン化カリウムに HCl あるいは H_2SO_4 を作用させて発生させる。

$$NaCN + HCl \longrightarrow HCN + NaCl$$

$$HCN \xrightarrow{pK_a 9.2} :\overset{-}{C}\equiv N: + H^+$$

シアン化物イオン CN^- は求核性が強く，カルボニル基炭素を攻撃し，アルコキシドイオンを生成した後，HCN からプロトンを奪いシアノヒドリンを生じる。ここで導入されたシアノ基は，加水分解によりカルボキシ基に変換できる。

WebにLink
シアノ基の加水分解によるカルボン酸の生成を解説。12章カルボン酸参照。

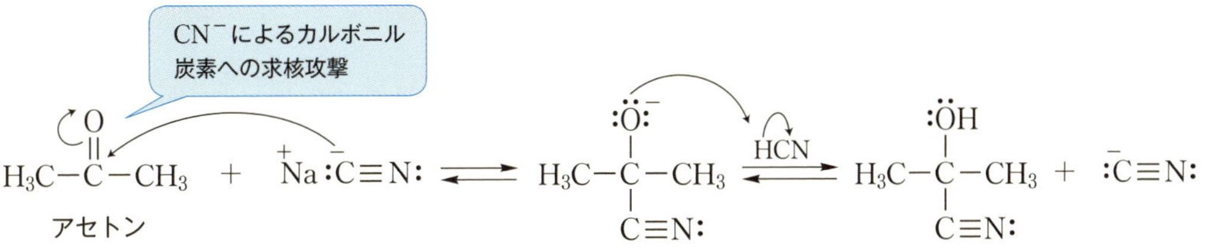

CN^-によるカルボニル炭素への求核攻撃

アセトン　　　　　　　　　　　　　　　　　　　　　　　　　　　　　　　シアノヒドリン

問9 次の変換反応を反応式で示しなさい。

(1)
$$CH_3-CHO \longrightarrow H_3C-\underset{H}{\underset{|}{C}}(OH)-CO_2H$$

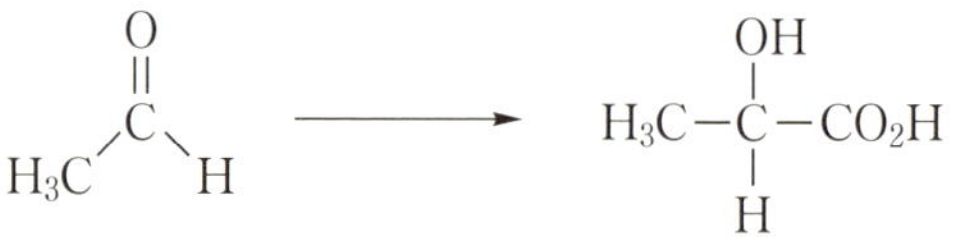

(2)
$$CH_3-CO-CH_3 \longrightarrow H_2C=C(CH_3)(CO_2CH_3)$$

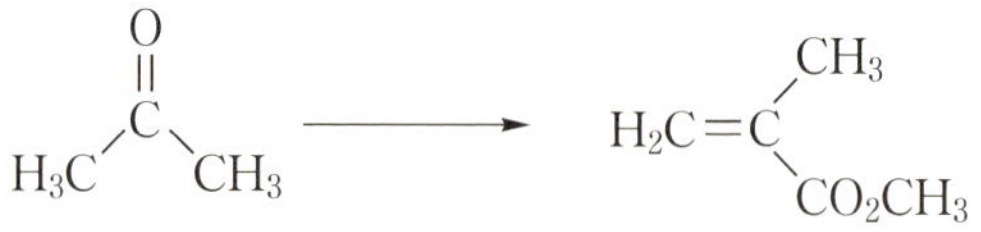

11-4-5 アミンの求核付加反応

アンモニア，アミンおよびこれに類似したアミン類縁体は，窒素上の孤立電子対が，カルボニル炭素を求核攻撃し，アミノアルコール（ヘミアミナール；hemiaminal）を生じる。これは，不安定で脱水反応を起こして，C=N 二重結合を持つイミン（imine，シッフ塩基（Schiff base））*13 を生成する。

*13
シッフ塩基とは？
窒素原子に炭化水素基（アルキル，アリール）などが結合したイミン（C=N二重結合）を指す。

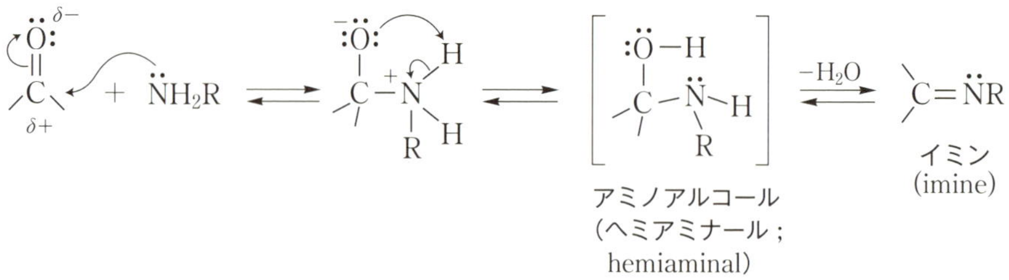

（反応機構）

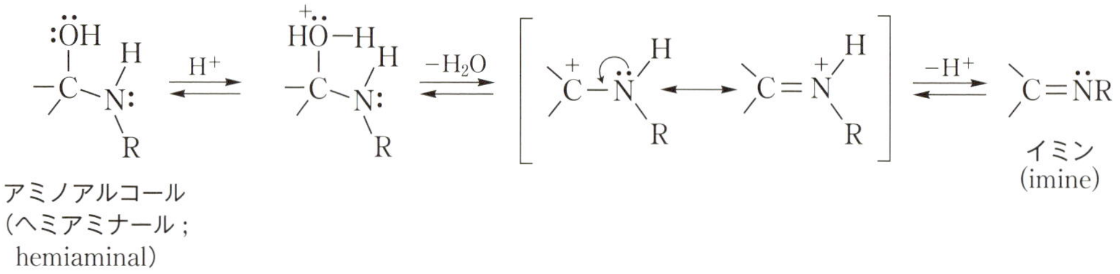

WebにLink
アルデヒドおよびケトンのイミン誘導体の一覧表（オキシム，ヒドラゾン，セミカルバゾン，エナミン）。

このほか，ヒドロキシルアミンからはオキシム，2,2-ジニトロフェニルヒドラジンからは2,4-ジニトロフェニルヒドラゾンおよび，セミカルバジドからはセミカルバゾンなどの結晶性の高い誘導体が生成する。今日のような分光学的分析法が利用される前は，これら誘導体の融点を比較することにより，構造不明のアルデヒドやケトンの同定を行っていた。

11-4-6 グリニャール（Grignard）試薬の求核付加反応

グリニャール試薬の炭素-マグネシウム結合は大きく分極しているので，カルボニル基に対して，炭素系の求核剤（カルボアニオン）として働き，新しい炭素-炭素結合を形成する。

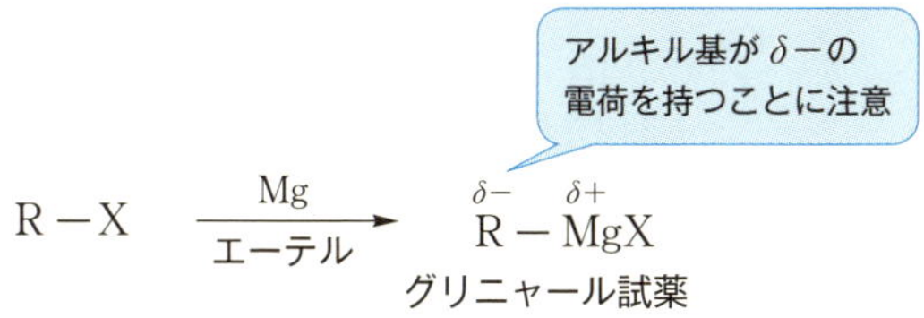

アルキル基が δ− の
電荷を持つことに注意
R − X
Mg
エーテル
δ− δ+
R − MgX
グリニャール試薬

:O:
C
δ− δ+
R − MgX
エーテル
:ÖMgX
C
R
H2O
HCl
:Ö − H
C
R
Mg2+X−Cl−
マグネシウムアルコキシド
アルコール

グリニャール反応は，カルボニル化合物からアルコールを合成する反応[*14]として有用であり，ホルムアルデヒドからは第一級アルコール，アルデヒドからは第二級アルコール，ケトンからは第三級アルコールが得られる。

H − C − H
ホルムアルデヒド
δ− δ+
R−MgX
:ÖMgX
H3O+
:Ö−H
第一級アルコール
R − C − H
アルデヒド
第二級アルコール
R − C − R
ケトン
第三級アルコール

*14
工学ナビ
カルボニル化合物の選び方で，生成するアルコールの種類（第一級，第二級，第三級アルコール）が決まる。

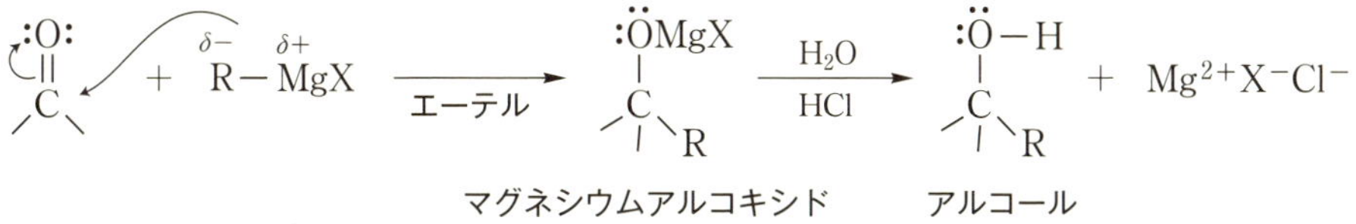

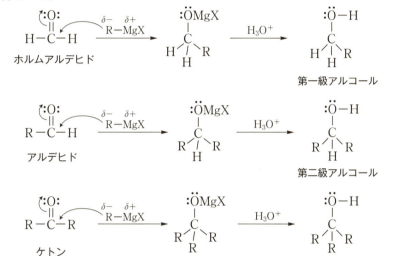

例題 11-4 **グリニャール反応を用いて次のアルコールを合成する方法を示しなさい。**

CH3
C−CH2CH3
OH

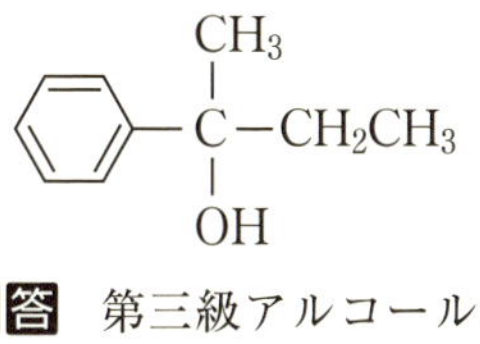

解答 第三級アルコールなので，3通り考えられる。また，グリニャール試薬は，ハロゲン化アルキルと金属マグネシウムを無水エーテル中で作用させると容易に調製できる。

(1)

MgBr
H3C − C − CH2CH3
O
OH
H3C − C − CH2CH3

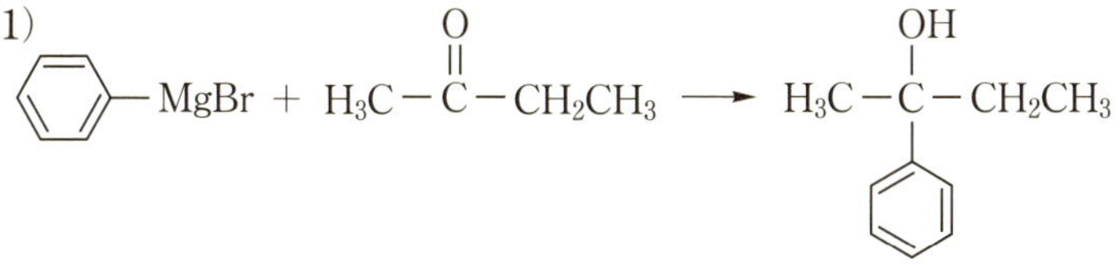

(2)

$$CH_3-MgBr + C_6H_5-\underset{\underset{O}{\|}}{C}-CH_2CH_3 \longrightarrow C_6H_5-\underset{\underset{CH_3}{|}}{\overset{\overset{OH}{|}}{C}}-CH_2CH_3$$

(3)

$$CH_3CH_2-MgBr + H_3C-\underset{\underset{O}{\|}}{C}-C_6H_5 \longrightarrow H_3C-\underset{\underset{CH_2CH_3}{|}}{\overset{\overset{OH}{|}}{C}}-C_6H_5$$

問10 グリニャール試薬とカルボニル化合物を用いて，次のアルコールを合成する反応式を示しなさい。

(1) C$_6$H$_5$-CH$_2$OH

(2) C$_6$H$_5$-C(CH$_3$)$_2$-OH

11-4-7 リンイリドの付加（ウィッティヒ（Wittig）反応）

カルボニル基にリンイリドが求核攻撃をすると，アルケンが生じる。これはウィッティヒ反応と呼ばれ，カルボニル基がC=C結合に変換される。

炭素に結合したヘテロ原子（炭素，水素以外の原子の総称）が正電荷を有し，相手の炭素原子が負電荷を持つような共鳴構造式で，このヘテロ原子がリンの場合，リンイリド（phosphonium ylide）と呼ばれる。リンは窒素同族体なので，三価のリンはアミンと似た性質を示す。

*15 **工学ナビ**
リンイリドとカルボニル化合物を反応させると，ベタインという中間体が生成する。ベタインとは，正電荷と負電荷を同一分子内の隣り合わせない位置に持つ両性イオンの総称である。

$$(C_6H_5)_3\ddot{P} + R^1-CH_2-X \longrightarrow (C_6H_5)_3\overset{+}{P}-\underset{H}{\overset{|}{C}H}-R \xrightarrow{Li^+ : ^-C_4H_9}$$

$$\left[(C_6H_5)_3\overset{+}{P}-\overset{..}{\overset{-}{C}}H-R^1 \longleftrightarrow (C_6H_5)_3P=CH-R^1 \right] + C_4H_{10} + LiX$$

ホスホニウム塩　　　　　　　　　　リンイリド（phosphonium ylide）

$$(C_6H_5)_3P=CH-R^1 + \underset{R^2\ R^3}{\overset{\overset{:O:}{\|}}{C}} \longrightarrow \underset{R^2\ R^3}{\overset{\overset{:\ddot{O}:^-\ \overset{+}{P}(C_6H_5)_3}{|\ \ \ \ \ \ |}}{\underset{}{C}-CHR^1}} \longrightarrow \underset{R^2\ R^3}{\overset{\overset{O\ \ \ P(C_6H_5)_3}{|\ \ \ \ \ \ \ |}}{\underset{}{C}-CHR^1}} \longrightarrow \underset{R^3}{\overset{R^2}{C}}=\underset{H}{\overset{R^1}{C}} + (C_6H_5)_3P=O$$

ベタイン　　　オキサホスフェタン
(betaine)　　(oxaphosphetane)

（反応例）

> ベタイン中間体*15

[cyclohexanone] + $(C_6H_5)_3\overset{+}{P}-\overset{..}{\overset{-}{C}}HCH_3 \rightleftarrows \cdots \rightleftarrows \cdots$

[反応式: シクロヘキサノン + $P(C_6H_5)_3=CH_2$ → メチレンシクロヘキサン + $(C_6H_5)_3P=O$]

メチレンシクロヘキサン　　トリフェニルホスフィンオキシド
(methylenecyclohexane)　　(triphenylphosphine oxide)

11-4-8 ヒドリド還元剤による還元反応

アルデヒドおよびケトンは，容易に還元されて第一級アルコールおよび第二級アルコールを生成する。還元剤としては，金属水素化物（水素化ホウ素ナトリウム；$NaBH_4$，水素化アルミニウムリチウム；$LiAlH_4$）などが一般的である。

WebにLink
還元反応機構の解説。

金属-水素の結合は，金属が陽イオン，水素が陰イオンになるように分極しているので，還元反応では，ヒドリドイオン（$H:^-$）がカルボニル基を求核攻撃することになる。

$$4 \underset{H}{\overset{R}{>}}C=\ddot{O}: \xrightarrow{NaBH_4/C_2H_5OH} 4\,RCH_2OH + NaB(OC_2H_5)_4$$
第一級アルコール

$$4 \underset{H}{\overset{R}{>}}C=\ddot{O}: \xrightarrow[2)\ H_3O^+]{1)\ LiAlH_4/(C_2H_5)_2O} 4\,RCH_2OH + Al(OH)_3 + LiOH$$

（反応例）

$$\underset{H}{\overset{CH_3CH_2}{>}}C=O \xrightarrow{NaBH_4/C_2H_5OH} CH_3CH_2CH_2OH$$
1-プロパノール

$$\underset{H_3C}{\overset{CH_3CH_2}{>}}C=O \xrightarrow[2)\ H_3O^+]{1)\ LiAlH_4/(C_2H_5)_2O} CH_3CH_2\underset{|}{\overset{OH}{C}}HCH_3$$
2-ブタノール

例題 11-5 次の反応で得られる生成物を書きなさい。

(1) $CH_3CH=CHCH_2CHO \xrightarrow[2)\ H^+]{1)\ NaBH_4,\ CH_3OH,\ H_2O}$

(2) $C_6H_5CH_2COCH_3 \xrightarrow[2)\ H_2O]{1)\ LiAlH_4/(C_2H_5)_2O}$

解答

(1) $CH_3CH=CHCH_2CHO \xrightarrow[2)\ H^+]{1)\ NaBH_4,\ CH_3OH,\ H_2O} CH_3CH=CHCH_2CH_2OH$

(2) $C_6H_5CH_2COCH_3 \xrightarrow[2)\ H_2O]{1)\ LiAlH_4/(C_2H_5)_2O} C_6H_5CH_2CH(OH)CH_3$

NaBH₄, LiAlH₄ ともベンゼン環，C＝C 二重結合は還元しない。

問11 還元剤として，LiAlH₄ の代わりに LiAlD₄ を用いた場合，次の化合物の還元生成物の構造を書きなさい。

(1) CH₃CH₂CH₂CH₂CHO   (2) C₆H₅-CO-CH₃

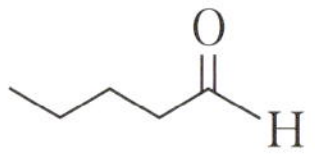

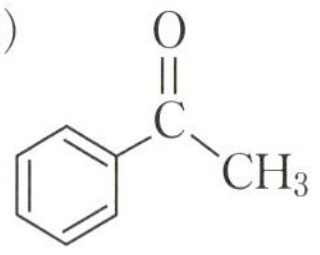

11-4-9 アルデヒドの酸化反応

アルデヒドはケトンより酸化されやすく，過マンガン酸カリウム，硝酸，クロム酸，酸化銀，過酸などにより，原料と同じ炭素数を持つカルボン酸になる。酸化剤として銀イオンを用いる方法は，二重結合を酸化せずにアルデヒド基のみを選択的に酸化できる利点がある[*16]。

R-CHO →(KMnO₄ / NaOH, H₂O) →(HCl / H₂O) R-COOH

（反応例）
C₆H₅-CHO →(Ag₂O) C₆H₅-COOH

[*16]
Let's TRY!
ケトンの酸化についても調べてみよう！

WebにLink
Baeyer–Villiger 酸化を解説。

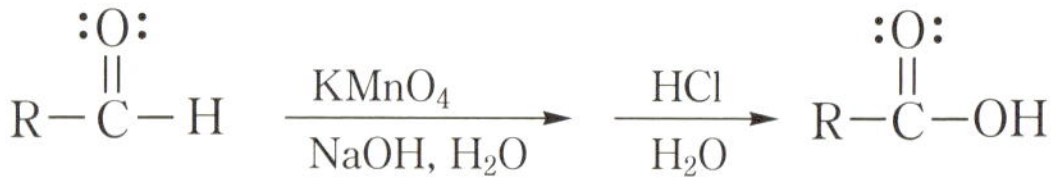

官能基の化学試験法は，分光分析が利用されるまでは多用された分析法の一つである。アルデヒドの簡便試験法として，フェーリング (Fehling) 反応とトレンス (Tollens) 試験（銀鏡反応）がある。いずれも，アルデヒドが容易に酸化されてカルボン酸になることを利用したものである。

WebにLink
酸化反応の様子。

フェーリング反応

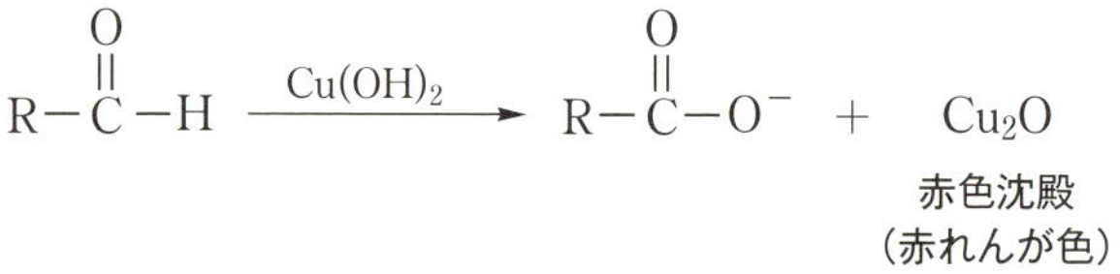

R-CHO →(Cu(OH)₂) R-C(=O)-O⁻ + Cu₂O
　　　　　　　　　　　　　　　　　　赤色沈殿
　　　　　　　　　　　　　　　　　（赤れんが色）

トレンス試験

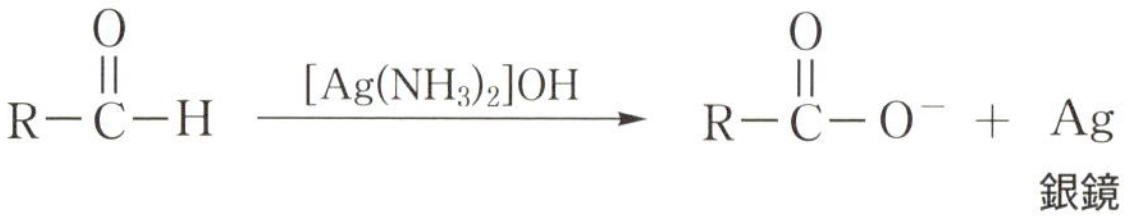

R-CHO →([Ag(NH₃)₂]OH) R-C(=O)-O⁻ + Ag
　　　　　　　　　　　　　　　　　　銀鏡

例題 11-6 次の反応の生成物の構造を示しなさい。
(1) ベンズアルデヒド ＋ トレンス試薬
(2) シクロヘキサン ＋ 硝酸（加熱）
(3) アセトアルデヒド ＋KMnO₄ 水溶液

解答

(1) 安息香酸 (benzoic acid)

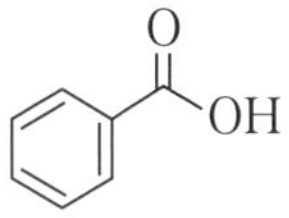

(2) アジピン酸 (adipic acid)

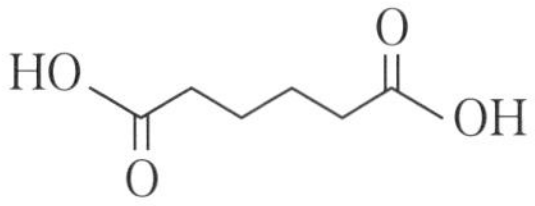

(3) 酢酸 (acetic acid)

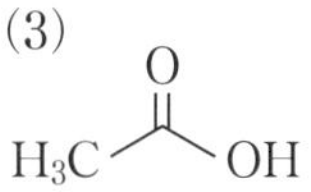

ヨードホルム反応

アルキルメチルケトンは，$NaOH+I_2：NaOI$ により容易に酸化されてヨードホルム CHI_3 と RCO_2Na を生成する。この反応はアセチル基や酸化によってアセチル基を生じる基 $(R-CH(OH)CH_3)$ を持った化合物に特有な反応である。

$$R-\underset{O}{\overset{\|}{C}}-CH_3 \xrightarrow[NaOH]{I_2} CHI_3 + RCO_2Na$$

ヨードホルム（黄色沈殿）

（反応機構）

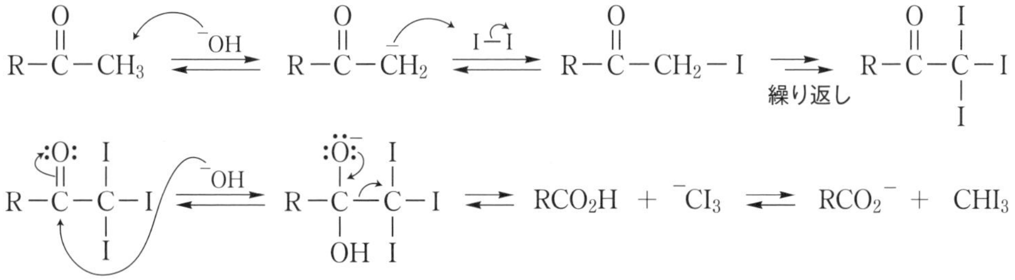

$$R-\underset{O}{\overset{\|}{C}}-CH_3 \rightleftarrows R-\underset{O}{\overset{\|}{C}}-CH_2^- \rightarrow R-\underset{O}{\overset{\|}{C}}-CH_2-I \xrightarrow{繰り返し} R-\underset{O}{\overset{\|}{C}}-\underset{I}{\overset{I}{C}}-I$$

$$\rightarrow R-\underset{OH}{\overset{:\ddot{O}:^-}{\underset{|}{C}}}-\underset{I}{\overset{I}{C}}-I \rightleftarrows RCO_2H + {}^-CI_3 \rightleftarrows RCO_2^- + CHI_3$$

問12 次の反応でハロホルム反応（ヨードホルム反応）が陽性のものはどれか示しなさい。また，陽性のものはその生成物の構造を書きなさい。

(1) アセトン　　(2) 2-ブタノール　　(3) アセトフェノン
(4) 2-メチル-2-ブタノール

演習問題　A　基本の確認をしましょう

11-A1　C＝C 二重結合と C＝O 二重結合の反応性の違いについて説明しなさい。

11-A2　次のアルデヒド，ケトンの合成方法を反応式で書きなさい。

(1) シクロヘキシル-Br → シクロヘキシル-CHO

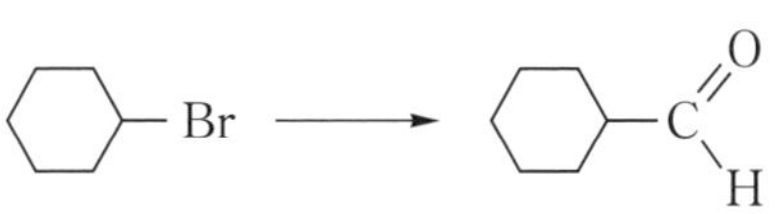

(2) C₆H₅-Br ⟶ C₆H₅-C(=O)-CH₂CH₃

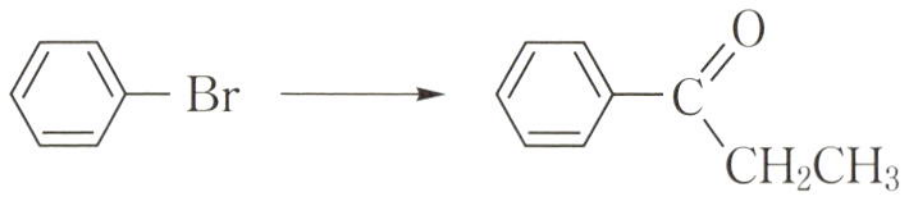

11-A3 次のアルコールの合成方法を反応式で書きなさい。

(1) 4-ホルミルシクロヘキサノン ⟶ 4-ホルミル-1-ヒドロキシシクロヘキサン
(OHC-C₆H₁₀=O ⟶ OHC-C₆H₁₀(H)(OH))

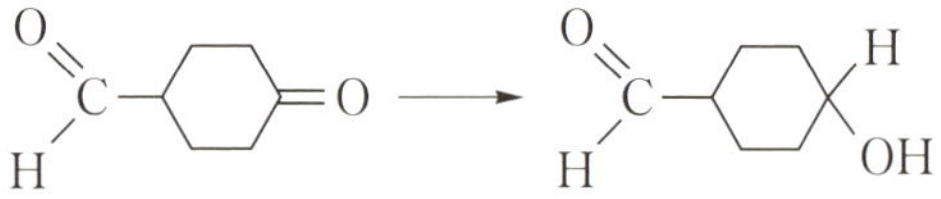

(2) 4-クロロベンズアルデヒド ⟶ 4-(ヒドロキシメチル)ベンズアルデヒド
(OHC-C₆H₄-Cl ⟶ OHC-C₆H₄-CH₂OH)

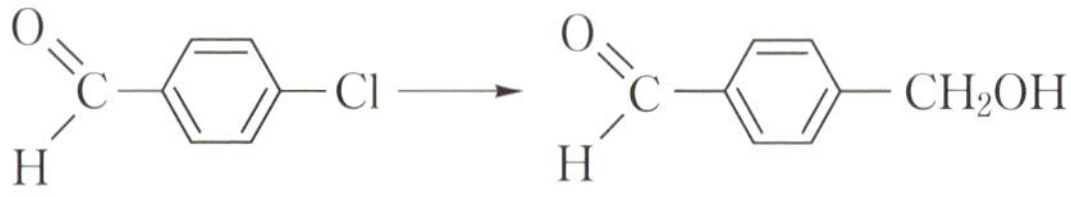

11-A4 次の反応の主生成物を書きなさい。

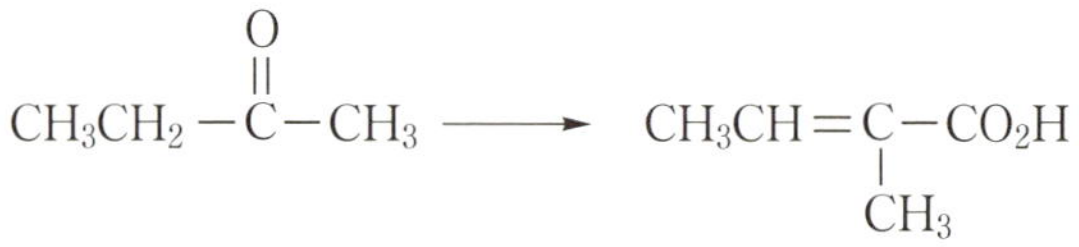

(1) C₆H₅Br $\xrightarrow{\text{Mg/エーテル}}$ $\xrightarrow{\text{1) CH}_3\text{CHO} \quad \text{2) PCC/CH}_2\text{Cl}_2}$

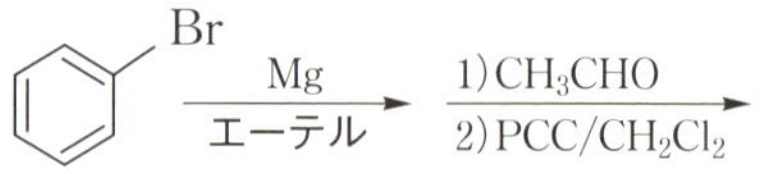

(2) CH₃Br $\xrightarrow{\text{Mg/エーテル}}$ $\xrightarrow{\text{1) C}_6\text{H}_5\text{CN} \quad \text{2) H}^+}$

11-A5 次の合成方法を反応式で書きなさい。

(1) $CH_3CH_2-C(=O)-CH_3 \longrightarrow CH_3CH=C(CH_3)-CO_2H$

(2) シクロヘキサノン ⟶ フェニルシクロヘキサン

(3) $H_3C-C_6H_4-C(=O)-CH_2CH_3 \longrightarrow H_3C-C_6H_4-CH_2CH_2CH_3$

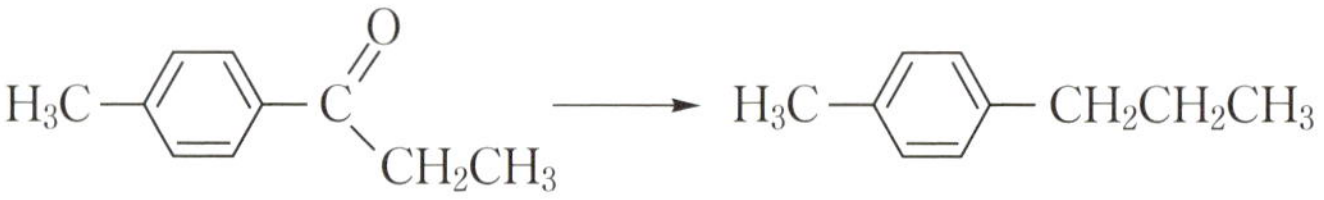

演習問題 B　もっと使えるようになりましょう

11-B1 ほとんどのアルデヒドやケトンは，水と反応して水和物を作っても，すぐに水を失ってカルボニル化合物を再生するため(可逆反応)，水和物を単離することはできない。しかし，トリクロロアセトアルデヒド(クロラール)は，無色あるいは白色の安定な結晶性水和物 $CCl_3CH(OH)_2$ を形成する。その安定な理由を説明しなさい。

11-B2 次の各反応で得られる生成物の構造と一般名称を答えなさい。

(1) C₆H₅CHO + H₂N-OH $\xrightarrow{\text{H}^+}$

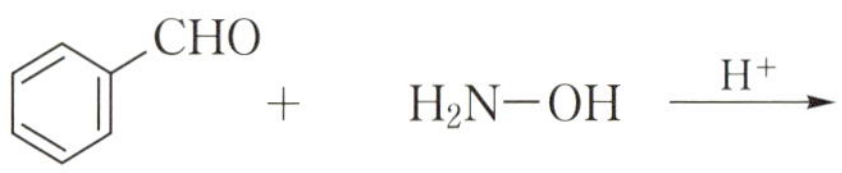

(2) シクロヘキシル-CHO + H₂N̈-NHC(=O)NH₂ →(H⁺)

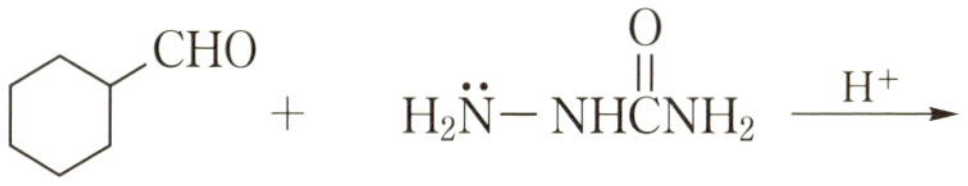

(3) シクロヘキサノン + H₂N̈-シクロヘキシル →(H⁺)

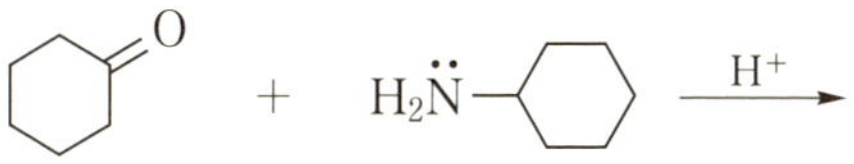

(4) C₆H₅-C(=O)-CH₃ + H₂N̈-NH-C₆H₅ →(H⁺)

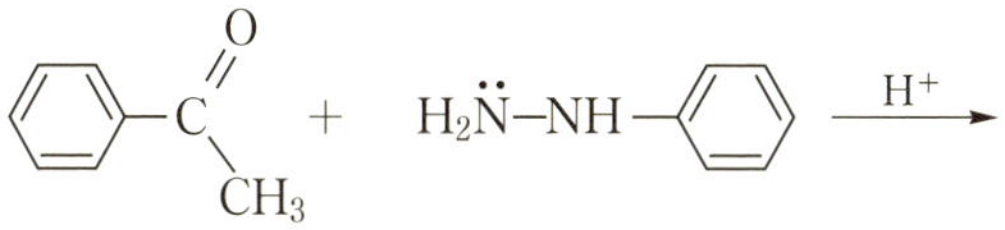

(5) シクロヘキサノン + HN(ピロリジン) →(p-TsOH / C₆H₆)

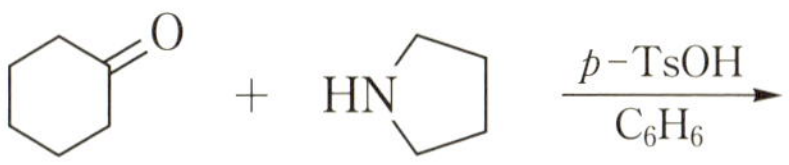

11-B3 次の化合物とグリニャール試薬を反応させると2種類の生成物が得られた。その理由を説明しなさい。

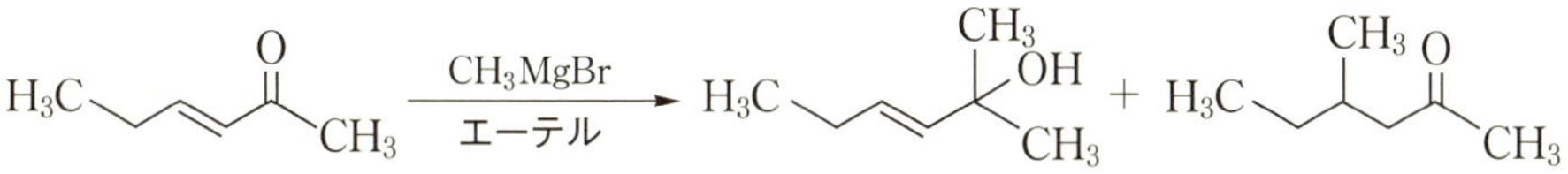

H₃C-CH=CH-CH₂-C(=O)-CH₃ →(CH₃MgBr / エーテル) H₃C-CH=CH-CH₂-C(CH₃)(OH)-CH₃ + H₃C-CH₂-CH(CH₃)-C(=O)-CH₃

11-B4 次の合成方法を反応式で書きなさい。

(1) C₆H₅-CHO → C₆H₅-CH(OH)-CH₂-NH₂

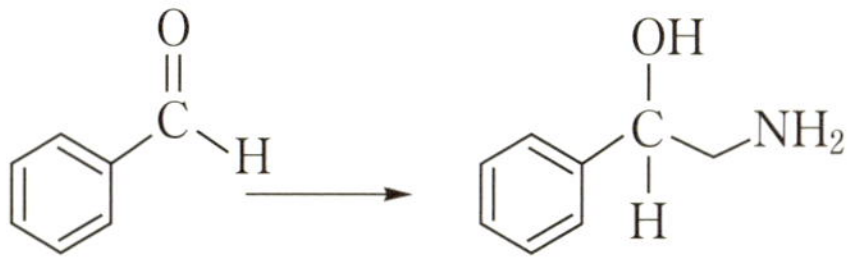

(2) シクロヘキサノン → 2-メチルシクロヘキサノン

(3) シクロヘキサノン → メチルシクロヘキサン

11-B5 フェノールのホルミル化反応（ライマー–ティーマン反応）を説明しなさい。

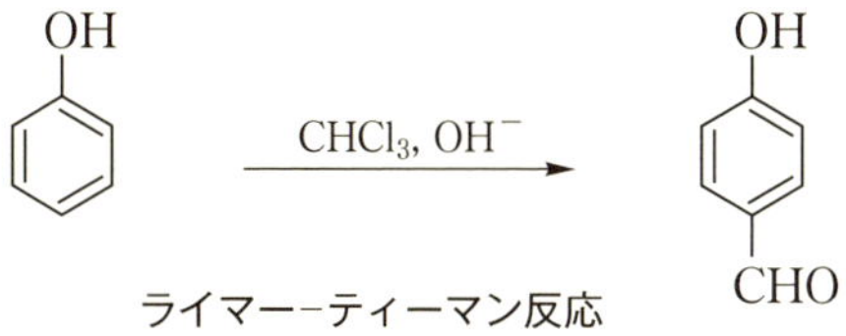

フェノール →(CHCl₃, OH⁻) p-ヒドロキシベンズアルデヒド

ライマー–ティーマン反応
(Reimer–Tiemann反応)

あなたがここで学んだこと

この章であなたが到達したのは
　□アルデヒドおよびケトン化合物を命名できる
　□カルボニル基の構造的特徴を説明できる
　□アルデヒドおよびケトンの合成方法を説明できる
　□カルボニル基の反応性を説明できる
　□アルデヒドおよびケトンの反応性の違いを説明できる

本章で学んだカルボニル基は，アルデヒド，ケトン，次章以降のカルボン酸とその誘導体の特徴を決める重要な官能基である。

身のまわりにはカルボニル基を含む物質，材料が多くあり，基本となるアルデヒド，ケトンは香料，消毒剤，溶剤，ポリマーの骨格を作り，還元すればアルコール，酸化すればカルボン酸となり，さらに応用の幅が広がる官能基である。

以下の物質は，骨格を変えず，官能基を変化させるだけでその香りも変わる。ゲラニアール（シトラール）を還元したゲラニオールあるいは，酸化したゲラニック酸は，花の香りがするとともに，ミツバチの仲間どうしのコミュニケーションをとるための化学物質（フェロモン）でもある。

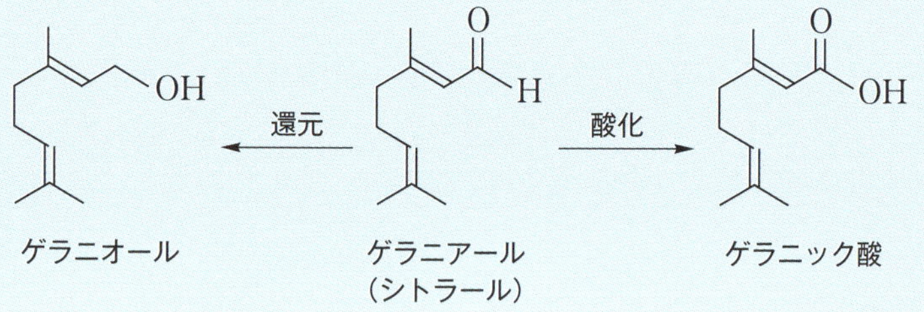

ゲラニオール　←還元—　ゲラニアール（シトラール）　—酸化→　ゲラニック酸

12章 カルボン酸

有機酸の代表例であるカルボン酸は，日常生活でも生体内でも重要な役割を果たしており，誘導体も含めると非常に多くの化合物が身のまわりにある。たとえば，酢酸は食酢の主成分であり，安息香酸の塩は保存料として使用されている。また，サリチル酸は柳の樹皮から抽出され，その誘導体（アセチルサリチル酸）が消炎，鎮痛剤として用いられている。さらにテレフタル酸はポリエステルの重要な原料であり，ペットボトルに使用されているポリマーの原料の1つとなっている。カルボン酸の誘導体の中で自然界に広く分布し，最も有用なものの1つにエステルがある。身近なエステルとしては花や果物の香りがあげられ，バナナの香りである酢酸イソペンチルやオレンジの香りである酢酸オクチルはその代表例であり，香料としても重要である。

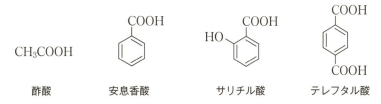

●この章で学ぶことの概要

カルボン酸にはいくつかの誘導体があり，一般に誘導体どうしは容易に相互変換することができる。誘導体は反応性や安定性が異なり，それらの性質の違いを熟知していれば，カルボン酸と誘導体を，ある時は反応しない置換基として，ある時は反応性の高い置換基として使い分けることができる。ここではカルボン酸の酸としての強さ，カルボン酸とその誘導体の命名法の違いから，物質合成を行ううえで重要な求核置換反応を利用した相互変換の方法，さらにはアシル基としての利用まで，カルボン酸とその誘導体をカルボン酸一族ととらえて，カルボニル基とそれに結合する官能基が演出するカメレオンのような七変化を見ていく。

予習 授業の前にやっておこう!!

1. カルボン酸とその誘導体の名前と一般式を覚えよう。

$$\underset{\text{カルボン酸}}{\text{R}-\overset{\overset{\text{O}}{\|}}{\text{C}}-\text{OH}} \quad \underset{\text{エステル}}{\text{R}-\overset{\overset{\text{O}}{\|}}{\text{C}}-\text{OR}^1} \quad \underset{\text{アミド}}{\text{R}-\overset{\overset{\text{O}}{\|}}{\text{C}}-\text{NR}^1\text{R}^2} \quad \underset{\text{酸ハロゲン化物}}{\text{R}-\overset{\overset{\text{O}}{\|}}{\text{C}}-\text{X}} \quad \text{X：ハロゲン}$$

$$\underset{\text{酸無水物}}{\text{R}-\overset{\overset{\text{O}}{\|}}{\text{C}}-\text{O}-\overset{\overset{\text{O}}{\|}}{\text{C}}-\text{R}} \quad \underset{\text{ニトリル}}{\text{R}-\text{C}\equiv\text{N}}$$

2. 上のカルボン酸およびその誘導体の構造式と前章で学んだアルデヒド，ケトンの構造式（下図）を比較して，その違いを確認しよう。

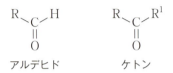

アルデヒド　　　　ケトン

---

1. 次の化合物の色文字（青）で示した炭素の酸化数を求めて，酸化段階の違いを理解しよう。ただし，メチル基の炭素の酸化数は（−II）である。

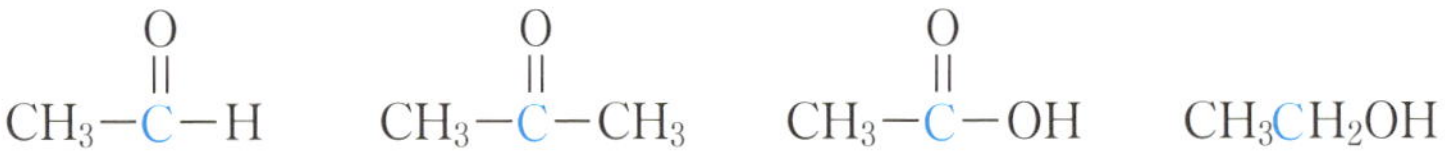

$$\underset{\substack{\text{アセトアルデヒド}\\（\text{アルデヒド}）}}{\text{CH}_3-\overset{\overset{\text{O}}{\|}}{\text{C}}-\text{H}} \quad \underset{\substack{\text{アセトン}\\（\text{ケトン}）}}{\text{CH}_3-\overset{\overset{\text{O}}{\|}}{\text{C}}-\text{CH}_3} \quad \underset{\substack{\text{酢酸}\\（\text{カルボン酸}）}}{\text{CH}_3-\overset{\overset{\text{O}}{\|}}{\text{C}}-\text{OH}} \quad \underset{\substack{\text{エタノール}\\（\text{アルコール}）}}{\text{CH}_3\text{CH}_2\text{OH}}$$

2. 次の化合物の色文字（青）で示した炭素の酸化数を求め，1で求めた酢酸のカルボニル炭素の酸化数と比較しなさい。

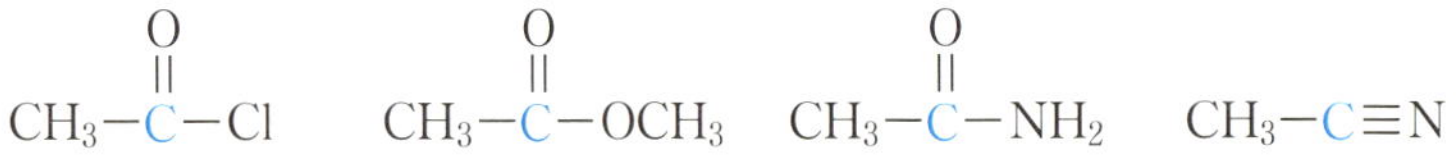

$$\underset{\substack{\text{塩化アセチル}\\（\text{酸ハロゲン化物}）}}{\text{CH}_3-\overset{\overset{\text{O}}{\|}}{\text{C}}-\text{Cl}} \quad \underset{\substack{\text{酢酸メチル}\\（\text{エステル}）}}{\text{CH}_3-\overset{\overset{\text{O}}{\|}}{\text{C}}-\text{OCH}_3} \quad \underset{\substack{\text{アセトアミド}\\（\text{アミド}）}}{\text{CH}_3-\overset{\overset{\text{O}}{\|}}{\text{C}}-\text{NH}_2} \quad \underset{\substack{\text{アセトニトリル}\\（\text{ニトリル}）}}{\text{CH}_3-\text{C}\equiv\text{N}}$$

12　1　カルボン酸とその誘導体の命名

12-1-1 カルボン酸

　カルボン酸（carboxylic acid）は古くから知られている身近な有機化合物で，自然界にも広く分布しており，酢酸は食酢の主成分としてよく知られ，低分子量のカルボン酸である酪酸やカプロン酸は不快な臭いを持つ。慣用名で呼ばれているものも多いが，最も単純な直鎖型のカルボン酸はアルカンの名称の後に"酸"をつけることで命名できる。

IUPAC（英語）名はアルカン（alkane）の末尾の e を oic acid に置き換えればよい。

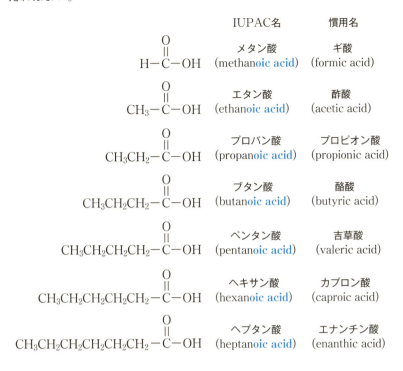

カルボン酸のカルボニル炭素は番号をつけるうえで1番となり，この炭素を基準に炭素鎖に番号をつける。枝分かれ炭素の位置や置換基の位置はこの番号で指し示すことになる。このカルボン酸に特徴的な官能基 –**COOH** を**カルボキシ基**（carboxy group）と呼ぶ[*1]。

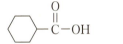

シクロヘキサンカルボン酸　　　ベンゼンカルボン酸（慣用名；安息香酸）
(cyclohexane**carboxylic acid**)　(benzene**carboxylic acid**)(benz**oic acid**)

環に直接カルボキシ基が置換した化合物は環の名称に"カルボン酸"をつければよいが，ベンゼン環については**安息香酸**（benzoic acid）という慣用名が一般に用いられる。

カルボキシ基は命名にあたって，アルケン，アルキン，アルコール，アルデヒド，ケトンなどに優先し，アルデヒドやケトンのカルボニル基もオキソ（oxo）という置換基として指し示されることになる[*2]。また1つの分子中に2つのカルボキシ基を持つ化合物は"**二酸**"（dicarboxylic acid）と呼ぶ。ただ，これらは慣用名で呼ばれることも多い。

[*1] **＋αプラスアルファ**
カルボキシル基と呼ぶこともある。

[*2] **＋αプラスアルファ**
エーテルにはオキサ（oxa）を用いるが，混同しないように注意しよう。

		IUPAC名	慣用名
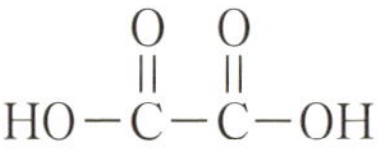 HO−C(=O)−C(=O)−OH	エタン二酸	(ethanedioic acid)	シュウ酸 (oxalic acid)
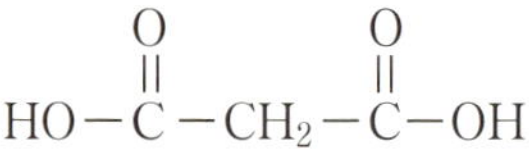 HO−C(=O)−CH$_2$−C(=O)−OH	プロパン二酸	(propanedioic acid)	マロン酸 (malonic acid)
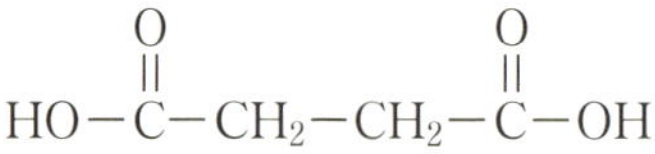 HO−C(=O)−CH$_2$−CH$_2$−C(=O)−OH	ブタン二酸	(butanedioic acid)	コハク酸 (succinic acid)
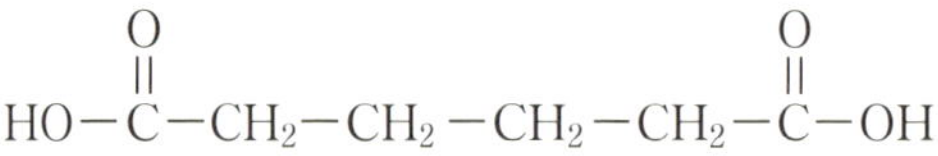 HO−C(=O)−CH$_2$−CH$_2$−CH$_2$−CH$_2$−C(=O)−OH	ヘキサン二酸	(hexanedioic acid)	アジピン酸 (adipic acid)

ブテン二酸にはマレイン酸とフマル酸というシスとトランスの異性体があり，ベンゼンジカルボン酸（フタル酸）にもオルト，メタ，パラの異性体がある。

また，アジピン酸，アクリル酸，メタクリル酸，テレフタル酸は高分子の原料となる重要なカルボン酸である[*3]。

*3
工学ナビ
アジピン酸はナイロン66の原料。アクリル酸，メタクリル酸はエチレン系モノマー，テレフタル酸はPETの原料として重要である。

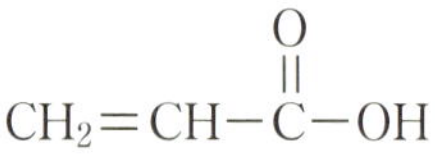

CH$_2$=CH−C(=O)−OH
アクリル酸
(acrylic acid)

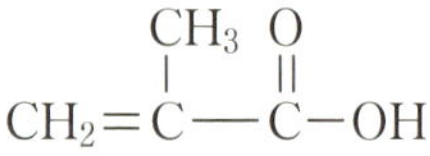

CH$_2$=C(CH$_3$)−C(=O)−OH
メタクリル酸
(methacrylic acid)

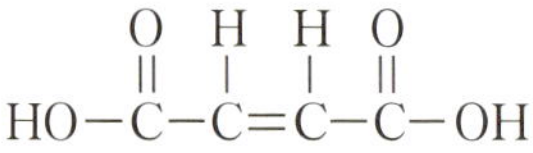

HO−C(=O)−CH=CH−C(=O)−OH
マレイン酸
(maleic acid)

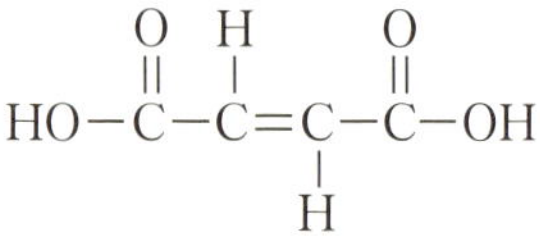

HO−C(=O)−CH=CH−C(=O)−OH
フマル酸
(fumaric acid)

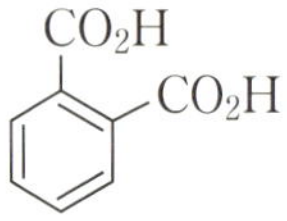

フタル酸
(phthalic acid)

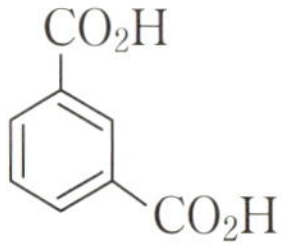

イソフタル酸
(isophthalic acid)

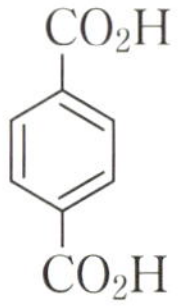

テレフタル酸
(terephthalic acid)

例題 12-1 次の化合物を命名しなさい。

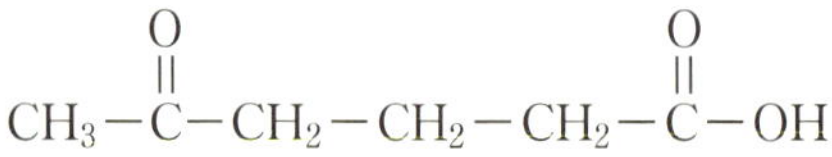

CH$_3$−C(=O)−CH$_2$−CH$_2$−CH$_2$−C(=O)−OH

解答 カルボン酸の構造の主鎖にケトン構造が含まれており，この場合のカルボニル基はオキソで示されるので，5-オキソヘキサン酸 (5-oxohexanoic acid) である。

カルボン酸の構造を構成する RC＝O の骨格は**アシル基**と呼ばれ，カルボン酸の名称の - ic の部分を - yl とすることで名づけることができる。アシル基はカルボン酸誘導体やケトンを合成する際によく利用される。

問 1 次の化合物を命名しなさい。

(1) $\mathrm{CH_3-CH(Br)-CH_2-CH_2-C(=O)-OH}$

(2) $\mathrm{CH_3-CH_2-CH(OH)-CH_2-C(=O)-OH}$

(3) $\mathrm{CH_3-CH(CH_3)-C(=O)-CH_2-C(=O)-OH}$

12-1-2 酸ハロゲン化物

酸ハロゲン化物 (acid halide) はアシル基の名称とハロゲンの名称から，ハロゲン化アシルのような形で命名される。IUPAC 名はアシル基の名称，ハロゲンの名称の順になる。

$\mathrm{CH_3-C(=O)-Cl}$　　$\mathrm{C_6H_5-C(=O)-Cl}$　　$\mathrm{CH_3CH_2CH_2-C(=O)-Br}$

塩化アセチル[*4]　　　塩化ベンゾイル　　　臭化ブタノイル
(acetyl chloride)　　(benzoyl chloride)　　(butanoyl bromide)

+α プラスアルファ

[*4] $\mathrm{CH_3CO}$ はアセチル基と呼ぶ。ハロゲンが塩素の場合は酸塩化物と呼ぶ。

12-1-3 酸無水物

酸無水物 (acid anhydride) は酸の名称に無水物をつけて表す。酸の名称の前に無水をつけて表すものもある。IUPAC 名は酸の名称から acid を除き，代わりに，無水物を表す単語である anhydride をつけて表す。

$\mathrm{CH_3-C(=O)-O-C(=O)-CH_3}$　　$\mathrm{C_6H_5-C(=O)-O-C(=O)-C_6H_5}$　　(maleic anhydride 構造)

無水酢酸　　　　　　安息香酸無水物　　　　　無水マレイン酸
(acetic anhydride)　（無水安息香酸）　　　　(maleic anhydride)
　　　　　　　　　(benzoic anhydride)

12-1-4 エステル

エステル (ester) はカルボン酸の名称の後に，アルコールのアルキル部分の名称をつけて表す。IUPAC 名は順序が逆になり，アルコールのアルキル部分の名称を書き，1文字空けてからカルボン酸 (- ic acid) を - ate に換えて表す。

$$\underset{\text{酢酸エチル}\\(\text{ethyl acetate})}{CH_3-\overset{\overset{O}{\|}}{C}-O-CH_2-CH_3} \qquad \underset{\substack{\text{シュウ酸ジメチル}\\(\text{dimethyl oxalate}\\\text{or dimethyl ethanedioate})}}{CH_3-O-\overset{\overset{O}{\|}}{C}-\overset{\overset{O}{\|}}{C}-O-CH_3}$$

$$\underset{\text{酪酸プロピル}\\(\text{propyl butanoate})}{CH_3-CH_2-CH_2-\overset{\overset{O}{\|}}{C}-O-CH_2-CH_2-CH_3}$$

> **例題 12-2** 次の化合物の構造式を書きなさい。
> **プロピオン酸ブチル（butyl propionate）**
> **解答** エステル構造を持ち，アルコキシの炭素数が4つ，カルボン酸の炭素数が3つである。
> $$CH_3-CH_2-\overset{\overset{O}{\|}}{C}-O-CH_2-CH_2-CH_2-CH_3$$

問 2 次の化合物の構造式を書きなさい。
(1) 吉草酸エチル (ethyl pentanoate)
(2) 3-メチル安息香酸プロピル (propyl 3-methylbenzoate)
(3) 3-オキソブタン酸メチル（アセト酢酸メチル）(methyl 3-oxobutanoate)

12-1-5 アミド

アミド（amide）はカルボン酸の名称から酸を除いてアミドと置き換えて表す。名称がカルボン酸で終わるものは，その部分を**カルボキサミド**として命名する。IUPAC 名はカルボン酸の名称の acid を除いた部分の語尾の -ic また -oic を -amide に換えて命名する。窒素上に置換基がある場合は，窒素の置換基であることを示すために N- を書き，続けて置換基を書いた後で母体となるアミドの名称を書く。

$$\underset{\substack{\text{プロパンアミド}\\(\text{propanamide})}}{CH_3CH_2-\overset{\overset{O}{\|}}{C}-NH_2} \quad \underset{\substack{\text{安息香酸アミド}\\(\text{benzamide})}}{C_6H_5-\overset{\overset{O}{\|}}{C}-NH_2} \quad \underset{\substack{\text{アセトアミド}\\(\text{acetamide})}}{CH_3-\overset{\overset{O}{\|}}{C}-NH_2} \quad \underset{\substack{N\text{-メチルペンタンアミド}\\(N\text{-methylpentanamide})}}{CH_3CH_2CH_2CH_2-\overset{\overset{O}{\|}}{C}-NHCH_3}$$

例題 12-3 次の化合物の構造式を書きなさい。

シクロヘキサンカルボキサミド（cyclohexanecarboxamide）

解答 炭素数が6の環状化合物で，アミド構造を持つ。

$$\text{cyclohexyl-C(=O)-NH}_2$$

問 3 次の化合物の構造式を書きなさい。
(1) アクリルアミド（acrylamide）
(2) 2-クロロブタン酸アミド（2-chlorobutanamide）
(3) N,N-ジメチルホルムアミド（N,N-dimethylformamide）

12-1-6 ニトリル

ニトリル（nitrile）は一見するとカルボン酸の仲間とは思えないが，アミドの脱水物と見ることができ，重要なカルボン酸誘導体である。IUPAC名はニトリルの炭素も含めた炭素数のアルカン名にニトリルをつける。名称がカルボン酸で終わるものは，その部分をカルボニトリルとして命名する。英語名はカルボン酸の名称の acid を除いた部分の語尾の -ic または -oic を -onitrile に換えて命名する。名称がカルボン酸で終わるものは，-carboxylic acid を -carbonitrile とする。カルボン酸一族は命名法では優先度が高く，置換基として表されることは少ないが，ニトリルについては例外的に置換基の**シアノ基**（cyano）として表されることも多い*5。

*5 **Don't Forget!!**
「シアノ」は例外であるが重要な用語である。

$N \equiv C-CH_2CH_2CH_2CH_2-C \equiv N$

アジポニトリル
(adiponitrile
or hexanedinitrile)

シクロペンタン–$C \equiv N$

シクロペンタンカルボニトリル
(cyclopentanecarbonitrile)

$CH_3-C \equiv N$

アセトニトリル
(acetonitrile)

$N \equiv C-CH_2-\overset{O}{\underset{\|}{C}}-O-CH_2CH_3$

シアノ酢酸エチル
(ethyl cyanoacetate)

12-2 カルボン酸と酸性度

カルボン酸は有機化学で最もよく取り扱う酸で，炭素数の少ないものは無色の水溶性の液体で不快な刺激臭を持つものが多い。極性があり，分子間で水素結合し，二量体（dimer）として存在しており，小さい分子量でも沸点は高めである。水に対してプロトンを供与する能力はあるものの，解離定数は小さく，水系溶媒では弱酸に分類される。水系溶媒での酢酸の pK_a は 4.7 程度でアルコールやフェノールよりもはるかに

*6 **Let's TRY!**
トリフルオロ酢酸は酢酸と構造が似ているが，酢酸が弱酸であるのに対し，トリフルオロ酢酸は強酸性の有機溶媒として用いられる。また，酢酸よりもさらに沸点が低い。この理由を考えてみよう。

強い。また，酢酸のメチル基の水素を塩素やフッ素のようなハロゲン原子で置換すると，置換した数が増えるにつれて，解離したカルボキシラートイオン(carboxylate)の安定性が高まり，カルボン酸の酸性は強くなる*6（表12-1）。

表12-1 カルボン酸，フェノール，アルコールの酸性度の比較

	pK_a		pK_a
CH_3CH_2OH	16	CH_2ClCO_2H	2.9
C_6H_5OH	10	$CHCl_2CO_2H$	1.3
CH_3CO_2H	4.7	CCl_3CO_2H	0.7
$C_6H_5CO_2H$	4.2	CF_3CO_2H	0.2

カルボキシラートイオンは，共鳴により電荷が非局在化するため安定化される（図12-1）。

図12-1 酢酸イオン(acetate)の共鳴

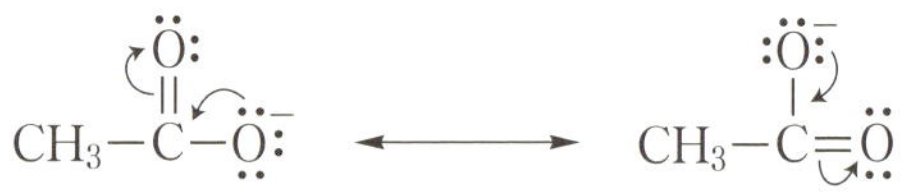

実際にカルボニル炭素と2つの酸素原子の結合の長さは同じで，二重結合と単結合の中間の値を示している。そのため，カルボン酸はプロトンを放出しやすく，酸性を示し，強塩基と容易に反応して塩を生成する。長鎖のカルボン酸塩は親水性の構造と親油性（疎水性）の構造を1つの分子中に合わせ持つため，ナトリウム塩は石けん(soap)として利用されている*7（図12-2）。

*7 **Let's TRY!**
合成洗剤はカルボン酸ではなくスルホン酸である。その理由は何か。

図12-2 長鎖カルボン酸塩（石けん）の構造

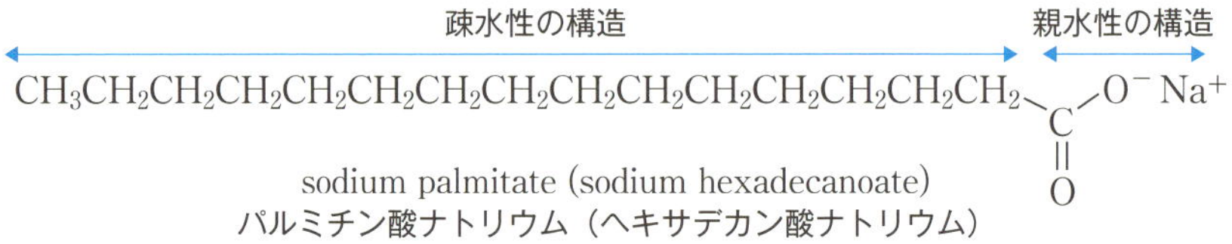

疎水性の構造　　　　　　　　　　　　　　　　親水性の構造
$CH_3CH_2CH_2CH_2CH_2CH_2CH_2CH_2CH_2CH_2CH_2CH_2CH_2CH_2CH_2$—C(=O)—$O^-Na^+$

sodium palmitate (sodium hexadecanoate)
パルミチン酸ナトリウム（ヘキサデカン酸ナトリウム）

12.3 カルボン酸の合成

カルボン酸の主要な合成法として次の4つがあげられ，芳香族カルボン酸についてはさらに別の1つの方法がある。

12-3-1 第一級アルコールまたはアルデヒドの酸化

前章でも述べたように，第一級アルコールを酸化するとアルデヒドが生成し，アルデヒドはさらに酸化されてカルボン酸となる。

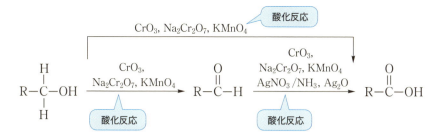

　アルコールの酸化試薬としてはクロム酸 CrO_3，二クロム酸塩 $Na_2Cr_2O_7$，過マンガン酸カリウム $KMnO_4$ が用いられ，アルデヒドの酸化試薬としては二クロム酸塩，過マンガン酸カリウムのほかにトレンス試薬（$AgNO_3/NH_3$），酸化銀 Ag_2O も用いられる。一般にアルデヒドはアルコールよりも酸化されやすいため，アルデヒドを得るためには反応条件に工夫が必要であり，アルデヒドの酸化はアルコールの酸化よりも穏やかな試薬で起こる。

12-3-2 グリニャール試薬と二酸化炭素の反応

　グリニャール（Grignard）試薬 $RMgX$ にドライアイスを加えるか，乾燥した二酸化炭素（carbon dioxide）を吹き込むことによって，カルボン酸を合成することができる[*8]。この反応はハロゲン化アルキル（alkyl halide）やハロゲン化アリール（aryl halide）を原料とし，ハロゲン原子をカルボキシ基にできる増炭反応であるため，有機合成上の価値は大きい[*9]。

$$R-MgX + O=C=O \longrightarrow R-\overset{O}{\underset{\|}{C}}-OMgX \xrightarrow{H-X} R-\overset{O}{\underset{\|}{C}}-OH + MgX_2$$

12-3-3 ニトリルの加水分解

　ニトリルを酸または塩基水溶液で加水分解するとカルボン酸が得られる。ニトリルはハロゲン化アルキルとシアン化物イオン（cyanide）CN^- との S_N2 反応で合成できるので，ハロゲン化アルキルから2段階でカルボン酸を得る合成法で，この反応は一般性が高く大変有効な手法である[*10]。

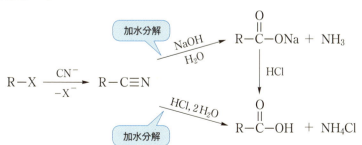

[*8]
工学ナビ
グリニャール試薬の調製には実験・技術が必要である。窒素雰囲気下，マグネシウムと溶媒であるエーテルを混合した後，ハロゲン化アルキルを添加する。この反応は完全な無水条件で行う必要がある。

WebにLink
増炭反応。

[*9]
Let's TRY!
二酸化炭素の分極の原因は何か。

[*10]
ヒント
置換反応は7章で確認しよう。

12-3-4 ハロホルム反応

ケトンのアルキル基の一方がメチル基である場合，ヨウ素（iodine）のようなハロゲン単体と反応してハロホルム反応（Haloform reaction）が起こり，カルボン酸が得られる[*11]。

*11
+α プラスアルファ
ヨウ素を用いるとヨードホルム反応である。11章を見よう。

12-3-5 アルキルベンゼンの側鎖の酸化

芳香環のアルキル側鎖は過マンガン酸カリウムを加えて加熱酸化するとカルボン酸となる。酸化にはベンジル位に水素があることが必要であるため，第三級アルキル基には適用できない。

WebにLink
芳香族のアルキル側鎖。10章にも説明があるので確認しよう。

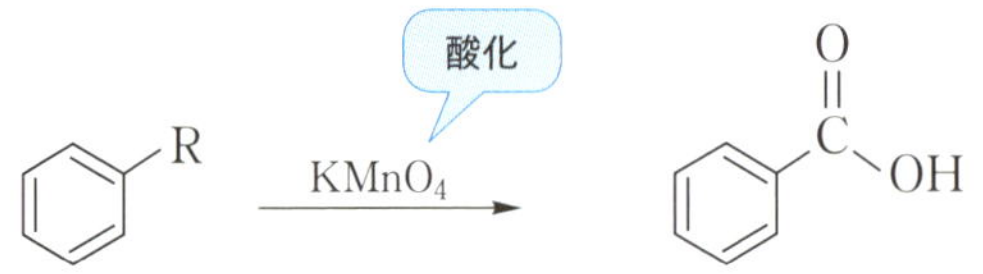

この反応では過マンガン酸カリウムに対して，芳香環が直鎖状のアルキル鎖と比べて安定であることを示している。工業的には触媒を用いた空気酸化法が用いられており，ジアルキルベンゼンをベンゼンジカルボン酸に変換することができる。

例題 12-4 アルキルベンゼンを酸化してイソフタル酸を合成したい。原料となる化合物の構造式を書きなさい。

解答 メタ置換のジアルキルベンゼンであればよい。一例を示す。 m-キシレン

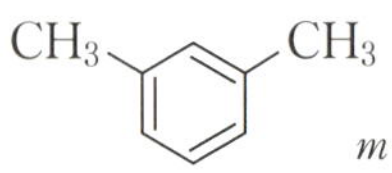

問4

(1) アルキルベンゼンの側鎖を過マンガン酸カリウムで酸化してテレフタル酸を得た。原料となる化合物の構造式を1つ書きなさい。

(2) アルキルベンゼンの側鎖の酸化反応から，ベンゼン環の安定性についてどのようなことがいえるか示しなさい。

12 4 ラクトンとラクタム

WebにLink
五員環。

エステル構造で環を構成しているものをラクトン（lactone）と呼ぶ。多くの研究が行われている。ひずみの少ない五員環や六員環のラクトンがよく見られるが，四員環や七員環以上の大きな環構造を持つものもある。カルボニル基の隣の炭素を α 位，その隣の炭素を β 位，続けて γ 位，δ 位と呼び，γ 位の炭素が酸素と結合しているラクトンを γ-ラクトン，δ 位で結合しているものを δ-ラクトンと呼ぶ。クマリンは天然由来のラクトンで，工業的にも多く使用されている[*12]。

*12
工学ナビ
クマリンは香料や光学材料としても重要である。

ブチロラクトン
(butyrolactone)

クマリン
(coumarin)

ペニシリン G
(penicillin G)

*13
⼯学ナビ
β-ラクタムはペニシリン系，セファロスポリン系，セファマイシン系抗生物質の基本骨格の一部である。

同様にアミド構造で環を組んでいるものをラクタム(lactam)と呼んでいる[*13]。抗生物質として知られているペニシリンの医薬品としての有効骨格はβ-ラクタムで，βの意味はラクトンと同じで，四員環を示している。七員環アミドであるカプロラクタムは開環重合(ring opening polymerization)することでナイロン6(nylon 6)となる[*14]。

*14
⼯学ナビ
開環重合は，開環による環のひずみの解消を利用した重合法の一つであり，さまざまな高分子材料の合成に利用されている。

カプロラクタム
(caprolactam)

ナイロン6
(nylon 6)

12-5 カルボン酸誘導体の反応と相互変換

12-5-1 カルボン酸誘導体の相互変換

図12-3 カルボン酸誘導体の相互の関係

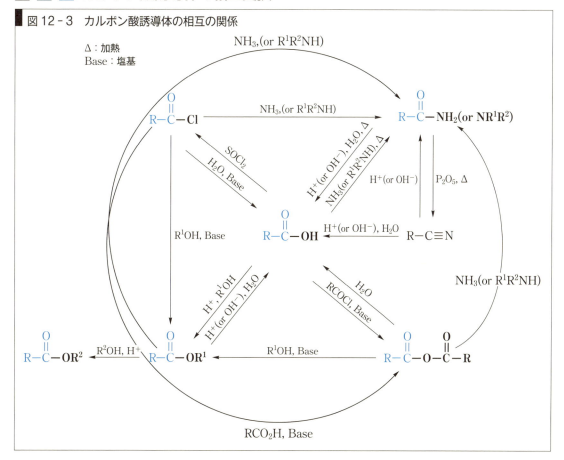

この章で取り上げているニトリル以外のカルボン酸誘導体は，カルボン酸のヒドロキシ基を別の官能基に変えたものであるから，相互に変換することができる。カルボン酸誘導体の相互変換とそれぞれの誘導体の反応性の違いを利用すれば，さまざまな物質を合成することが可能になる。図12-3にカルボン酸誘導体相互の関係と変換条件をまとめた。

12-5-2 カルボン酸のエステル化と特徴

　カルボン酸は極性が大きく，一般の有機化合物と比べて取り扱いが難しいので，カルボキシ基をエステルに変換して利用することが多く，エステル化 (esterification) は実験室でよく行う反応である。フィッシャー (Fischer) のエステル化の反応機構を示す。

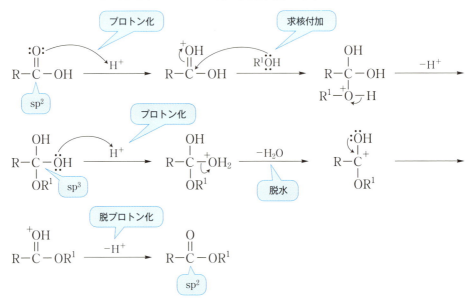

　ここで留意すべきことは，カルボニル酸素原子上にプロトン化することにより，結果としてカルボニル炭素原子上で求核的な置換反応が起こることである。カルボニル炭素原子は置換反応が起こる途中段階で sp^2 炭素原子から sp^3 炭素原子に変化し，最終的に sp^2 炭素原子に戻る。またエステルのアルコキシ基の酸素原子はカルボン酸ではなく，アルコールに由来していることも注目すべきである[*15]。

　再度，図12-3を見てみよう。色文字で示したアシル基のカルボニル炭素原子上で置換反応が起こったと見られる例がほとんどで，最初にカルボニル炭素原子上にあった置換基もしくはそのプロトン化体が優れた脱離基として脱離している。同じカルボニル基を持っていても，水素が置換したアルデヒドやアルキル基が置換したケトンはよい脱離基を持たないが，カルボン酸とその一族は優れた脱離基をカルボニル炭素上に持つので，カルボニル炭素上で求核置換反応が起こり，カルボン酸とその一族のみが多彩な相互変換を行うことができるのである。

[*15] **Don't Forget!!**
エステル基内の酸素原子はアルコール由来である。

(1) $R-\overset{O}{\underset{|}{C}}-Cl \xrightarrow{H-\ddot{O}H} R-\overset{\ddot{O}:^-}{\underset{+\overset{|}{O}H_2}{C}}-Cl \xrightarrow{-Cl^-} R-\overset{O}{\underset{|}{C}}-\overset{+}{O}H_2 \xrightarrow[\text{Base}]{-H^+} R-\overset{O}{\underset{|}{C}}-OH$

(2) $R-\overset{O}{\underset{|}{C}}-OR^1 \xrightarrow{\ddot{N}H_3} R-\overset{\ddot{O}:^-}{\underset{+\overset{|}{N}H_3}{C}}-OR^1 \xrightarrow{-R^1O^-} R-\overset{O}{\underset{|}{C}}-\overset{+}{N}H_3 \xrightarrow{-H^+} R-\overset{O}{\underset{|}{C}}-NH_2$

(3) $R-\overset{O}{\underset{|}{C}}-O-\overset{O}{\underset{|}{C}}-R^1 \xrightarrow{R^2\ddot{O}H} R-\overset{\ddot{O}:^-}{\underset{+\overset{|}{O}-H\ \ R^2}{C}}-O-\overset{O}{\underset{|}{C}}-R^1 \xrightarrow{-R^1CO_2^-} R-\overset{O}{\underset{|}{C}}-\overset{+}{\underset{H}{O}}-R^2 \xrightarrow[\text{Base}]{-H^+} R-\overset{O}{\underset{|}{C}}-O-R^2$

また，エステル化はアルコールの種類を変えるとさまざまなエステルを合成することが可能であり，酸性条件下で，エステルどうしのアルコキシ基を直接交換することもできる（エステル交換，transesterification）。

例題 12-5 酸塩化物からアミドが生成する反応機構を書きなさい。

解答 酸塩化物からカルボン酸が生成する機構とエステルからアミドが生成する機構を参考にすればよい。

$R-\overset{\ddot{O}:}{\underset{|}{C}}-Cl \xrightarrow{\ddot{N}H_3} R-\overset{\ddot{O}:^-}{\underset{+NH_3}{C}}-Cl \xrightarrow{-Cl^-} R-\overset{O}{\underset{|}{C}}-\overset{+}{N}H_3 \xrightarrow{-H^+} R-\overset{O}{\underset{|}{C}}-NH_2$

問5

(1) 酸塩化物からメチルエステルが生成する反応機構を書きなさい。

(2) 酸塩化物は非常に反応性が高い化合物で，空気中の水分とも反応して容易にカルボン酸に加水分解する。図12-3に示したように，他のカルボン酸誘導体から酸塩化物を合成する方法は限定されている。その理由を考えなさい。

メチルエステルを合成する場合にはジアゾメタン（diazomethane）を用いることもできる[*16]。この反応は非常に早く，収率も高いが，ジアゾメタンは爆発性があるので注意すべきである。

$R-\overset{O}{\underset{|}{C}}-OH + CH_2N_2 \longrightarrow R-\overset{O}{\underset{|}{C}}-OCH_3 + N_2$

[*16] **Let's TRY!**
ジアゾメタンはなぜ爆発するのだろう。また他の有機試薬で爆発性のあるものを調べてみよう。

例題 12-6 メチルエステルからエチルエステルが生成するエステル交換の反応機構を書きなさい。

解答 例題12-5の反応機構を参考にして考えると次のようになる。

$$R-\underset{\underset{}{\overset{\overset{O}{\|}}{C}}}{}-OCH_3 \xrightarrow{H^+} R-\underset{\underset{}{\overset{\overset{+OH}{\|}}{C}}}{}-OCH_3 \xrightarrow{CH_3CH_2\ddot{O}H} R-\underset{\underset{CH_3CH_2-\overset{+}{O}H}{|}}{\overset{\overset{OH}{|}}{C}}-OCH_3$$

$$\xrightarrow{-H^+} R-\underset{\underset{CH_3CH_2O}{|}}{\overset{\overset{OH}{|}}{C}}-OCH_3 \xrightarrow{H^+} R-\underset{\underset{CH_3CH_2O}{|}}{\overset{\overset{\ddot{O}H}{|}}{C}}-\overset{+}{O}CH_3 \xrightarrow{-CH_3OH} R-\underset{\underset{CH_3CH_2O}{|}}{\overset{\overset{+OH}{\|}}{C}}$$

$$\xrightarrow{-H^+} R-\underset{}{\overset{\overset{O}{\|}}{C}}-OCH_2CH_3$$

問 6

(1) プロピルエステルからメチルエステルが生成する反応機構を書きなさい。

(2) エステル交換反応は通常交換したいアルキル基を持つアルコール中で行う。その理由を説明しなさい。

エステル化の逆反応であるエステルの加水分解反応(hydrolysis)は一般に塩基性条件で行われる。この反応をけん化(saponification)と呼ぶ。けん化という用語は脂肪酸のグリセリンエステルである脂肪を水酸化ナトリウムなどの強アルカリで加水分解して，石けん[*17]である脂肪酸ナトリウムを得ることに由来している。けん化は，水酸化物イオンOH^-のカルボニル炭素への攻撃により開始され，四面体型の中間体を経て，アルコキシドイオンの脱離を伴い，エステルがカルボン酸に戻るもので，生成したカルボン酸は強塩基性条件下でカルボン酸塩となる。

[*17] **工学ナビ**
石けんは，紀元前の書物にも記録がある歴史の古い界面活性剤で，現在も日常生活に欠かせない生活用品である。水と油を混ぜる機能があることから，これをモデルにカチオン系，アニオン系，非イオン系などの界面活性剤が開発され，市販されている。

$$\begin{array}{c} H_2C-O-\overset{\overset{O}{\|}}{C}-R \\ | \\ HC-O-\overset{\overset{O}{\|}}{C}-R \\ | \\ H_2C-O-\overset{\overset{O}{\|}}{C}-R \end{array} \xrightarrow{3NaOH} \begin{array}{c} H_2C-O-\overset{\overset{:\ddot{O}:^-}{|}}{\underset{OH}{C}}-R \\ | \\ HC-O-\overset{\overset{:\ddot{O}:^-}{|}}{\underset{OH}{C}}-R \\ | \\ H_2C-O-\overset{\overset{:\ddot{O}:^-}{|}}{\underset{OH}{C}}-R \end{array} + 3Na^+ \longrightarrow$$

脂肪

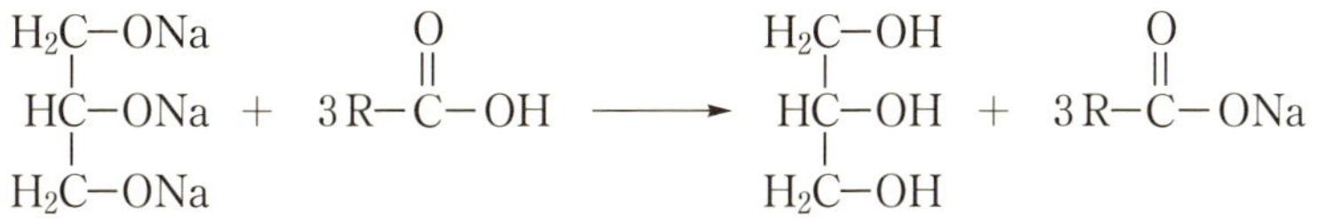

$$\begin{array}{c}H_2C-ONa\\HC-ONa\\H_2C-ONa\end{array} + 3R-\overset{O}{\underset{\|}{C}}-OH \longrightarrow \begin{array}{c}H_2C-OH\\HC-OH\\H_2C-OH\end{array} + 3R-\overset{O}{\underset{\|}{C}}-ONa$$

グリセリン　　セッケン

12-5-3 酸ハロゲン化物ができる機構

酸ハロゲン化物が生成する機構は，他の求核置換の反応機構とは多少異なる。酸ハロゲン化物の典型例である酸塩化物の塩素源としては塩化チオニル (thionyl chloride) $SOCl_2$，五塩化リン (phosphorus pentachloride) PCl_5，塩化オキサリル (oxaryl chloride) $(COCl)_2$ が用いられる。酸塩化物の生成機構の一例を次に示す。

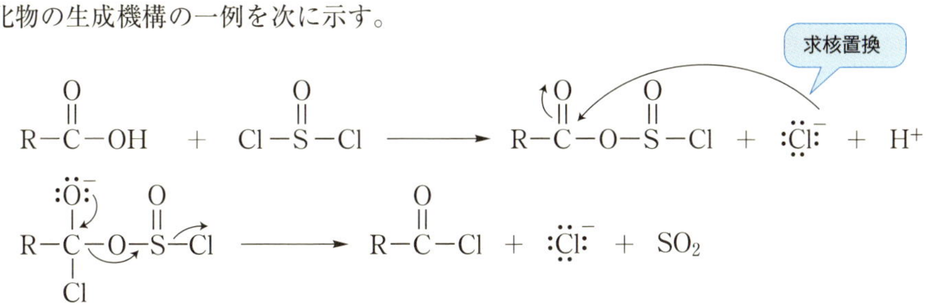

（求核置換）

$$R-\overset{O}{\underset{\|}{C}}-OH + Cl-\overset{O}{\underset{\|}{S}}-Cl \longrightarrow R-\overset{O}{\underset{\|}{C}}-O-\overset{O}{\underset{\|}{S}}-Cl + :\overset{..}{\underset{..}{Cl}}:^- + H^+$$

$$R-\overset{:\overset{..}{O}:^-}{\underset{\underset{Cl}{|}}{C}}-O-\overset{O}{\underset{\|}{S}}-Cl \longrightarrow R-\overset{O}{\underset{\|}{C}}-Cl + :\overset{..}{\underset{..}{Cl}}:^- + SO_2$$

12-5-4 アミドとイミド

カルボン酸からアミドを合成する際には，最初にカルボン酸とアミンの酸塩基反応が起こり，アンモニウム塩が生成する。アンモニウム塩は融点が高い安定な固体であるため，その脱水は高温を要することが多く，実験室での合成には向かない。そのため，実験室でのカルボン酸とアミンの優れた脱水縮合試薬として N,N'-ジシクロヘキシルカルボジイミド (N,N'-dicyclohexylcarbodiimide, DCC) がある。アミドの収率も高く，温和な条件で反応を行うことができる[*18]。

*18
Let's TRY!!
アミド結合を形成するのに重要な試薬であるが，アミド結合は他の方法では形成することはできないのだろうか。調べてみよう。

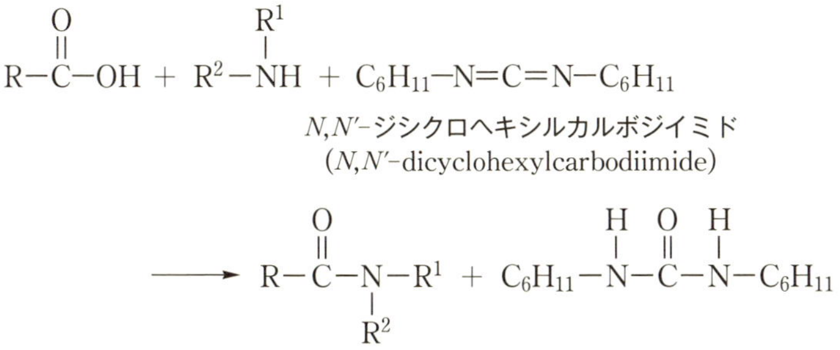

$$R-\overset{O}{\underset{\|}{C}}-OH + R^2-\overset{R^1}{\underset{|}{N}}H + C_6H_{11}-N=C=N-C_6H_{11}$$

N,N'-ジシクロヘキシルカルボジイミド
(N,N'-dicyclohexylcarbodiimide)

$$\longrightarrow R-\overset{O}{\underset{\|}{C}}-\overset{}{\underset{\underset{R^2}{|}}{N}}-R^1 + C_6H_{11}-\overset{H}{\underset{|}{N}}-\overset{O}{\underset{\|}{C}}-\overset{H}{\underset{|}{N}}-C_6H_{11}$$

アミドはカルボン酸一族の中で最も反応性が低い。アミド結合はタンパク質を構成する基本的な結合となっており，十分に安定で，生化学の分野ではアミド結合はペプチド結合と呼ばれる。窒素原子の孤立電子対の軌道がカルボニル基のπ結合と重なり合い，図12-4のような共鳴があるため，アミドのカルボニル基の反応性は著しく低く，窒素原子は塩基性を示さない[*19]。

■図12-4 アミドの共鳴

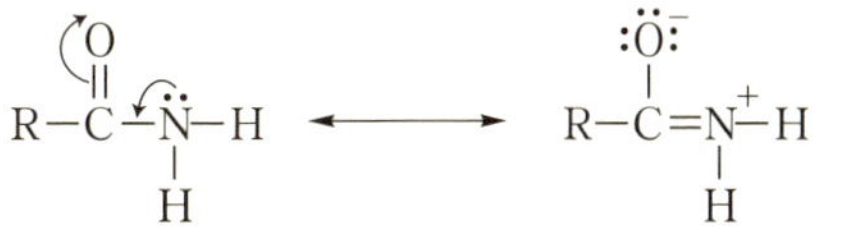

$$R-\overset{\overset{..}{O}}{\underset{\|}{C}}-\overset{H}{\underset{\underset{H}{|}}{N}}-H \longleftrightarrow R-\overset{:\overset{..}{O}:^-}{\underset{\|}{C}}=\overset{H}{\underset{\underset{H}{|}}{N^+}}-H$$

*19
Don't Forget!!
アミド結合内のカルボニル基は反応性が低い。

アミドの炭素－窒素結合には二重結合性があることから，アミド構造は平面性を持っている。そのために炭素－窒素結合は単結合よりも短く，軸回りの回転は制限されている。さらにアミドはその分極構造からカルボニル基の酸素原子と窒素原子上の水素原子の間で容易に水素結合を作るため高極性化合物であり，同じ分子量を持つ他の化合物よりも沸点は高くなる[20]。

酸無水物の窒素類縁体にアミド構造を含むイミド（imide）と呼ばれる化合物がある[21]。イミドは酸無水物とアミン，またはアミドとカルボン酸から合成でき，フタルイミド（phthalimide）は第一級アミンを合成するガブリエル（Gabriel）合成の原料となる[22]。

[20] **Don't Forget!!**
アミド構造は平面性を持っている。

[21] **工学ナビ**
ポリイミドは高分子材料の中でも耐熱性に優れ，宇宙材料，エレクトロニクス基板など，用途が多い。

[22] **ヒント**
ガブリエル合成は14章で説明する。

12-5-5 カルボン酸一族のグリニャール反応と還元反応

表12-2にカルボン酸一族のグリニャール反応と還元反応について示す。近年の研究では反応系に添加物や補助試薬を加えたり，反応試薬の金属を変えたりすると結果が変わる例も多く報告されている。

またカルボン酸誘導体の構造によっては結果が異なるものもあり，表12-2は一般的な反応結果である。この表で注目すべき点は，アミドとニトリルのヒドリド（hydride, H^-）還元ではアミンが生成することと，ニトリルのグリニャール反応でケトンが生成することである。エステルのグリニャール反応では，グリニャール試薬は2当量反応して中間に生成するケトンを得ることは難しいが，ニトリルのグリニャール反応ではケトンを選択的に得ることができる[23]。

[23] **ヒント**
ケトンの反応は11章で確認しよう。

[24] **プラスアルファ**
酸無水物の反応はあまり用いられないので省略した。

表12-2 主要なカルボン酸一族の反応の比較[24]

	R－COCl	R－CO$_2$R^1	R－CO$_2$H	R－CONH$_2$	R－C≡N
R^{2}MgX	R－C(R^2)(R^2)－OH	R－C(R^2)(R^2)－OH	NP	NP	R－CO－R^2
LiAlH$_4$	R－CH$_2$OH	R－CH$_2$OH	R－CH$_2$OH	R－CH$_2$NH$_2$	R－CH$_2$NH$_2$
(BH$_3$)$_2$	NP	R－CH$_2$OH	R－CH$_2$OH	R－CH$_2$NH$_2$	R－CH$_2$NH$_2$
NaBH$_4$	R－CH$_2$OH	－	－	－	－

NP：反応として実践的ではない組み合わせ　－：一般的に反応しない

演習問題　A　基本の確認をしましょう

12-A1　エステルを水酸化ナトリウム水溶液と反応させるとどのようになるか，この反応は可逆か不可逆か反応式で書きなさい。

12-A2　酸塩化物とアミンからアミドを合成する際にはアミンを過剰に用いないと収率は低下する。その理由を説明しなさい。

12-A3　酢酸の沸点（118 ℃）は分子量の大きい酢酸メチルの沸点（57 ℃）よりもはるかに高い。その理由を説明しなさい。

12-A4　無水酢酸の工業的な合成法にケテン（$CH_2=C=O$）と酢酸を用いる方法がある。この反応機構を示しなさい。

12-A5　エステルの加水分解では最初のプロトン化はカルボニル基の酸素上で起こる。なぜアルコキシ基の酸素上では起こらないのかを説明しなさい。

演習問題　B　もっと使えるようになりましょう

12-B1　無水酢酸と安息香酸から酸無水物交換が可能で，酢酸と無水安息香酸ができる。この反応を円滑に進行させるための条件を示しなさい。

12-B2　次の環状酸無水物とアルコール1分子の反応の主生成物を答えなさい。

12-B3　AからEの化合物の構造を書いてスキームを完成させなさい。

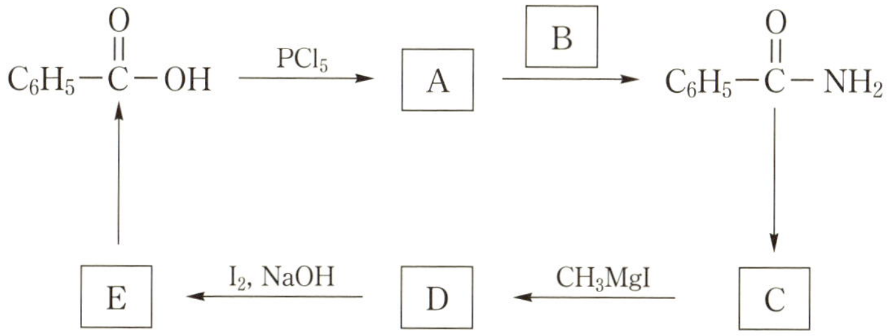

12-B4　なぜニトリルはエステルと異なりグリニャール反応でケトンを生成するのか。反応式を書いて説明しなさい。

12-B5　あるアミノ酸を脱水反応によりアミドに変換し，水素化アルミニウムリチウムで還元して，右のアミンを主生成物として得た。元のアミノ酸の構造を書きなさい。

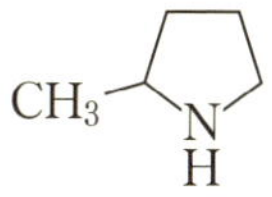

あなたがここで学んだこと

この章であなたが到達したのは
- □ カルボン酸とその誘導体の命名ができる
- □ カルボン酸の酸性度について，その特徴を説明できる
- □ カルボン酸の合成方法を説明できる
- □ カルボン酸誘導体のカルボニル炭素上での求核置換反応を説明できる
- □ カルボン酸誘導体の反応と相互変換について説明できる

カルボン酸誘導体の性質，反応性を熟知することによって，医薬品・香料のような物質や高分子材料など，我々の生活を直接豊かにするさまざまな化合物の合成を行うために，どのカルボン酸誘導体をどう利用すればよいのかを考えることができるようになるのである。カルボン酸一族は合成化学者，材料化学者にとって必須アイテムであるから，学生諸君は将来こうした反応を縦横に活用して有機合成に取り組んでいるかもしれない。

蟻から酸が得られるよ！

13章

エノラートのアルキル化

イブプロフェンはアスピリンと同様な働きを持つ抗炎症剤として広く使用されているカルボン酸誘導体である。この化合物を合成する一つの経路は，カルボニル基の α 位の炭素にアルキル基を導入する方法である。

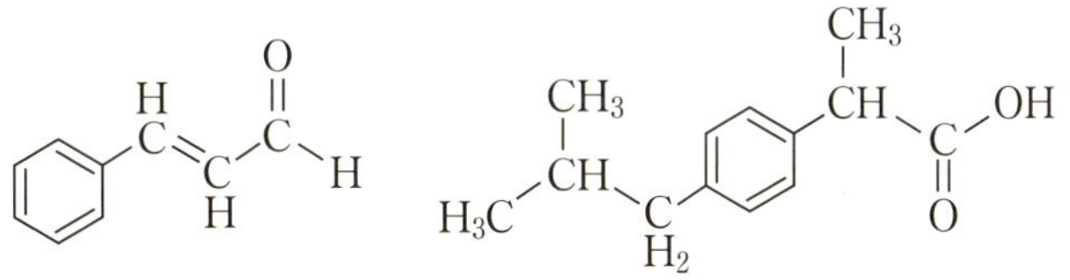

シンナムアルデヒド　　　　イブプロフェン

この種の反応を用いて，エストロンなどのステロイド誘導体やエリスロマイシンなどのマクロライド系抗生物質などがこれまでに合成され，有機合成化学が目覚ましい進歩を遂げたと同時に我々の生活に大きな恩恵をもたらした。

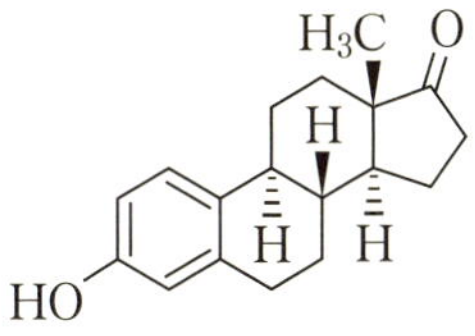

エストロン 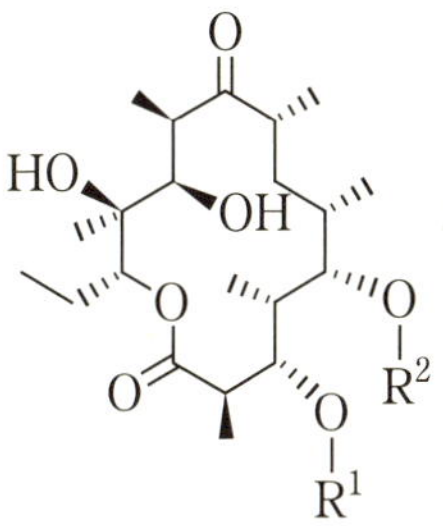　　　　エリスロマイシン　　$R^1, R^2 =$ 糖誘導体

現代の有機合成化学は，希望する位置に，希望する官能基を，希望する立体化学で導入することを目的としている。ここでは，その基礎となる化学を学習する。

●この章で学ぶことの概要

この章では，カルボニル基の α 炭素上で起こる反応に焦点を当てる。この反応はカルボニル化合物が求核剤として働き，求電子剤と反応して新しい結合を生成する。すなわち，この反応では α 位の水素原子が求電子剤により置換される。

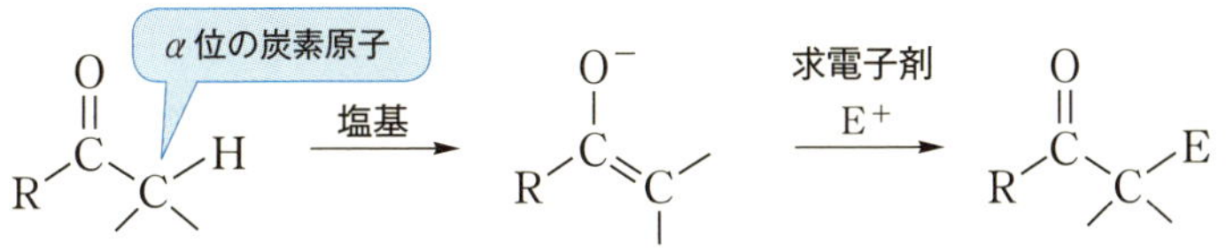

予習 授業の前にやっておこう!!

1. 共鳴混成体および電荷の非局在化による安定性（4章および10章）

   次に示すカルボカチオンの共鳴混成体を示しなさい。ただし，電子の移動を示す矢印を必ず使うこと。

   (1) $CH_2=CH-CH=CH_2 \xrightarrow{H^+} CH_2=CH-\overset{+}{C}H-CH_3 \longleftrightarrow [\quad]$

   (2) ベンゼン $\xrightarrow{NO_2^+}$ （NO₂付加カチオン中間体） $\longleftrightarrow [\quad] \longleftrightarrow [\quad]$

2. ハロゲン化アルキルの求核置換反応（7章）およびケトンへの求核付加（11章）

   次の反応の生成物を示しなさい。

   (1) $CH_3CH_2\underset{Br}{C}HCH_3$ + NaOCH₃ ⟶

   (2) $CH_3CH_2\underset{O}{\overset{\|}{C}}CH_3$ + CH₃MgBr ⟶

13　1　ケト-エノール互変異性

*1
Don't Forget!!
α炭素とは？
カルボニル基に隣接する炭素原子を指す。

*2
＋α プラスアルファ
エノール enol = ene + ol

α炭素[*1]上に水素原子を持つカルボニル化合物は対応する**エノール異性体**に速やかに変換される。これは**ケト-エノール互変異性**と呼ばれる変換であり，水素原子の移動により起こる可逆反応である。一般にカルボニル化合物はケト形として存在している。アセトンは室温で0.000001 %のエノール形を含むだけである[*2]。

$$H_3C-\underset{O}{\overset{\|}{C}}-CH_3 \rightleftarrows H_3C-\underset{OH}{C}=CH_2$$

ケト互変異性体　　　　　エノール互変異性体

カルボニル化合物のケト-エノール互変異性化は酸でも塩基でも触媒される。酸触媒では，まずカルボニル酸素がプロトン化され，より反応性の高いオキソニウムイオン中間体が生成する。これは，11章ですでに学習したとおりである。ついで，これがα位の水素原子を失いエノールが生成する。塩基触媒では，カルボニル基の存在により，酸性となったα位の水素原子が塩基により引き抜かれ，共鳴安定化されたエノ

ラートイオンが生じ，これがプロトン化されてエノラートが生成する。後述のアルキル化などの反応では，この塩基触媒による反応が基本となる。

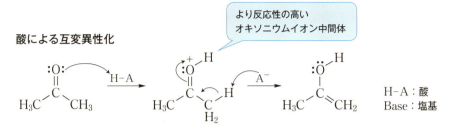

酸による互変異性化

より反応性の高いオキソニウムイオン中間体

H–A：酸
Base：塩基

塩基による互変異性化

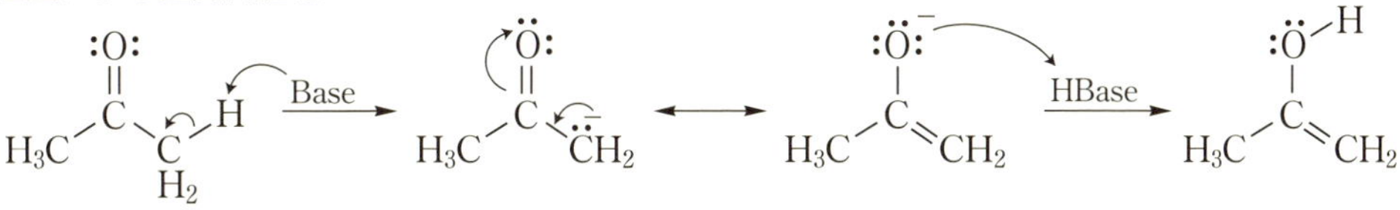

> **例題 13-1** 右のケトンのエノール互変異性体の構造を書きなさい。

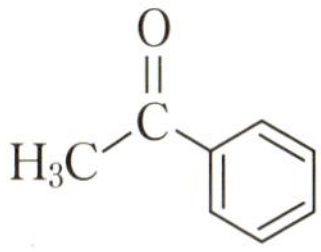

解答 エノールとは，下図のような基本構造を持つ化合物である。まず，カルボニル基のα水素原子を取り除き，2つの炭素原子の間に二重結合を作る。そして取り除いた水素原子をカルボニル酸素上に結合させてアルコールとする。

エノールの基本構造：

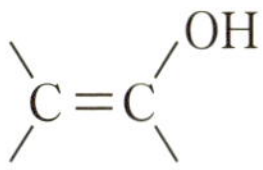

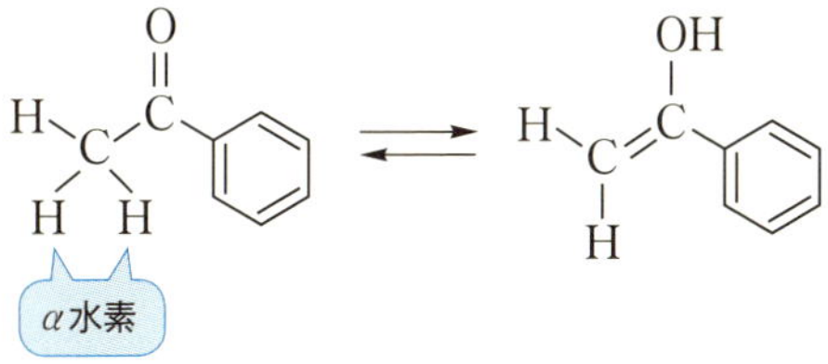

α水素

エノール互変異性体

問1 次の化合物のエノール互変異性体の構造を書きなさい。

(1) 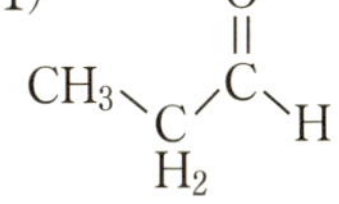   (2) 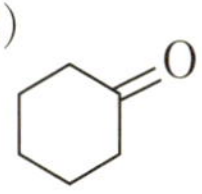   (3)

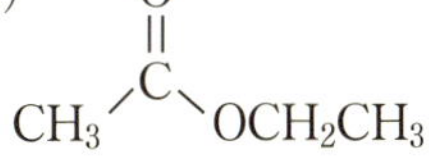

α水素原子の酸性度

エタンの水素原子は$pK_a \fallingdotseq 60$であるが，アセトンのαプロトンは$pK_a = 19.3$であり，カルボニル基の存在によりプロトンの酸性度が約10^{40}倍増加する。

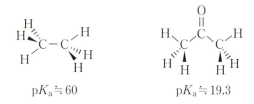

この理由は,アルコールおよびカルボン酸の性質で学習したように,プロトンが脱離して生成したアニオンの共鳴安定化により説明できる。すなわち,アセトンのα水素が塩基により引き抜かれて生成したカルボアニオン(カルバニオン)はカルボニル基との共鳴により安定化される。

*3
工学ナビ
エノラートイオンとは,エノール異性体の酸素原子が負電荷を帯びたものである。
酸性度は共鳴安定化を受けて負電荷が非局在化することで強くなる。

α水素が2つのカルボニル基にはさまれると,そのプロトンの酸性度はより強くなる。1,3-ジケトンから発生するエノラートイオンは隣接する2つのカルボニル基による**共鳴安定化を受け,負電荷が非局在化する**からである[*3]。

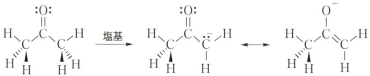

例題 13-2 右のケトンから脱プロトン化して生成するエノラートイオンを書きなさい。

解答 まず,α水素原子を取り去り,カルバニオンを作る。次に電子2個を移動させて酸素上をアニオンとする。ただし,E/Z異性体は考えないこととした。

問2 次の化合物から生成するエノラートイオンを示しなさい。

(1) $H_3C-CO-OCH_2CH_3$ (2) 2-メチルシクロヘキサノン

13　2　エノラートイオンの反応

カルボニル化合物と塩基との反応により発生した**エノラートイオン**は，**電子豊富であり，求核剤として反応する**。ハロゲン化アルキルとの反応は S_N2 反応であるため，立体障害の小さいハロゲン化アルキルと円滑に進行し，α炭素上に新しい炭素－炭素結合が生成する。

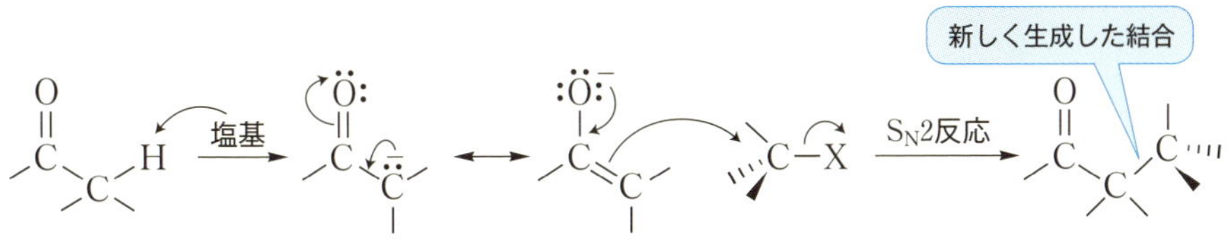

マロン酸エステル合成は，マロン酸ジエチルのα炭素上にアルキル基を持つカルボン酸へ変換する優れた方法である。

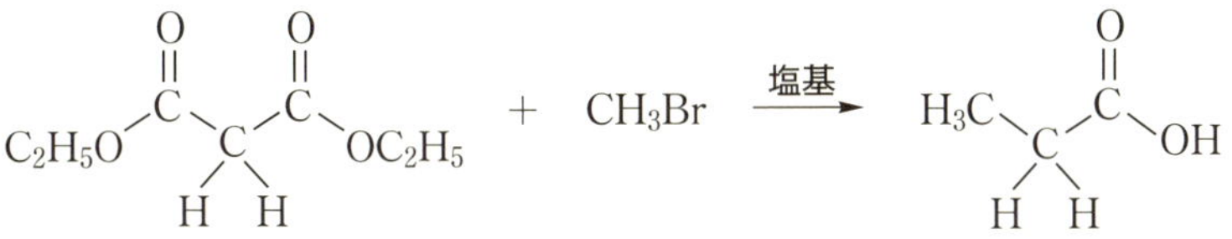

マロン酸ジエチルのα水素原子は，2つのカルボニル基にはさまれているので比較的酸性が強く，ナトリウムエトキシドなどの塩基により容易に引き抜かれる。生成したエノラートイオンはハロゲン化アルキルと反応してα置換マロン酸エステルを与える。これを酸性条件下で加熱すると，加水分解および脱炭酸を経由してα置換カルボン酸が得られる。

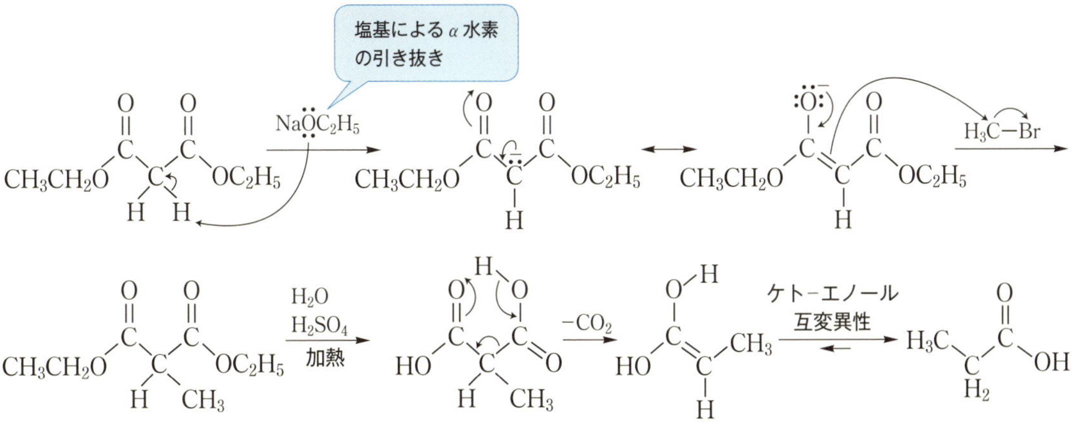

例題 13-3 マロン酸エステル合成を用いて，次のカルボン酸を合成するために必要なハロゲン化アルキルを示しなさい。

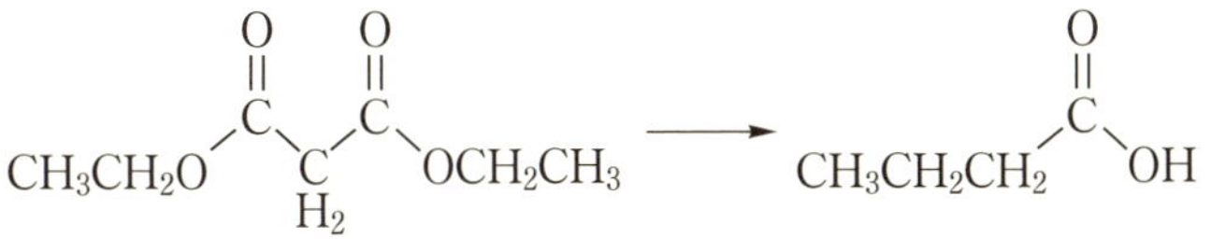

解答 生成物のカルボン酸の骨格の中，マロン酸エステル由来の骨格を確認し，新しく生成した炭素 − 炭素結合の位置と必要なアルキル基を考える。

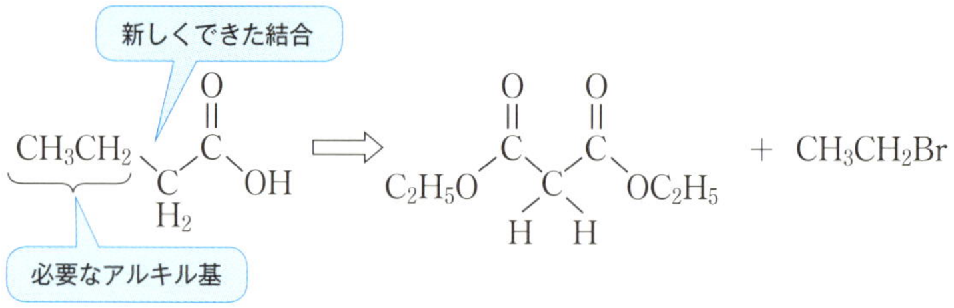

$$CH_3CH_2-CH_2-C(=O)OH \implies C_2H_5O-C(=O)-CH_2-C(=O)-OC_2H_5 + CH_3CH_2Br$$

（新しくできた結合／必要なアルキル基）

問 3 例題 13 − 3 のマロン酸エステル合成の反応機構を示しなさい。

13.3 エノラートイオンの位置選択的生成

エノラートおよびエノラートイオン生成において学習したように，**非対称ケトンからはエノラートの位置異性体が生成**する。これは α 位と α' 位の水素原子の塩基による引き抜きにより生じる。これらを選択的に合成する方法の開発は有機合成的に重要であり，精力的に研究されてきた。

室温でナトリウムアルコキシドなどの塩基により脱プロトン化すると**熱力学支配エノラート**と呼ばれる置換基の多い二重結合を含むエノラートが生成する。このエノラートは不安定であるが，クロロトリメチルシランを用いて安定なシリルエーテルに誘導することにより，その構造および生成比が確認できる。すなわち，2 種類のエノラートの間にプロトン源となるケトンが存在すると平衡混合物が生成し，それが室温で長時間経過すると平衡は安定な方向に偏って，熱力学的により安定なエノラートが主生成物となる。

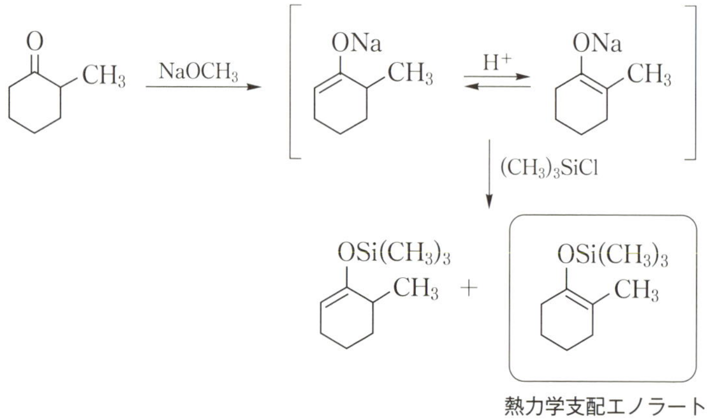

*4
工学ナビ
リチウムジイソプロピルアミド（lithium diisopropylamide, LDA または $LiNPr_2^{iso}$ などと記す）

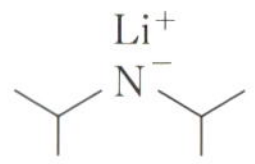

$LiNPr_2^{iso}$

かさ高い強塩基として利用される。

（反応スキーム：2-メチルシクロヘキサノン + $NaOCH_3$ → 2 種のエノラート（ONa）の平衡 → $(CH_3)_3SiCl$ → 2 種のシリルエノールエーテル $OSi(CH_3)_3$，右側が熱力学支配エノラート）

一方，低温（−78 ℃）でかさ高い強塩基であるリチウムジイソプロピルアミド*4 を用いて脱プロトン化すると，置換基の少ない二重結合を含む**速度論支配エノラート**が生成する*5。これをクロロトリメチルシランを用いて捕獲すると，安定なエノールシリルエーテルが得られる。

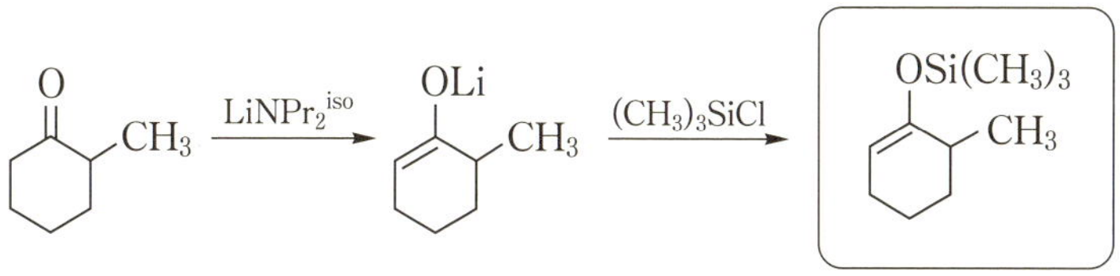

*5 **工学ナビ**
反応温度を低くして強塩基を用いると，置換基が少なく，立体的に混み合っていない炭素原子上のプロトンがより速く引き抜かれる。プロトン源となるケトンが残らないようにすると平衡が起こらず，速度論支配エノラートが得られる。

速度論支配エノラート

13-4　エナミンを用いるアルキル化

第二級アミンをカルボニル化合物と反応させると，エナミンが生成する。この反応は，アミンのカルボニル基への求核付加により生成するアミノアルコールから，カルボニル基のα水素であった水素と水酸基が脱水することにより進行する。

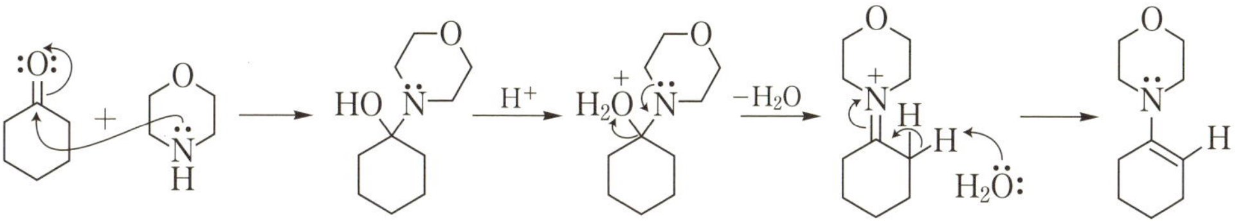

エナミン

エナミンはエノラートの窒素類縁体であり，ハロゲン化アルキルと反応してα炭素がアルキル化された生成物を与える。これを酸性水溶液で処理すると第二級アミンの脱離を伴い，α置換ケトンが生成する*6。

*6 **プラスアルファ**
この反応が，強塩基存在下でのハロゲン化アルキルによるケトンのアルキル化反応と異なるのは，多アルキル化が起こらないことである。

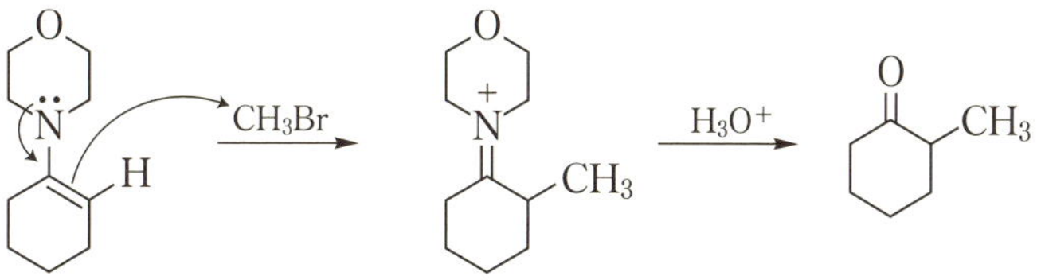

アルデヒドから生成したエナミンのアルキル化も同様に進行し，α置換アルデヒドが生成する。この反応はアルデヒドのα位のアルキル化反応とみなすことができる。通常，塩基存在下アルデヒドの直接アルキル化は困難なため，この反応はエナミンの特徴的な反応である。

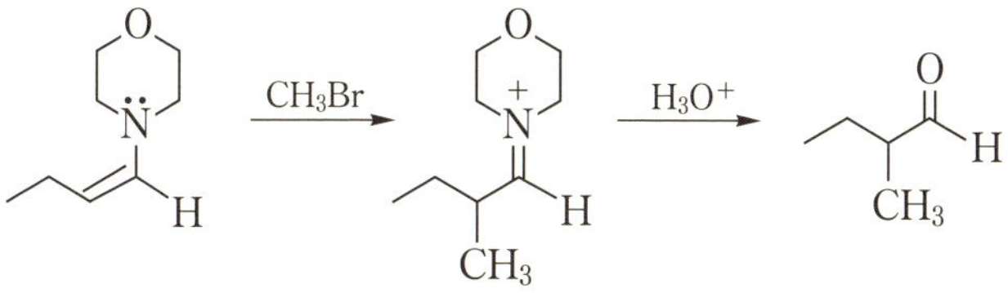

13.5 カルボニル化合物の縮合反応

13-5-1 アルドール反応（Aldol reaction）[7]

エノラートイオンと別のカルボニル化合物との反応では，一方のカルボニル化合物は求核剤として働き，もう一方は求電子剤として働いて新しい炭素−炭素結合が生成する。

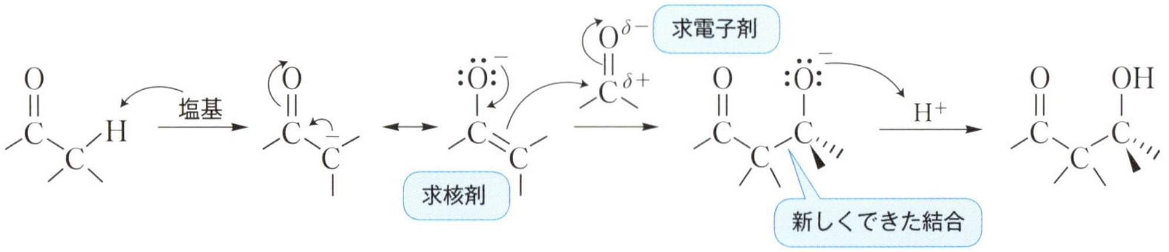

塩基存在下，プロパナールの2つの分子が互いに反応すると，アルドール生成物（β-ヒドロキシカルボニル化合物）が生成する。

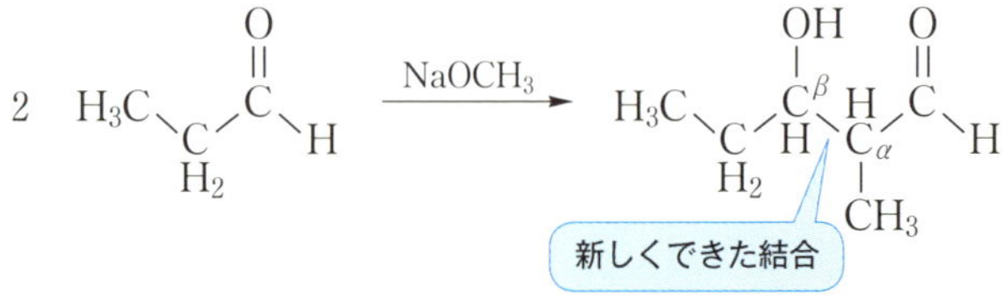

この反応は次のように進行する。まず，塩基によりα水素が引き抜かれてエノラートイオンが生成する。この求核的なエノラートイオンが，もう1分子のアルデヒドの求電子的なカルボニル炭素を攻撃して新しい炭素−炭素結合が生成する[8]。最後にアルコキシドイオンがプロトン化されてβ-ヒドロキシカルボニル化合物が生成する。

[7] **Let's TRY!!**
日本人化学者の名前が反応につく例も数多く見られる。向山アルドール反応は代表的な反応だろう。ほかに日本人の名前がついている反応はどういうものがあるか調べてみよう。

[8] **Don't Forget!!**
エノラートイオンは反応性が高いため，カルボニル基と反応することを知っておこう。

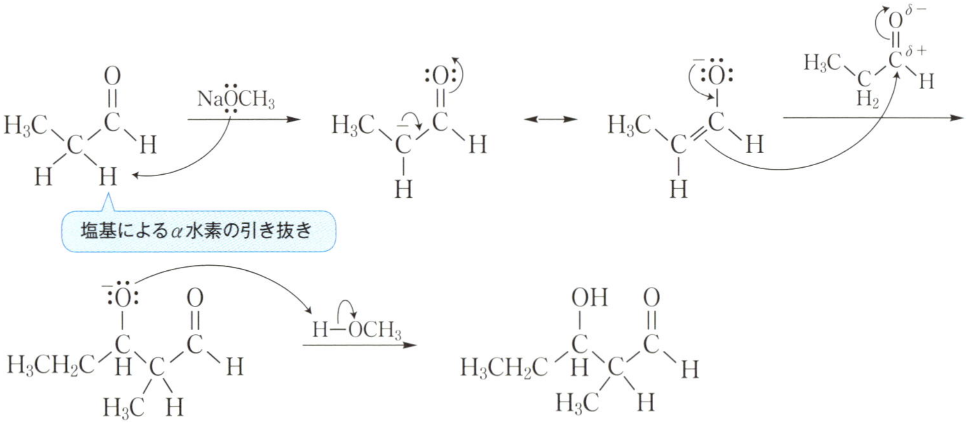

アルドール反応で生成するβ-ヒドロキシカルボニル化合物は，容易に脱水反応を起こし，α,β-不飽和カルボニル化合物を与える。この反応は，塩基により生成するアニオン中間体を経由して進行する。

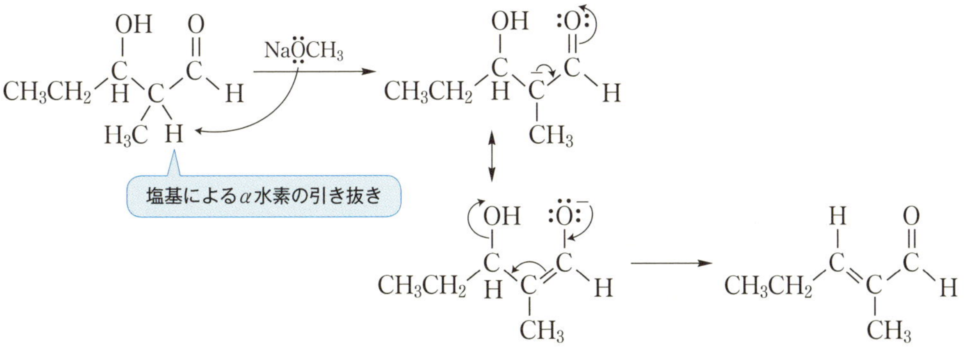

ジカルボニル化合物の**分子内アルドール反応**により，五員環および六員環のカルボニル化合物が合成できる。この反応は，すでに述べた塩基触媒によるアルドール反応および脱水反応と同じ機構で進行する。

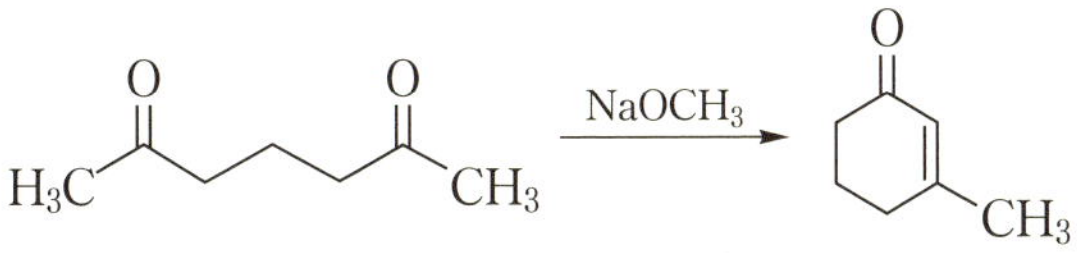

しかし，生成可能なエノラートは2種類あることに注意が必要である。プロトンaおよびプロトンbを引き抜くことにより，アニオンAとBが生成する。アニオンAからは六員環が生成するが，アニオンBからは四員環となる（実際には生成しない）[*9, *10]。

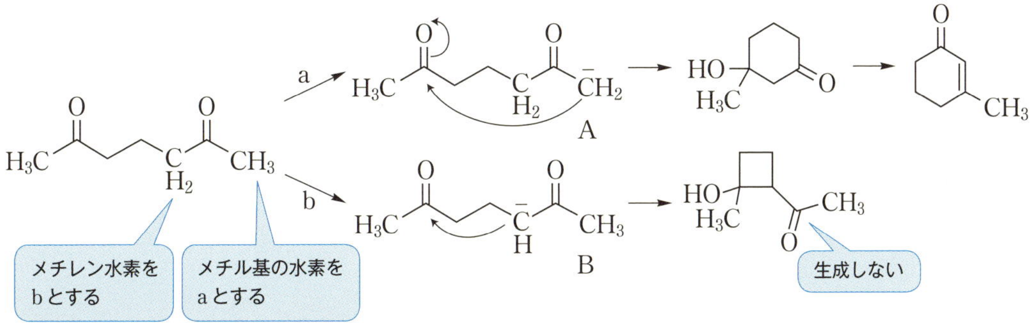

*9
Let's TRY!
分子模型を利用して生成物を作ってみよう。環の大きさは何員環が安定なのかも調べてみよう。

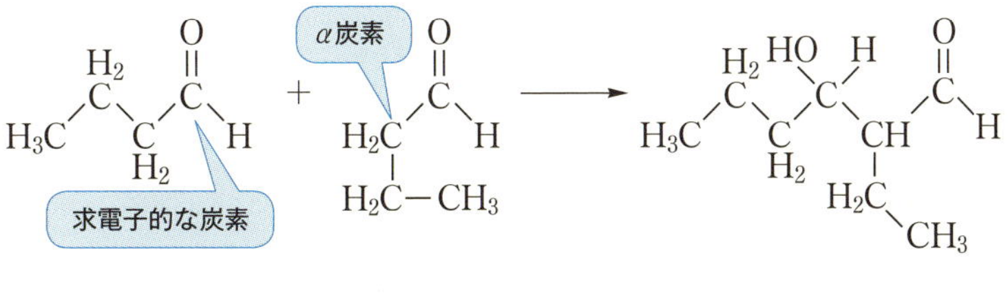

*10
＋α プラスアルファ
四員環は歪みが大きいため生成せず，より安定な六員環が優先的に生成する。

例題 13-4 右のアルデヒドのアルドール生成物を示しなさい。

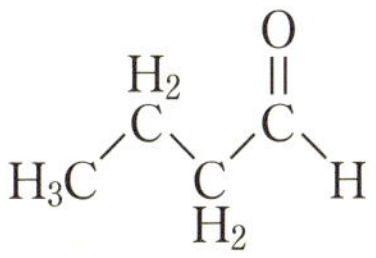

解答 一方のアルデヒドの求電子的なカルボニル炭素と，もう一方のアルデヒドのα炭素の間に新しい結合を作ればよい。

13-5 カルボニル化合物の縮合反応

問4 次の化合物のアルドール生成物を示しなさい。

(1) 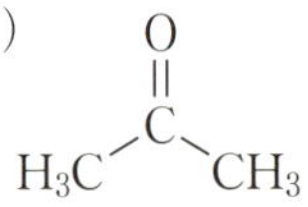 アセトン (H₃C-CO-CH₃) (2) 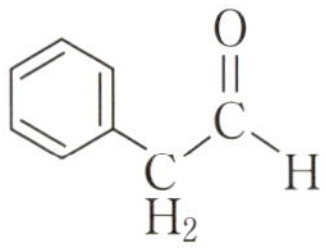 フェニルアセトアルデヒド (PhCH₂-CHO) (3) 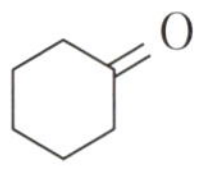 シクロヘキサノン

13-5-2 クライゼン縮合 (Claisen condensation)

α水素を持つエステルを塩基で処理すると，2つのエステル間で縮合反応が起こり，β-ケトエステルが生成する。この反応はクライゼン縮合と呼ばれ，酢酸エチルを塩基で処理するとアセト酢酸エチルが得られる。

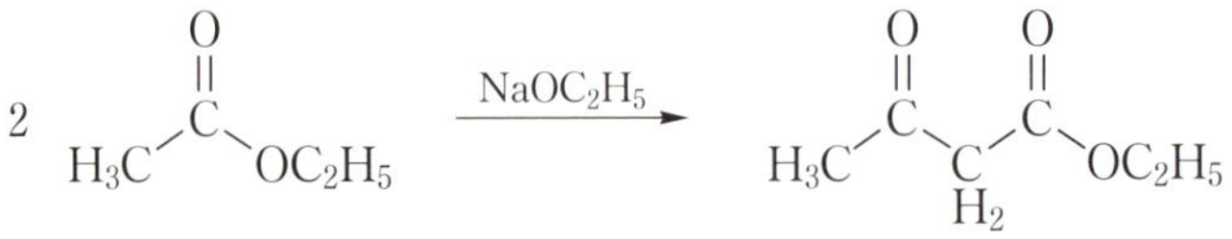

$$2\ \text{CH}_3\text{COOC}_2\text{H}_5 \xrightarrow{\text{NaOC}_2\text{H}_5} \text{CH}_3\text{COCH}_2\text{COOC}_2\text{H}_5$$

クライゼン縮合は，エノラートイオンが求核剤として働くエステルへの求核置換反応である。

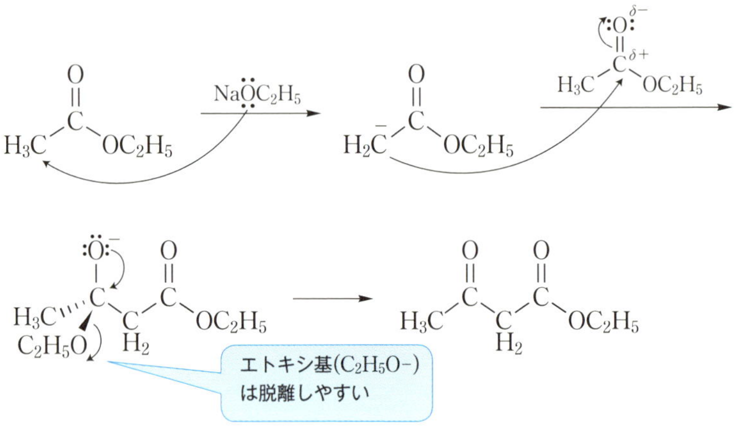

（反応機構の図）

エトキシ基 (C_2H_5O-) は脱離しやすい

例題 13-5 右のクライゼン縮合生成物を示しなさい。

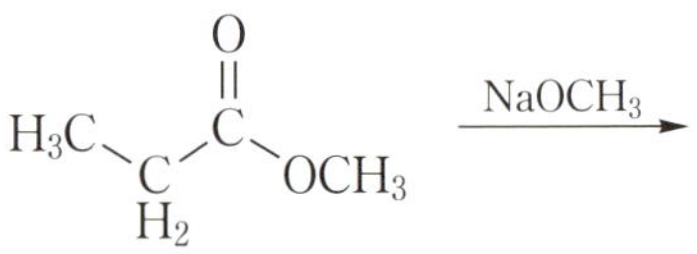

$$\text{H}_3\text{C-CH}_2\text{-COOCH}_3 \xrightarrow{\text{NaOCH}_3}$$

解答 一方のエステルの求電子的なカルボニル炭素と，もう一方のエステルのα炭素の間に新しい結合を作り，求核攻撃されたエステルのアルコール部位を脱離させればよい。

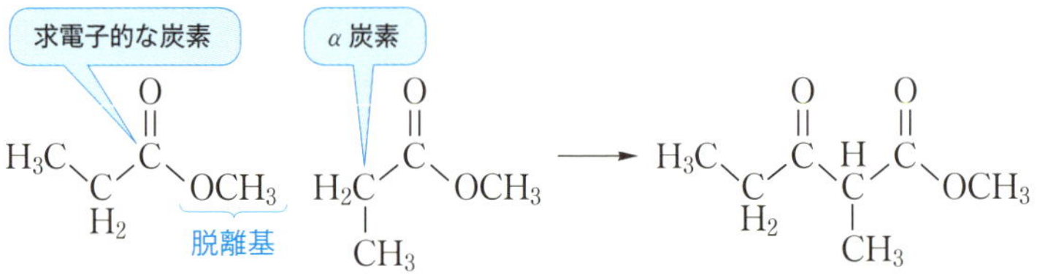

求電子的な炭素　α炭素
脱離基

問5 例題13-5の反応機構を示しなさい。

13-5-3 マイケル付加（Michael addition）

一般に，カルバニオンのエノンへの共役付加（1,4-付加）はマイケル付加反応と呼ばれる。塩基存在下，アセト酢酸エチルとエノンとの反応は，次のようなカルボニル化合物を与える。

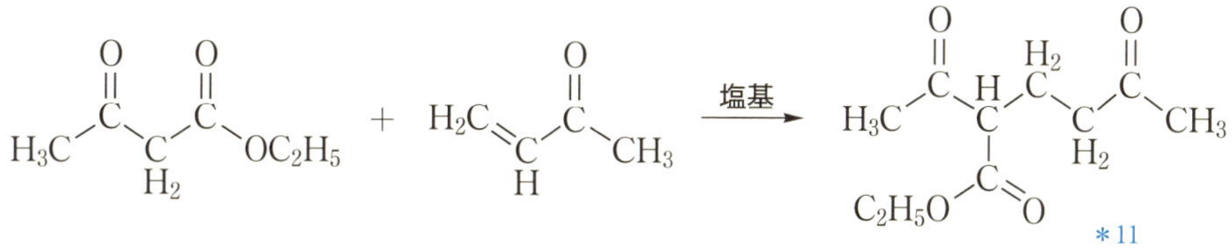

共役エノンの求電子的な炭素の存在に注意すれば，この反応の理解は困難ではない。すなわち，次のような共鳴によりβ位の炭素原子が最も求電子的となる。この炭素原子にアニオンが攻撃した後，ケト-エノール互変異性により共役付加生成物が得られる*11。

*11 Let's TRY!
環形成反応として，創薬分野で重要なロビンソン環化反応についても調べてみよう。
WebにLink

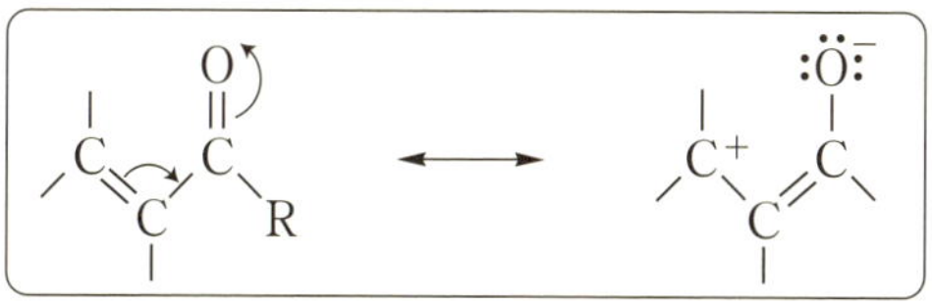

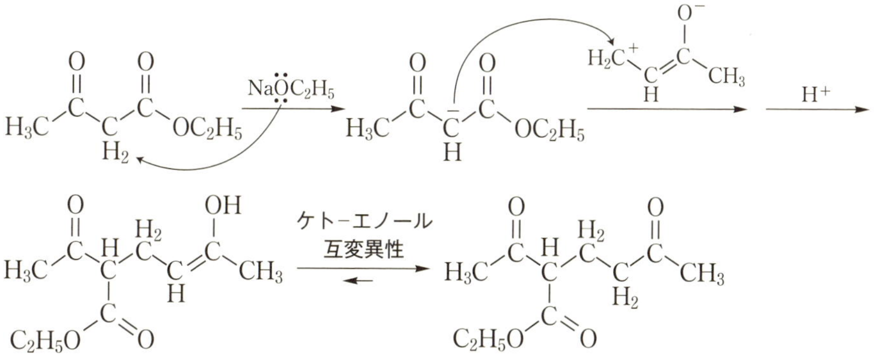

演習問題 A　基本の確認をしましょう

13-A1 次の化合物には2つの異なるエノール互変異性体が存在する。それらを示しなさい。

(1) $H_3C-CO-CH_2-CH_3$ の構造式

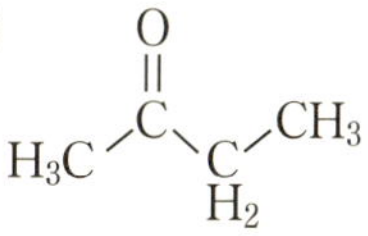

(2) 2-メチルシクロヘキサノンの構造式

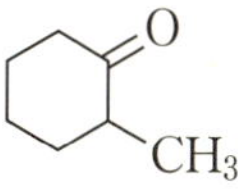

13-A2 3-オキソブタン酸エチル（アセト酢酸エチル）の最も酸性なプロトンの脱離により生成するエノラートイオンの共鳴式を書きなさい。

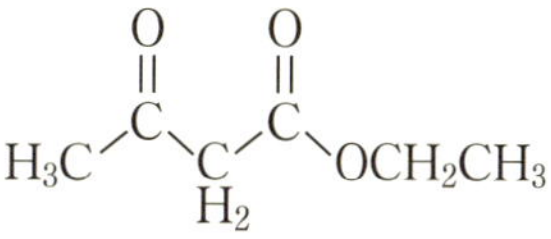

13-A3 アセト酢酸エステル合成は，3-オキソブタン酸エチル（アセト酢酸エチル）からマロン酸エステル合成と類似の経路でα炭素にアルキル基を持つケトンに変換する方法である。次の化合物を合成するために

必要なハロゲン化アルキルの構造を書き，その反応機構を示しなさい．

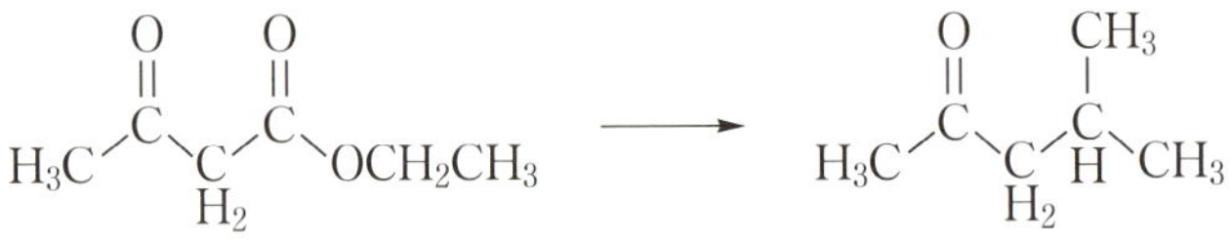

$$\text{H}_3\text{C}-\overset{\overset{\text{O}}{\|}}{\text{C}}-\overset{}{\underset{\text{H}_2}{\text{C}}}-\overset{\overset{\text{O}}{\|}}{\text{C}}-\text{OCH}_2\text{CH}_3 \longrightarrow \text{H}_3\text{C}-\overset{\overset{\text{O}}{\|}}{\text{C}}-\underset{\text{H}_2}{\text{C}}-\overset{\overset{\text{CH}_3}{|}}{\underset{\text{CH}_3}{\text{C}}}-\text{CH}_3$$

演習問題 B　もっと使えるようになりましょう

13-B1　次に示すエナミンのアルキル化により得られたイミニウム塩と酸性水溶液との反応によるα-アルキルケトン生成の機構を示しなさい．

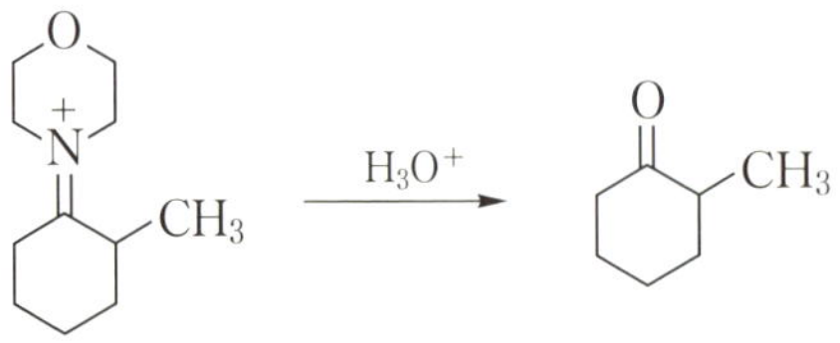

13-B2　次の分子内アルドール反応の機構を示しなさい．

13-B3　次のマイケル付加生成物を示しなさい．

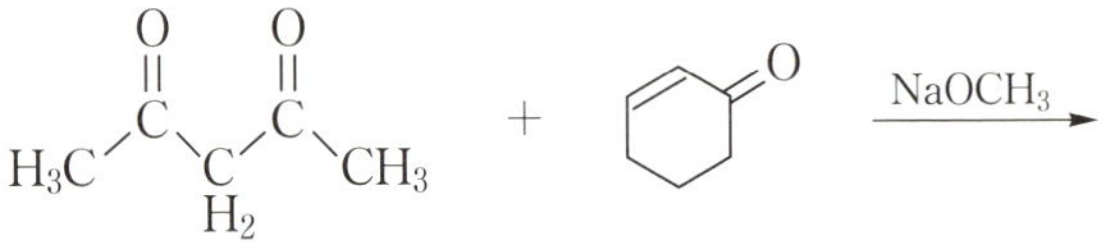

あなたがここで学んだこと

この章であなたが到達したのは
- □ α位の水素原子が酸性である理由が説明できる
- □ エノラートイオンと求電子剤との反応による生成物を示すことができる
- □ マロン酸エステル合成およびアルドール反応の反応機構を示すことができる
- □ クライゼン縮合およびマイケル付加反応の反応機構を示すことができる

有機化学の反応は一見複雑そうに見えるが，その本質は単純である．すなわち，電子移動に関するいくつかの約束ごとをまず理解し，それらを論理的に組み合わせれば，ほとんどの反応を理解することができる．目先のことにとらわれず，「基礎的なこと」を身につけて，化学の現象や科学の本質についてじっくり考える習慣を身につけてほしい．

14章

アミンとヘテロ環化合物

アミンは塩基性であり，有機塩基（base）としてさまざまな有機反応に利用される。その官能基であるアミノ基は我々の身のまわりの物質に多く利用されている。たとえば，染料である。染料は古代より人々の生活と密接に関係している。エジプトのミイラの着衣にはインジゴによって染められた着衣が発見されるなど，歴史は古い。当時の人々は染料に含まれる化学構造に窒素原子が含まれていることは知らなかっただろう。また，生体におよぼす活性物質（生体関連物質）にも多く含まれている。マラリアの特効薬として有用であるキニーネは世界で多くの人の命を救っている。キニーネはキナの樹の樹皮から単離された。そして，世界初の抗生物質として有名なペニシリンは，アオカビの学名にちなんで名付けられたもので，感染症から多くの人を救った歴史を持っている。

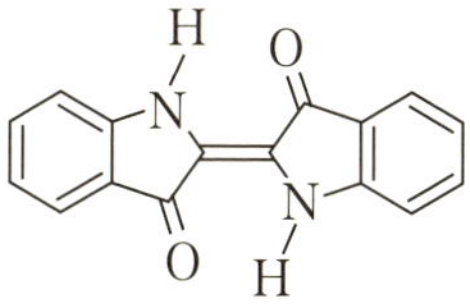

インジゴ
(indigo)

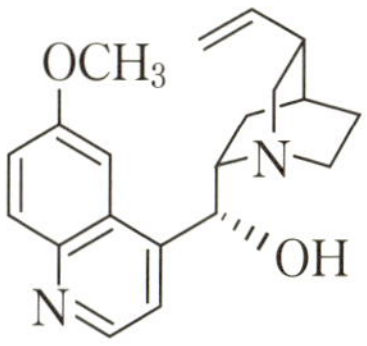

キニーネ
(quinine)

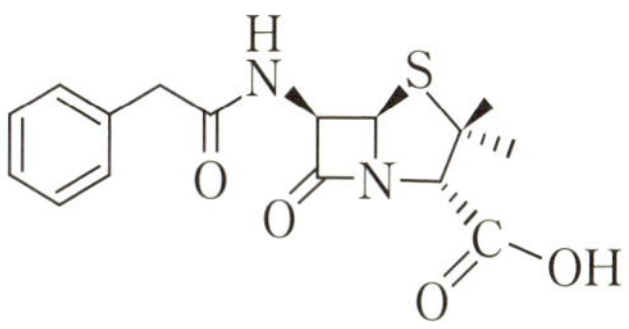

ペニシリン G
(penicillin G)

● この章で学ぶことの概要

　窒素原子を含む代表的官能基であるアミノ基は塩基性を示し，アミノ基を有する化合物をアミンと称している。窒素原子には孤立電子対が1対存在し，それが関係する反応は生体で生じる反応を理解するためには重要である。アミドはアミノ基とカルボキシ基から生成する中性の化合物である。さらに，天然物や医薬品の構造にも含まれ，環構造中の1つ以上の炭素原子が，窒素や酸素といったヘテロ原子で置き換わったヘテロ環化合物の構造と性質について学ぶ。

> **予習　授業の前にやっておこう!!**
>
> アミンは窒素原子を含む有機化合物である。そのため，窒素原子の電子配置に基づく窒素化合物の電子配置や立体構造を考えられるように準備しておくことは重要である。またアミンは塩基性でもあり求核剤にもなりうる。求核置換反応は，アミンの合成や反応で多く見られるので，復習をしておこう。

1. アミンは窒素原子を含む有機化合物である。窒素原子の電子配置を書き，炭素原子との違いを確認しなさい。
2. アンモニアの電子配置を書き，アンモニアが塩基性を示す理由を考察しなさい。
3. アミンは有機化合物では数少ない，塩基性を示す官能基である。酸性を示す官能基についてもまとめてみよう。またアミンと酸性を示す有機化合物の混合物を分離する方法を考えてみよう。

14

1 アミンの命名

アミン窒素原子にアルキル基あるいはアリール基が結合した化合物で，窒素原子上に置換している数により第一級アミン，第二級アミン，第三級アミンに分けられる。第三級アミンがさらにアルキル化されると第四級アンモニウム塩を生じる[*1]。アルキル基が窒素原子に置換しているとき脂肪族アミンに分類され，アリール基が窒素原子に置換しているとき芳香族アミンに分類される。

*1 **工学ナビ**
アンモニウム塩として近年，イオン液体が注目を集めている。通常，塩（えん）は常温で固体であるが，これは液体である。イオン液体は，溶媒としては水とも有機溶媒とも異なる特徴的な性質を持ち，第三の溶媒として大いに期待されている。

$$\underset{\text{第一級アミン}}{\overset{H}{\underset{|}{R-N-H}}} \quad \underset{\text{第二級アミン}}{\overset{R}{\underset{|}{R-N-H}}} \quad \underset{\text{第三級アミン}}{\overset{R}{\underset{|}{R-N-R}}} \quad \underset{\text{第四級アンモニウム塩}}{\overset{R}{\underset{|}{R-\overset{+}{N}-R}}\ X^-}$$

第一級アミンの IUPAC 名はアルキル基名の後にアミンをつけて命名する。また，アミン以外の優先順位の高い別の官能基を持つ場合は，アミノ基（$-NH_2$）を置換基とみなして命名する[*2]。

*2 **+α プラスアルファ**
母体のアルカン名にアミンをつける命名法もある。

$CH_3CH_2CH_2CH_2NH_2$
ブタンアミン
(butanamine)

$CH_3CH_2NH_2$　　(CH$_3$)$_2$CHNH$_2$　　$\underset{\text{2-アミノブタン酸}}{\underset{\text{(2-aminobutanoic acid)}}{CH_3CH_2\overset{\overset{NH_2}{|}}{C}HCOOH}}$

エチルアミン　　イソプロピルアミン
(ethylamine)　　(isopropylamine)

第二級アミンまたは第三級アミンで，同じアルキル基を持つアミンはアルキル基に倍数接頭語（ジ，トリなど）をつけて命名する。異なるアルキル基を持つものは，第一級アミンの N 置換体として命名する。その際，最も大きなアルキル基を母体とする。

(CH₃CH₂CH₂)₂NH　　(CH₃CH₂)₃N

ジプロピルアミン　　トリエチルアミン　　N,N-ジメチルシクロヘキシルアミン
(dipropylamine)　　(triethylamine)　　(N,N-dimethylcyclohexylamine)

またアミンでは以下のような慣用名が用いられる。とくに芳香族アミンはアニリンの置換体として命名される。

アニリン　　　　p-トルイジン　　　p-ニトロアニリン
(aniline)　　　(p-toluidine)　　(p-nitroaniline)

例題 14-1 次の化合物を IUPAC 命名法で命名しなさい。

$$\text{H}_2\text{NCH}_2\text{CH}_2\overset{\overset{\text{O}}{\|}}{\text{CH}}$$

解答 アミノ基がついている炭素原子の番号は3番目である。
3-アミノプロパナールとなる。

問1 次の化合物を IUPAC 命名法で命名しなさい。

(1) シクロヘキシル-NH₂　　(2) (CH₃)₂HC\\N-CH₂CH₃ / (CH₃)₂HC/　　(3) フェニル-CH₂NH₂

14-2 アミンの構造と性質

14-2-1 アミンの構造

アミンの窒素原子は孤立電子対を1つ持っており，sp³ 混成軌道からなる正四面体構造である。第三級アミンの3つの置換基がすべて異なるときは不斉炭素原子のような立体構造になるが，窒素原子上の孤立電子対が，室温で平面状の遷移状態を経由してその立体化学が反転するので，その2つの対掌体は光学分割できない*³。

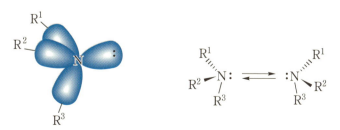

アミン(R¹R²R³N)の立体構造：sp³の構造　　アミンの立体反転

*³ **+αプラスアルファ**
ジイソプロピルエチルアミンは立体的にかさ高いイソプロピル基が窒素原子に2つ結合した第三級アミンである。求核性がなく塩基として作用する。また，ジイソプロピルアミンから調製したリチウムジイソプロピルアミド (LDA) は求核性がなく，強塩基として脱プロトン反応によく用いられる。13章3節参照。

*4
工学ナビ

右の反応式より，K_b，pK_b は次のように求まる。

$$K_b = K_{eq}[H_2O]$$
$$= \frac{[RNH_3^+][OH^-]}{[RNH_2]}$$

$$pK_b = -\log K_b$$

*5
表14-1 窒素原子を分子内に持つ化合物の塩基性

	pK_b
NH_3	4.7
CH_3NH_2	3.3
⬡—NH_2	3.3
⌬—NH_2	9.3
O_2N—⌬—NH_2	13.0
H_3C—⌬—NH_2	9.0
CH_3–$\overset{O}{\overset{\|}{C}}$–$NH_2$	14.6

14-2-2 アミンの塩基性，求核性

アミノ基の窒素原子は孤立電子対を持ち，プロトン（H^+）を受け取り有機塩基として作用する。アミンの塩基性の指標として塩基性度定数 K_b がよく用いられる[*4]。K_b の値が大きいほど，また pK_b の値が小さいほど強い塩基となる。代表的なアミン類の pK_b を表14-1に示す[*5]。また，アミンは電子不足の炭素原子に対しては求核的な反応（求核性）を示すことを7章で習った。

$$R-\ddot{N}H_2 + H-\ddot{O}-H \rightleftharpoons R-\overset{+}{N}H_3 + {}^-OH$$

アニリンのような芳香族アミンは，アルキルアミンと比較し塩基性は弱い。これは芳香族アミンの窒素原子上の孤立電子対が芳香環の π 電子と共鳴して非局在化するため，窒素原子上の孤立電子対の電子密度が小さくなっているからである。

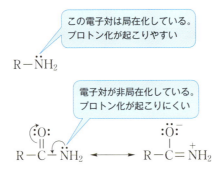

14-2-3 アミンとアミドの塩基性，酸性の比較

アミンとアミドには孤立電子対を持った窒素原子が存在するが，塩基性には大きな差がある。これらの物質を水に溶かしてみると，アミンは塩基性を示すが，アミドは中性を示す。

アミンの窒素原子上の孤立電子対は局在化しており，プロトン化が起こりやすい。それに対してアミドは，共鳴構造の存在により，窒素原子上の孤立電子対が非局在化しておりプロトン化が起こりにくいため，塩基性に差が生じる。

$R-\ddot{N}H_2$ 「この電子対は局在化している。プロトン化が起こりやすい」

$R-\overset{\overset{:\ddot{O}:}{\|}}{C}-\ddot{N}H_2 \longleftrightarrow R-\overset{\overset{:\ddot{O}:^-}{\|}}{C}=\overset{+}{N}H_2$ 「電子対が非局在化している。プロトン化が起こりにくい」

アミンとアミドに共通する他の構造的な特徴として，N–H 結合を持っている点がある。有機化学を学び始めた学生はこの N–H 結合からプロトンを供給できる（つまりは酸として働く）と考えるかもしれない。しかし一般的にアミンの pK_a 値は大きく（よって pK_b 値は小さく），

アミドは小さい。その理由は，アミドから生じるアミダートアニオン（amidate anion）は共鳴安定化しているが，アミドイオン（$-\ddot{\mathrm{N}}\mathrm{H}$）にはこのような安定化はないことから説明できる。

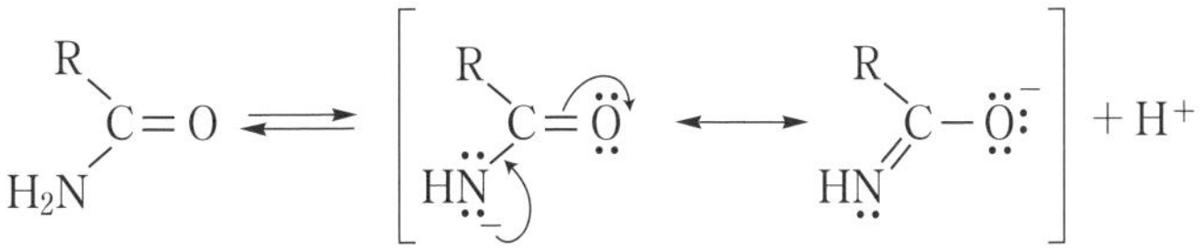

$$\underset{\mathrm{H_2N}}{\overset{\mathrm{R}}{>}}\mathrm{C=O} \rightleftharpoons \left[\underset{\mathrm{H\ddot{N}}}{\overset{\mathrm{R}}{>}}\mathrm{C=\ddot{O}} \longleftrightarrow \underset{\mathrm{H\ddot{N}}}{\overset{\mathrm{R}}{>}}\mathrm{C-\ddot{\ddot{O}}}{:}^{-} \right] + \mathrm{H^+}$$

アミダートアニオン

例題 14-2 アミンとアミドの塩基性の比較： アミノ基にアシル基が結合したアミド化合物は塩基性を示さず中性の化合物である。この理由を述べなさい。

解答 窒素原子上の孤立電子対がカルボニル基と共鳴構造の関係にあるので，アミドの窒素原子上の電子密度が小さくなっているため。

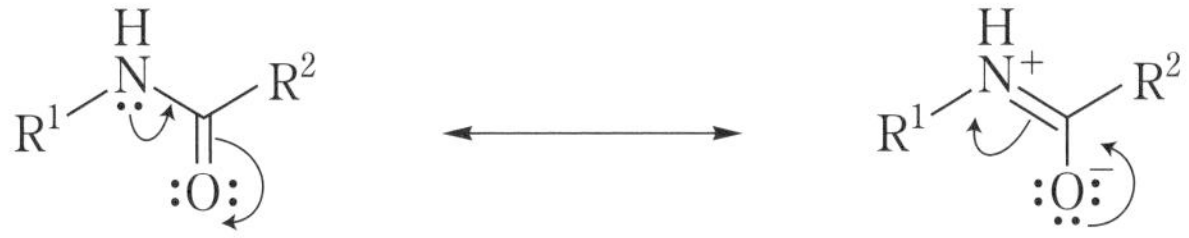

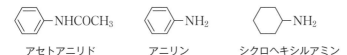

問 2 次の化合物の構造式を書きなさい。
(1) o-ブロモアニリン　(2) N,N-ジメチルアニリン
(3) 1-ナフチルアミン

例題 14-3 次の化合物の中で最も塩基性の強いものを選びなさい。

アセトアニリド　　アニリン　　シクロヘキシルアミン

解答 塩基性の強いものはアミンである。窒素原子上の電子が動きにくいものはシクロヘキシルアミンであるので，最も塩基性が強い。

問 3 例題 14-3 で酸性が強いものはどれか選びなさい。

14-3 アミンの合成と反応

14-3-1 アミンの合成

1. ガブリエル（Gabriel）合成 フタルイミドのイミド水素が2つのカルボニル基の効果により酸性を示すことに基づく反応で、脱プロトン化した後、その強い求核性により、N-アルキルフタルイミドが生成する。次にアミドの加水分解反応で第一級アミンが生成する。N-アルキルフタルイミドはヒドラジンで開裂させる。この反応は、S_N2反応を利用したものである[*6]。

[*6] フタルイミドの窒素原子は、2つのカルボニル基にはさまれており、通常アミドの酸性度（pK_a 17）より小さい値（フタルイミドのpK_a 9.9）である。したがって、弱いK_2CO_3のような塩基でも脱プロトン化される。

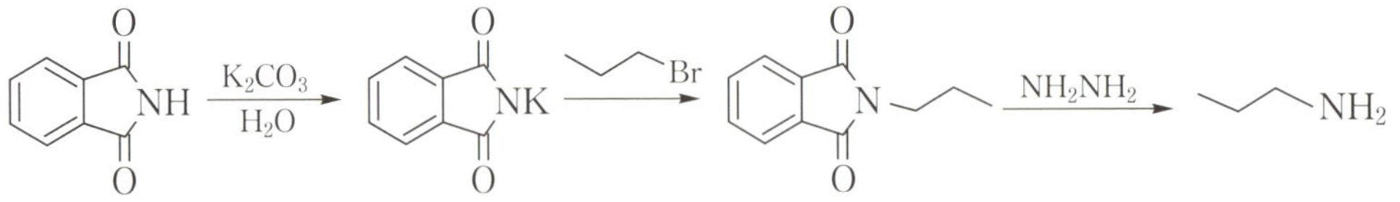

例題 14-4 上記のガブリエル合成の反応機構を説明しなさい。

解答

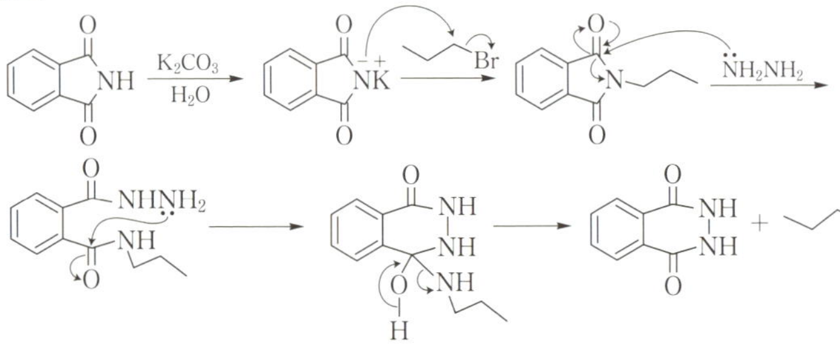

問 4 ガブリエル反応を利用した以下の第一級アミンの合成方法を書きなさい。

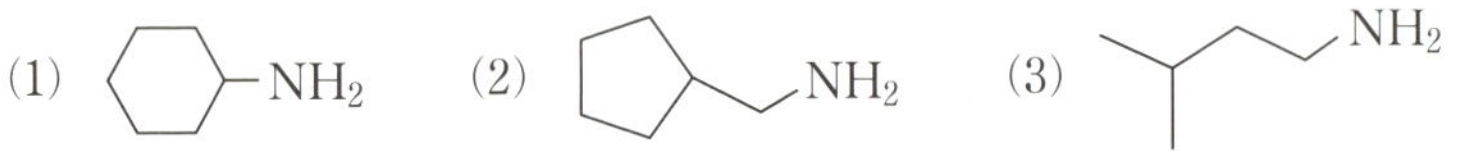

(1) シクロヘキシル-NH₂　(2) シクロペンチル-CH₂-NH₂　(3) (CH₃)₂CHCH₂CH₂NH₂

2. ニトロ化合物とアミド化合物の還元反応 芳香族アミンは芳香族ニトロ化合物の還元反応で得られる[*7]。

ニトロベンゼン $\xrightarrow{SnCl_2}$ アニリン

[*7] 工業的なアニリン合成にはどのような反応が利用されているだろうか。

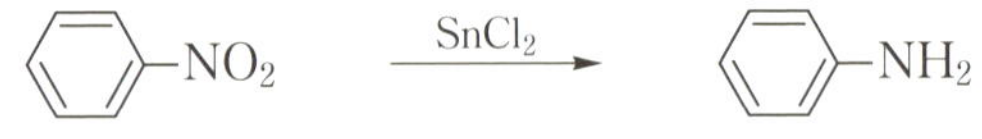

アミドは水素化アルミニウムリチウム（$LiAlH_4$）で還元され、アミンを生じる。

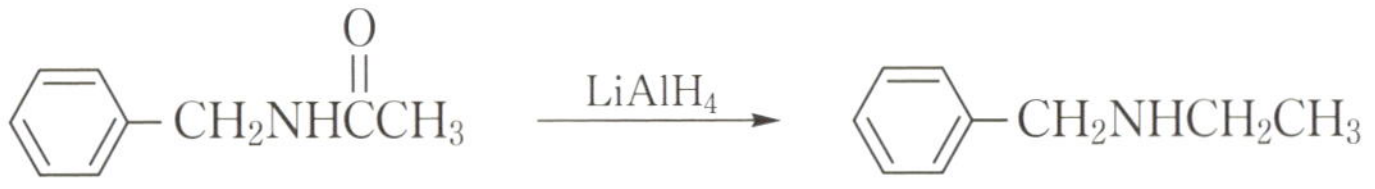

Ph-CH₂NHC(O)CH₃ $\xrightarrow{LiAlH_4}$ Ph-CH₂NHCH₂CH₃

3. イミンの還元反応 アルキル化反応では選択的に第二級アミンを合成することが困難である。カルボニル化合物と第一級アミン（R^3NH_2）から得たイミンを水素化シアノホウ素ナトリウム $NaBH_3CN$ で還元することで選択的に第二級アミンが合成できる。

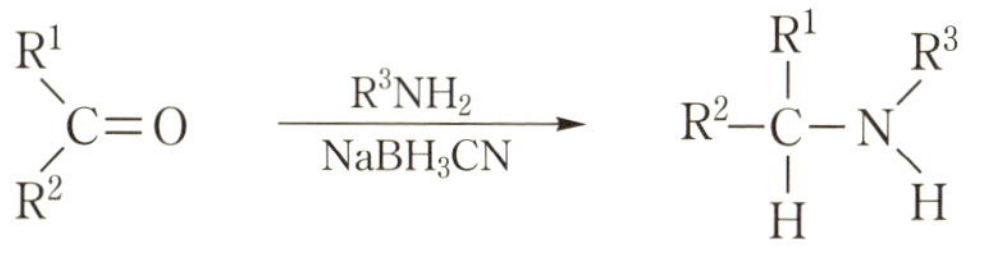

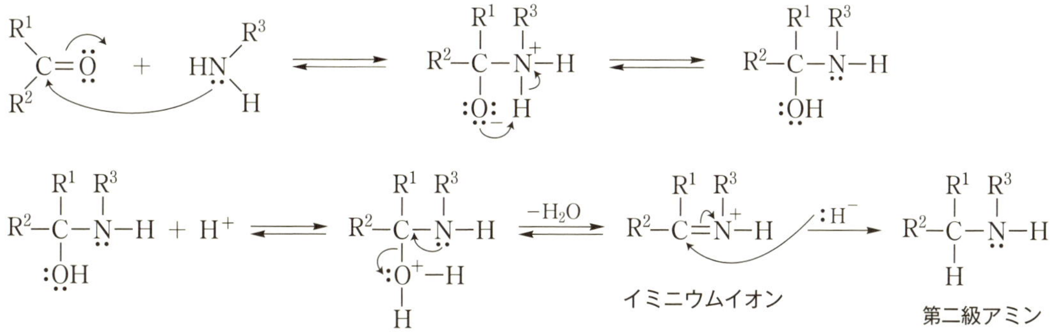

還元的アミノ化反応では，アンモニアを原料にすれば第一級アミン，第一級アミンからは第二級アミン，第二級アミンからは第三級アミンが合成できる。

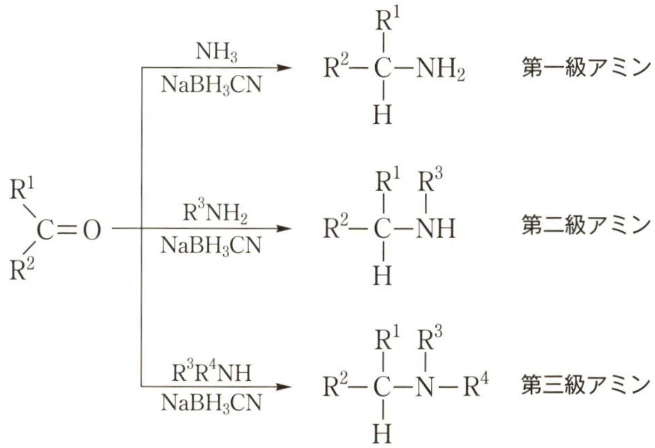

4. ニトリルの還元反応 比較的強い求核剤であるシアン化物イオン CN^- はハロゲン化アルキルと求核置換反応を起こし，ニトリルを生じる[*8]。ニトリルは還元することで第一級アミンとなる[*9]。

$CH_3CH_2Br + NaCN \longrightarrow CH_3CH_2CN + NaBr$

$CH_3CH_2C\equiv N \xrightarrow[\text{2) } H_3O^+]{\text{1) } LiAlH_4} CH_3CH_2CH_2NH_2$
　　　　　　　　　　　　　　プロピルアミン（第一級アミン）

[*8] この反応の特徴は炭素原子が1つ増える（増炭）ことにある。

[*9] **Don't Forget!!**
$LiAlH_4$ は既出事項である。

問5 上記の反応機構を書きなさい。

5. アジ化物の還元反応 アジ化物イオン N_3^- は良好な求核剤である。対応するハロゲン化アルキルに作用して S_N2 反応でアジド化し，アジ化物を還元すればアミンが得られる。

$$CH_3CH_2Br + NaN_3 \longrightarrow CH_3CH_2N_3 + NaBr$$

$$CH_3CH_2\ddot{N}=N^+=\ddot{N}^- \xrightarrow[2) H_3O^+]{1) LiAlH_4} CH_3CH_2NH_2$$
エチルアミン（第一級アミン）

*10 **工学ナビ**
イソシアナート経由でアミンを合成する方法としては，ホフマン転位やクルチウス転位のほかに，シュミット転位 (Schmidt rearrangement) やロッセン転位 (Lossen rearrangement) などがある。

6. ホフマン転位 (Hofmann rearrangement) 窒素原子上には孤立電子対が存在するため，反応条件によっては転位反応 (rearrangement) が生じることがある。ホフマン転位と呼ばれる反応は，アミドに次亜ハロゲン酸を反応させると，イソシアナートを経由してアミンを与える反応である。

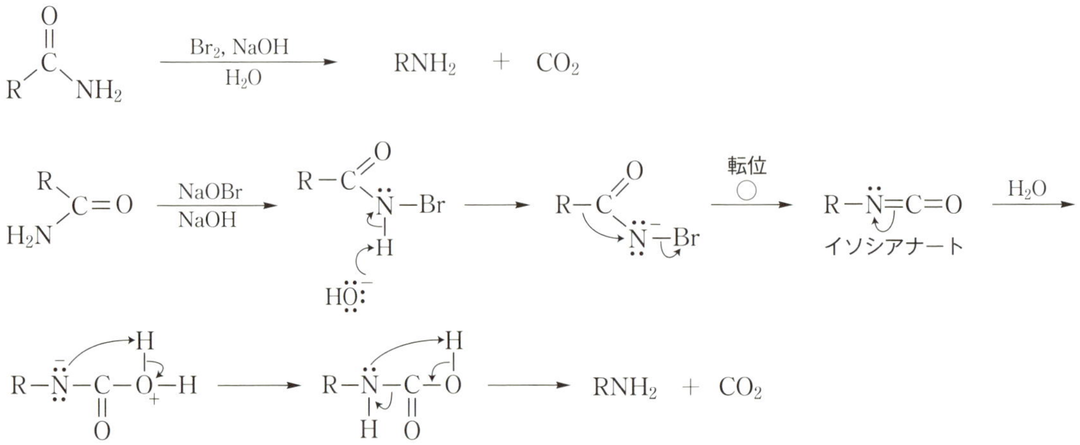

$$R-\underset{NH_2}{\underset{\|}{\overset{O}{C}}} \xrightarrow[H_2O]{Br_2, NaOH} RNH_2 + CO_2$$

（ホフマン転位の反応機構図）

7. クルチウス転位 (Curtius rearrangement) クルチウス転移[*10] は酸ハロゲン化物にアジ化ナトリウムを反応させ，酸アジドへ変換した後，イソシアナートを経てアミンを生成する。

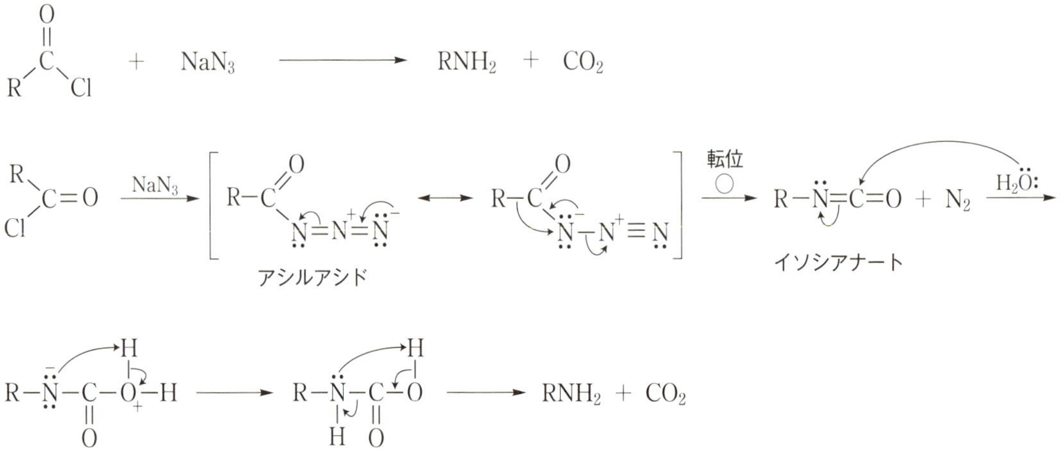

$$R-\underset{Cl}{\underset{\|}{\overset{O}{C}}} + NaN_3 \longrightarrow RNH_2 + CO_2$$

（クルチウス転位の反応機構図：アシルアジド経由，イソシアナートを経てRNH₂ + CO₂を生じる）

14-3-2 アミンの反応

1. メンシュトキン(Menschutkin)反応 メンシュトキン反応は、アミンとハロゲン化アルキルのS_N2反応である。次に示した反応では、S_N2反応の生成物にも求核性があるので、S_N2反応が3回繰り返し起こり、最終的に第四級アンモニウム塩を生じる[*11]。

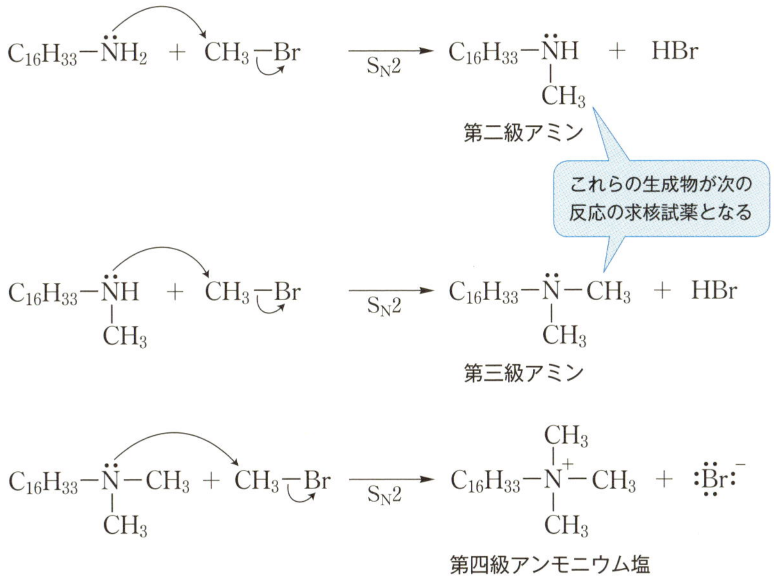

$C_{16}H_{33}-\ddot{N}H_2 + CH_3-Br \xrightarrow{S_N2} C_{16}H_{33}-\underset{CH_3}{\ddot{N}H} + HBr$

第二級アミン

> これらの生成物が次の反応の求核試薬となる

$C_{16}H_{33}-\underset{CH_3}{\ddot{N}H} + CH_3-Br \xrightarrow{S_N2} C_{16}H_{33}-\underset{CH_3}{\ddot{N}-CH_3} + HBr$

第三級アミン

$C_{16}H_{33}-\underset{CH_3}{\ddot{N}-CH_3} + CH_3-Br \xrightarrow{S_N2} C_{16}H_{33}-\underset{CH_3}{\overset{CH_3}{\overset{|}{N^+}}-CH_3} + :\ddot{Br}:^-$

第四級アンモニウム塩

+α プラスアルファ

[*11] 3回起こるこの反応を途中で正確に止めることは難しいが、使用するハロゲン化アルキルの量を極端に少なくしておけば、最初の反応で止まる割合は高くなる。試薬の量や加える順番で生成物の割合が変わるので、実験をするときには目的に応じて常にこのようなことを考慮する感覚が必要である。

この反応例の最終生成物は臭化ヘキサデシルトリメチルアンモニウムまたは臭化セチルトリメチルアンモニウム(CTAB)という陽イオン界面活性剤である。用途は殺菌剤やヘアトリートメントの柔軟剤のほか、実験室ではDNAの抽出に用いられる。

次の反応例ではS_N2反応は1回で終わりである。S_N2反応で生じた第二級アミンの窒素原子のまわりは非常にかさ高くなっているために再度ハロゲン化アルキルの炭素と衝突することはない。この生成物を還元すると、喘息の症状を抑える医薬品の有効成分サルブタモールが得られる。

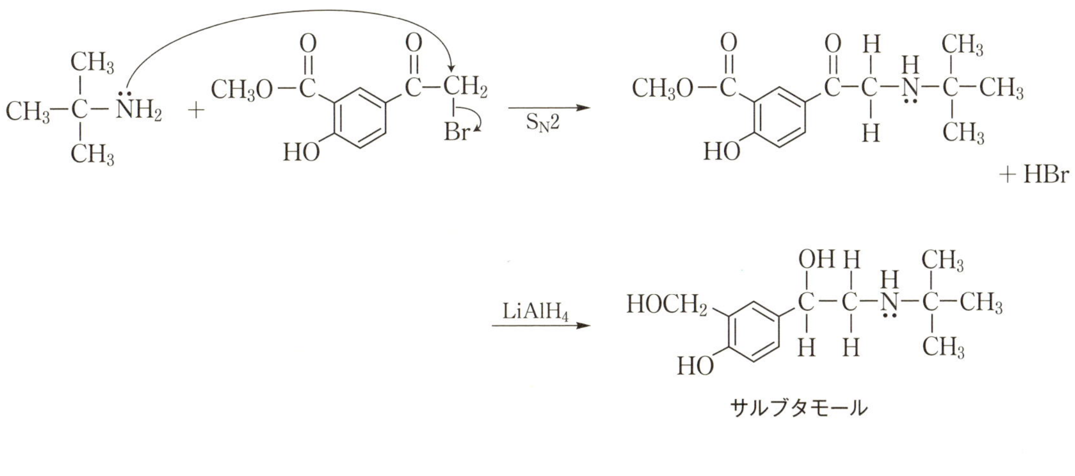

サルブタモール

例題 14-5 第一級のエチルアミンをエチルブロミドでアルキル化して選択的に第二級のジエチルアミンに変換することはできない。その理由を述べなさい。

解答 エチルアミンをエチルブロミドでアルキル化すると，まずジエチルアンモニウムブロミドが生じる。このジエチルアンモニウムブロミドと原料のエチルアミンと反応しジエチルアミンが生じる。エチル基は電子供与性であり生じたジエチルアミンの求核性がエチルアミンより強いため，さらにエチルブロミドと反応しトリエチルアミンまでアルキル化されるためである。

問6 次の反応の生成物を予測しなさい。

$$\text{C}_6\text{H}_5-\text{CH}_2\text{NH}_2 \xrightarrow{\text{C}_6\text{H}_5-\text{CH}_2\text{Br}}$$

2. アミンのアシル化反応 第一級アミンや第二級アミンはそれぞれ酸クロリドや酸無水物と反応しアミドを生成する。一般的にアシル化は保護基として利用される。アミンは反応性が高いため保護せずに用いることはない。とくに多段階反応では，反応させたくない官能基に保護基を導入して，反応を進めて目的物を作り出す。この考え方は合成化学では重要である*12。

*12 実際の有機合成反応では分子内に官能基が複数個存在する場合が多い。そのような化合物を何も対処しないで反応させると，本来反応してはいけないところも影響を受けてしまう。そこで，反応させたくない官能基をいったん別の反応性の低い官能基に変換したうえで反応させると，処理をしなかった官能基だけが選択的に反応する。この実験操作を「保護基を付ける」と呼び，有機合成では重要な操作である。

ベンジルアミンのアシル化反応

$$\text{PhCH}_2\ddot{\text{N}}\text{H}_2 \xrightarrow{\text{ClCOCH}_2\text{CH}_3} \text{PhCH}_2\text{NHCOCH}_2\text{CH}_3$$

機構:

$$\text{PhCH}_2\ddot{\text{N}}\text{H}_2 + \underset{\text{Cl}}{\overset{:\text{O}:}{\underset{|}{\text{C}}}}-\text{CH}_2\text{CH}_3 \longrightarrow \text{PhCH}_2-\overset{\text{H}}{\underset{\text{H}}{\text{N}^+}}-\overset{:\ddot{\text{O}}:^-}{\underset{(\text{Cl})}{\text{C}}}-\text{CH}_2\text{CH}_3$$

$$\xrightarrow{-\text{Cl}^-} \text{PhCH}_2-\overset{\text{H}}{\underset{\text{H}}{\text{N}^+}}-\overset{:\text{O}:}{\text{C}}-\text{CH}_2\text{CH}_3 \xrightarrow{-\text{H}^+} \text{PhCH}_2-\overset{\text{H}}{\text{N}}-\overset{:\text{O}:}{\text{C}}-\text{CH}_2\text{CH}_3$$

ベンジルアミンと無水酢酸の反応

$$\text{PhCH}_2\ddot{\text{N}}\text{H}_2 \xrightarrow{(\text{CH}_3\text{CO})_2\text{O}} \text{PhCH}_2\text{NHCOCH}_3$$

$$\text{C}_6\text{H}_5\text{-CH}_2\ddot{\text{N}}\text{H}_2 + \text{CH}_3-\overset{:\ddot{\text{O}}:}{\underset{}{\text{C}}}-\text{O}-\overset{\text{O}}{\underset{}{\text{C}}}-\text{CH}_3 \longrightarrow \text{C}_6\text{H}_5\text{-CH}_2-\overset{\text{H}}{\underset{\text{H}}{\overset{+}{\text{N}}}}-\overset{:\ddot{\text{O}}:^-}{\underset{\text{CH}_3}{\text{C}}}-\ddot{\text{O}}-\overset{\text{O}}{\underset{}{\text{C}}}-\text{CH}_3 \longrightarrow$$

$$\text{C}_6\text{H}_5\text{-CH}_2-\overset{\text{H}}{\underset{\text{H}}{\overset{+}{\text{N}}}}-\overset{:\ddot{\text{O}}:}{\underset{}{\text{C}}}-\text{CH}_3 + :\ddot{\text{O}}-\overset{\text{O}}{\underset{}{\text{C}}}-\text{CH}_3 \xrightarrow{-\text{H}^+} \text{C}_6\text{H}_5\text{-CH}_2-\overset{\text{H}}{\underset{}{\text{N}}}-\overset{\text{O}}{\underset{}{\text{C}}}-\text{CH}_3 + \text{HO}-\overset{\text{O}}{\underset{}{\text{C}}}-\text{CH}_3$$

このほかに縮合剤であるジシクロヘキシルカルボジイミド(DCC)[*13]を利用する簡便なアミド結合形成反応も実際の研究では利用される。本記述は12章カルボン酸を参考にしてほしい。

[*13] DCC (N,N'-dicyclohexyl-carbodiimide) は，ペプチド合成におけるアミノ酸のカップリングや縮合剤として利用されることが多い。

$$\text{C}_6\text{H}_{11}-\text{N}=\text{C}=\text{N}-\text{C}_6\text{H}_{11}$$

DCC の構造
(N,N'-dicyclohexylcarbodiimide)

3. アミンの脱離によるアルケンの生成　アミンと過剰のヨウ化メチルを反応させ第四級アンモニウム塩とし，その後酸化銀とともに加熱するとE2反応型の脱離生成物が得られる。これらの一連の反応は**ホフマン脱離 (Hofmann elimination)** 反応と呼ばれ，置換基の少ないアルケンが優先的に生成する。

$$\underset{\underset{\text{N(CH}_3)_2}{|}}{\text{CH}_3\text{CH}_2\text{CH}_2\text{CHCH}_3} \xrightarrow[\text{過剰}]{\text{CH}_3\text{I}} \underset{\underset{\text{N}^+(\text{CH}_3)_3\text{I}^-}{|}}{\text{CH}_3\text{CH}_2\text{CH}_2\text{CHCH}_3}$$

$$\xrightarrow[\Delta]{\text{Ag}_2\text{O, H}_2\text{O}} \underset{\text{1-ペンテン（主生成物）}}{\text{CH}_3\text{CH}_2\text{CH}_2\text{CH}=\text{CH}_2} + \underset{\text{2-ペンテン}}{\text{CH}_3\text{CH}_2\text{CH}=\text{CHCH}_3}$$

例題 14-6　1-メチルブチルアミンのホフマン脱離の生成物をすべて書き，主生成物を示しなさい。

解答　1-メチルブチルアミンのホフマン脱離では，次の2つのアルケンが生成するが，ホフマン則により，1-ペンテンが主生成物となる。

$$\underset{\underset{\text{主生成物}}{\text{1-ペンテン}}}{\text{CH}_3\text{CH}_2\text{CH}_2\text{CH}=\text{CH}_2} \quad \underset{\text{2-ペンテン}}{\text{CH}_3\text{CH}_2\text{CH}=\text{CHCH}_3}$$

くわしくは，7章を参考にしなさい。

問7　次のアミンのホフマン脱離によって得られる生成物をすべて書き，主生成物を示しなさい。

(1) $\underset{\underset{\text{NH}_2}{|}}{\text{CH}_3\text{CH}_2\text{CH}_2\text{CHCH}_2\text{CH}_3}$

(2) $(\text{CH}_3)_2\text{CHNHCH}_2\text{CH}_3$

(3) シクロヘキシル-NH$_2$

(4) ホフマン脱離が2回起こる　ピペリジン

14-4 ヘテロ環化合物（複素環化合物）

14-4-1 ヘテロ環化合物の分類

環状の化合物で、窒素や酸素原子など炭素以外のヘテロ原子を環に含む化合物を**ヘテロ環化合物**(heterocyclic compound, heterocycle)という。環の大きさやヘテロ原子の数、縮環している環の数や形状など、さまざまなヘテロ環構造が知られている。

窒素原子を含むヘテロ六員環化合物としてピリジンやピペリジンがある。窒素原子を2つメタ位とパラ位に持つヘテロ環化合物はそれぞれピリミジンとピラジンである。シトシンやウラシルはピリミジン骨格を持つ核酸塩基である。

*14 Let's TRY!! ヘテロ六員環を利用して実用化されているものは何があるか。

ヘテロ六員環化合物[*14]

ピリジン　　　ピペリジン　　　ピリミジン　　　ピラジン
(pyridine)　 (piperidine)　 (pyrimidine)　(pyrazine)

*15 Let's TRY!! ヘテロ五員環を利用して実用化されているものは何があるか。

ヘテロ五員環化合物[*15]

ピロール　　　イミダゾール　　　フラン　　　テトラヒドロフラン
(pyrrole)　　 (imidazole)　　 (furan)　　(tetrahydrofuran；THF)

*16 工学ナビ ヘテロ五員環化合物は、痛風の原因物質であるプリン(体)の構造にも含まれ、ヘテロ六員環化合物はビタミンB群を構成する物質としても重要である。

縮環したヘテロ環化合物[*16]

インドール　　　プリン　　　キノリン　　　ベンゾフラン
(indole)　　　(purine)　　(quinoline)　　(benzofuran)

14-4-2 ピリジン、ピロールの構造と性質

芳香族ヘテロ環化合物の窒素原子は炭素同様にsp^2混成軌道をとる。六員環のピリジンでは、3つのsp^2混成軌道の2つは、環を形成する両隣の炭素原子のsp^2混成軌道とσ結合を作り、ベンゼン同様の平面六員環を形成する。窒素の残りのsp^2混成軌道の2個の電子は芳香環形成には関与せず、孤立電子対となり分子平面の方向に突き出している。したがって、ピリジンは塩基性(pK_b 8.8)を示す。また、水とも水素結合を作ることができるので、水溶性も示す。

一方、五員環のピロールは、3つのsp^2混成軌道を使い、両隣の炭素

原子および水素原子とσ結合を作り，平面五員環を形成する。ここで，ピリジンとの大きな違いは，混成に加わらなかった窒素原子の残りの2p軌道の2個の電子は五員環の4つの炭素原子のp軌道の電子と6π電子系を構成し非局在化していることである。この結果，ピロールの窒素原子の電子はすべて結合に使われ，孤立電子対も非局在化しているので，ほとんど塩基性も示さず（pK_b 13.6），水溶性もほとんど示さない。

ピリジンとピロールの分子軌道

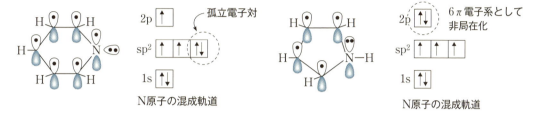

例題 14-7 ピリジンとピロールの共鳴構造式を図示しなさい。

解答 窒素と炭素の電気陰性度はそれぞれ N (3.0)，C (2.6) で，ピリジンのπ電子は窒素原子に引きつけられている。一方，ピロールは，6個のπ電子が5個の骨格原子に分散している。よって，炭素原子上の電子密度は，ベンゼンと比較すると，ピリジンでは低く，ピロールでは高い状態となる。以下の共鳴構造からも理解できる。

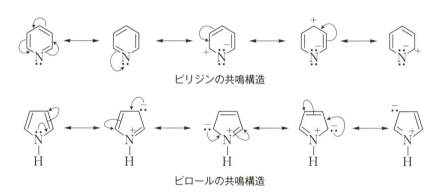

ピリジンの共鳴構造

ピロールの共鳴構造

問 8　上述のピリジンとピロールの塩基性を比較すると，ピリジンのほうが強い。この原因を説明しなさい[*17]。

*17
工学ナビ
ピロールと比較すればピリジン(sp²)の塩基性は強いが，脂肪族のピペリジン(sp³)（非芳香族）と比較するとはるかに弱い塩基である（s性の相違が理由）。

14-4-3 芳香族ヘテロ環化合物の反応

1. ピリジンとピロールの反応性の比較　ピリジン，ピロールとも芳香族化合物なのでベンゼンのような求電子置換反応が起こる。しかし，ピリジンは炭素上の電子密度がベンゼンに比べ低いために，求電子置換反応を起こすにはきわめて激しい反応条件が必要となる。結果として，反応収率は低く，おもに3位置換体が主生成物となる。また，反応条件によっては，2位と4位に容易に求核置換反応が起こる。そして，ピリ

Let's TRY! *18

ピリジンの求電子置換反応が3位で位置選択的に起こる理由を，カルボカチオン中間体の共鳴構造式を書いて，確かめてみよう。
重要な中間体の安定性は，次図のようになるはずである。

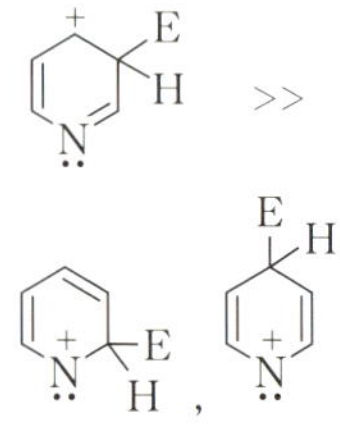

ジンは窒素上に孤立電子対（塩基性，求核性）を持つので，ハロゲン化アルキルのような求電子剤との反応が環状炭素より速く起こりピリジニウム塩（求電子付加反応）を生成することもある。さらに，金属に配位し金属錯体も形成できる[*18, *19]。

ピリジンに対する求電子置換反応と求電子付加反応

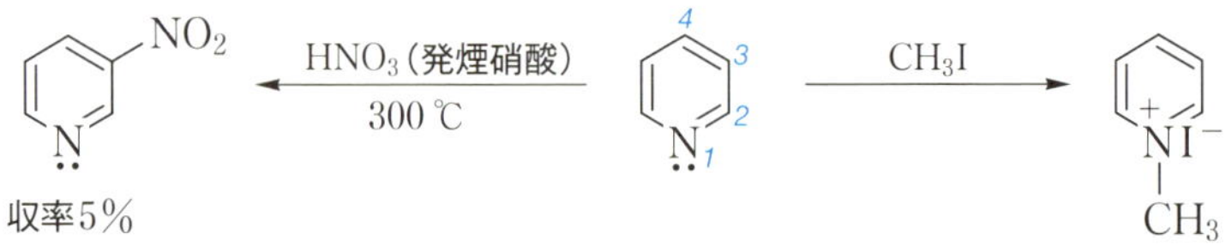

ピリジンに対する求核置換反応

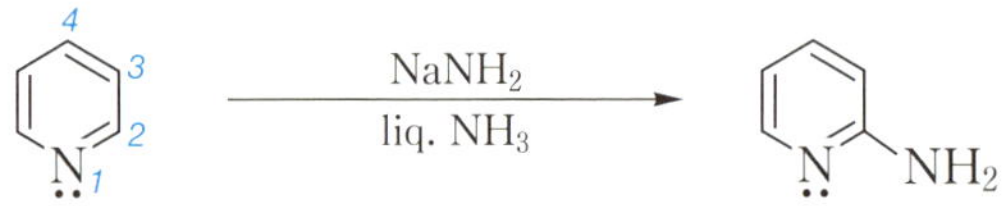

ピロールはベンゼンより求電子剤に対する反応性が高く温和な条件で反応が起こり，おもに2位に求電子置換反応が起こる（ベンゼンと同じような反応条件では，激しい反応が起こり，重合することもある）[*20]。

ピロールに対する求電子置換反応の位置選択性

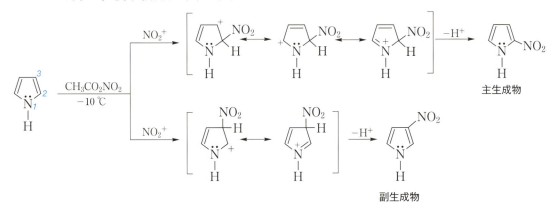

例題 14-8 ピロールとピロリジンについて，以下の反応性について比較しなさい。

ピロール　　　ピロリジン

(1) (CH₃CO)₂O　　(2) 金属カリウム（K）

解答 (1) ピロールは芳香族求電子置換反応を行う（ベンゼンのときに必要な AlCl₃ などのルイス酸触媒は不要）のに対して，ピロリジンは窒素上の孤立電子対がカルボニル炭素を求核攻撃する典型的なアミンの反応を行う。孤立電子対の働きの違いに注意が必要。

$$\text{ピロール} \xrightarrow{(CH_3CO)_2O} \text{2-アセチルピロール}$$

$$\text{ピロリジン} \xrightarrow{(CH_3CO)_2O} \text{N-アセチルピロリジン}$$

(2) ピロール NH の水素は酸性を有しており，金属カリウムのような活性金属とは水素を発生しながら反応するが，ピロリジンは反応しない。

$$\text{ピロール} \xrightarrow{\text{金属 K}} \text{N-K ピロール} + \frac{1}{2}H_2$$

問9 次の反応の生成物を書きなさい。

(1) ピロール $\xrightarrow{\text{金属 K}}$ [A] $\xrightarrow{CH_3I}$ [B]

(2) ピリジン $\xrightarrow[220\ ℃]{SO_3 \atop HgSO_4/H_2SO_4}$ [C]

(3) ピリジン $\xrightarrow{C_6H_5-N_2Cl}$ [D]

演習問題　A　基本の確認をしましょう

14-A1 次の化合物を命名しなさい。

(1) $CH_3CHCH_2CH_2NH_2$ の2位に CH_3

(2) $CH_3CHCHCH_2NH_2$ （2位に CH_3，3位に Cl）

(3) $CH_3CCH_2CH_2NH_2$ （2位に CH_3 が2つ）

14-A2 次の反応生成物を答えなさい。

(1) CH_3CH_2Br + $CH_3CH_2NH_2$ ⟶

(2) $C_6H_5-NHCOCH_3 \xrightarrow{LiAlH_4}$

(3) CH_3CHO + $(CH_3)_2NH \xrightarrow{NaBH_3CN}$

※19
工学ナビ

ピリジン環の窒素は孤立電子対を使って金属に配位し，金属錯体を形成する能力もある。第一級アルコールからアルデヒドへの酸化反応に利用される，PCC（クロロクロム酸ピリジニウム塩）の構造を確認してみよう（11章アルデヒドも参照）。

PCC

※20
工学ナビ

ピロールのニトロ化を混酸で行うと，反応が激しすぎて重合反応が起こる。そこで，硝酸アセチルを低温で反応させると約50％の収率で2-ニトロ体を主生成物として得ることができる。しかし，硝酸アセチルは爆発性があるので取扱いには注意が必要である。

(4) 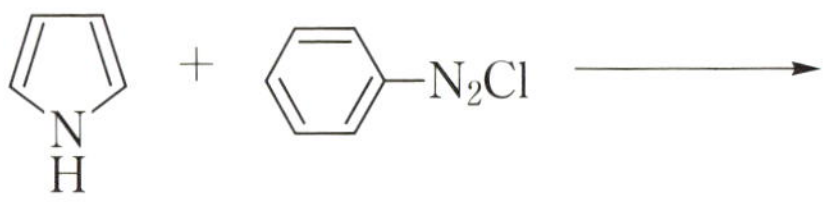 [ピロール] + [C₆H₅-N₂Cl] ⟶

(5) 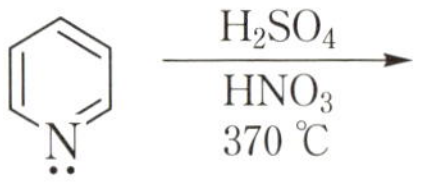 [ピリジン] $\xrightarrow[370℃]{\substack{H_2SO_4 \\ HNO_3}}$

演習問題　B　もっと使えるようになりましょう

14-B1 次の反応機構を答えなさい。

(1) $CH_3CH_2Br \longrightarrow CH_3CH_2NH_2$

(2) [C₆H₅]$-NHCH_2CN \longrightarrow$ [C₆H₅]$-NHCH_2CH_2NH_2$

14-B2 （　）内の化合物から次の生成物を合成するためにはどのような反応経路を設定すべきか答えなさい。

(1) $CH_3CH_2CH_2CH_2NH_2$　（$CH_3CH_2CH_2CH_2CONH_2$ から転位反応を使って）

(2) $CH_3CONHCH_3$　（CH_3COOH をすべての炭素源として）

(3) $CH_3CH_2CH=CH_2$　（$CH_3CH_2COCH_3$ からアミンを経由して）

あなたがここで学んだこと

この章であなたが到達したのは
- □ アミンの基本的な構造と塩基性を説明できる
- □ アミンの合成と反応について説明ができる
- □ ヘテロ環化合物の構造や反応について説明できる

　アミンやアミドは生体内の化学反応を説明するうえで重要な内容を含んでいる。この章で習った反応の中には，実際に生体内で起こっているものもある。よって本章を学習することで，生体内で起きている現象に対して化学反応を利用して理解することができる。有機化学の学習は電子の流れを理解することが大切である。決して暗記に頼らず，電子の動きを理解するように努めてほしい。

索引

■ 記号・数字

α 水素 ──── 117,185
α 炭素 ──── 184
β-ヒドロキシカルボニル化合物
──── 190
π 結合 ──── 21
σ 結合 ──── 18
1,1-ジオール ──── 115
1,3-ジアキシアル相互作用 ──── 45
1,3-ブタジエン ──── 61
1,4-付加体 ──── 61

■ A-Z

Dess-Martin 酸化 ──── 117
E1 反応 ──── 102
E2 反応 ──── 104
E/Z 配置 ──── 80
E/Z 表示 ──── 52
E 体 ──── 52
gem-ジオール ──── 115,153
IUPAC ──── 39
IUPAC 名 ──── 39
IUPAC 命名法 ──── 12
I-効果 ──── 31
o-キシレン ──── 133
PCC 酸化 ──── 117
R, S 順位則 ──── 80
R-効果 ──── 31
R 配置 ──── 82
S_N1 反応 ──── 97
S_N1 反応の起こりやすさ ──── 97
S_N2 反応 ──── 99
S_N2 反応の起こりやすさ ──── 100
sp 混成軌道 ──── 22
sp^2 混成軌道 ──── 20
sp^3 混成軌道 ──── 19
Swern 酸化 ──── 117
S 配置 ──── 82
Z 体 ──── 52

■ あ

亜殻 ──── 15
アキシアル水素 ──── 44
アキラル ──── 88
アクリル酸 ──── 168
アジ化物 ──── 202
アジド化 ──── 202
アジピン酸 ──── 168
アシル化反応 ──── 204
アシル基 ──── 149,169
アセチリド ──── 71
アセチル基 ──── 149,169
アセチレン ──── 68
アセトアミド ──── 170
アセトアルデヒド ──── 147,150
アセトニトリル ──── 171
アセトフェノン ──── 133,148
アセトン ──── 148
アニソール ──── 122,133
アニリン ──── 133,197
アノン ──── 148
アミダートアニオン ──── 199
アミド ──── 170,179,198
アミド結合 ──── 179
アミノアルコール ──── 156
アミノ基 ──── 196
アミン ──── 156,196
アリル ──── 51
アリール基 ──── 153,196
アルカン ──── 19,38
アルキル基 ──── 39,111
アルキン ──── 22,66
アルケン ──── 20,50
アルコキシ基 ──── 176
アルコキシド ──── 106,125
アルコキシドイオン ──── 114,153
アルコール ──── 110
アルデヒド ──── 147
アルドール生成物 ──── 190
アルドール反応 ──── 190
アレニウスの塩基 ──── 26
アレニウスの酸 ──── 26
アレン ──── 88
安息香酸 ──── 133,138,167
安息香酸無水物 ──── 169
アンチ脱離 ──── 104
安定化 ──── 140
イオン結合 ──── 12,18
イス形立体配座 ──── 44
異性体 ──── 41
イソシアナート ──── 202
イソブタン ──── 40
イソブチルアルデヒド ──── 147
イソブチレン ──── 51
イソペンタン ──── 40
一分子的求核置換反応 ──── 97
一分子的脱離反応 ──── 102
一価アルコール ──── 110
イミダゾール ──── 206
イミド ──── 180
イミン ──── 156,201
インドール ──── 206
ウィッティヒ反応 ──── 158
ウィリアムソンのエーテル合成
──── 124
ウィリアムソン反応 ──── 106
右旋性 ──── 87
ウラシル ──── 206
エクアトリアル水素 ──── 44
エステル ──── 169
エステル交換 ──── 177
エステルの加水分解反応 ──── 178
エタナール ──── 150
エチレン ──── 51
エチン ──── 66
エーテル ──── 122
エーテルの反応性 ──── 123
エトキシ基 ──── 123
エナミン ──── 189
エナンチオマー ──── 79
エナンチン酸 ──── 167
エネルギー準位 ──── 15
エノラート ──── 185
エノラートイオン ──── 184,186
エノール ──── 184
エノール異性体 ──── 184
エノン ──── 193
エポキシド ──── 126
塩化アリル ──── 94
塩化ビニル ──── 94
塩化メチル ──── 94
オキソ ──── 167
オクテット ──── 18
オクテット則 ──── 16
オゾン分解 ──── 59
オルト ──── 132
オルト-パラ配向性 ──── 140

■ か

開環重合 ──── 175
界面活性剤 ──── 178
開裂反応 ──── 125
殻 ──── 15
重なり形配座 ──── 43
過酸化物 ──── 123
活性化基 ──── 139

価電子 —— 16	共有結合 —— 12,18	シアノ基 —— 171
ガブリエル合成 —— 180,200	曲面軌道 —— 15	シアン化水素 —— 155
カプロラクタム —— 175	キラリティー —— 79	ジェミナル —— 115
カプロン酸 —— 167	キラル —— 79	シクロ —— 39
カーボンナノチューブ —— 131	キラル炭素 —— 78	シクロアルカン —— 38
カルバニオン —— 186	銀鏡反応 —— 160	シクロアルケン —— 50
カルバルデヒド —— 147	クメン法 —— 151	シス体 —— 52
カルボアニオン —— 186	クライゼン縮合 —— 192	シス-トランス異性体 —— 51
カルボカチオン —— 55	クラウンエーテル —— 121	シス付加 —— 61
カルボカチオン中間体 —— 56	グリニャール試薬 —— 156,173	シッフ塩基 —— 156
カルボキサミド —— 170	クルチウス転位 —— 202	自動酸化 —— 123
カルボキシ基 —— 167	形式電荷 —— 14	シトシン —— 206
カルボキシラートイオン —— 172	系統名 —— 39	脂肪族アミン —— 196
カルボニル基 —— 145	ケクレ構造式 —— 12	臭化エチル —— 94
カルボン酸 —— 166	結合エネルギー —— 66	臭化 t-ブチル —— 94
カーン・インゴルド・プレローグ順位則 —— 52,80	結合角のひずみ —— 44	主殻 —— 15
	結合距離 —— 66	主鎖 —— 39
環化付加反応 —— 61	結合性軌道 —— 18	シュミット転位 —— 202
還元的アミノ化反応 —— 201	ケト-エノール互変異性 —— 71,184	主量子数 —— 15
環状アルデヒド —— 147	ケトン —— 148	シリルエーテル —— 188
官能基 —— 12,22	けん化 —— 178	水素化アルミニウムリチウム —— 116
環反転 —— 44	原子核 —— 15	水素化ホウ素ナトリウム —— 116
慣用名 —— 39,40,51,68,94,122,132,147,167,197	原子価電子 —— 16	水素添加反応 —— 60
	公害病 —— 151	水和反応 —— 58,153
希ガス —— 17	光学活性 —— 86	スチレン —— 133
ギ酸 —— 167	高級アルコール —— 111	スピン —— 16
吉草酸 —— 167	合成中間体 —— 122	正三角形 —— 20
基底状態 —— 17	構造異性体 —— 41	正四面体 —— 19
軌道 —— 15	国際純正および応用化学連合 —— 39	静電引力 —— 18
キノリン —— 206	骨格構造 —— 13	石けん —— 172,178
求核剤 —— 96	混酸 —— 135	遷移状態 —— 98,99
求核試薬 —— 55	混成軌道 —— 19	増炭反応 —— 173
求核置換反応 —— 96		速度論支配エノラート —— 189
求核付加反応 —— 153	■ さ	
求電子試薬 —— 55	ザイツェフ則 —— 104	■ た
求電子置換反応 —— 135	酢酸 —— 167	多アルキル化 —— 189
求電子反応 —— 55	左旋性 —— 87	第一級アミン —— 196
求電子付加反応 —— 55,69	サリチルアルデヒド —— 147	第一級アルコール —— 110
共役塩基 —— 27	酸塩化物 —— 169	第一級ハロゲン化アルキル —— 94
共役酸 —— 27	三価アルコール —— 110	第三級アミン —— 196
共役ジエン —— 61	酸解離定数 —— 29	第三級アルコール —— 110
共役二重結合 —— 61	酸性度定数 —— 29	第三級ハロゲン化アルキル —— 94
共役付加体 —— 61	酸素原子上の孤立電子対 —— 125	対称面 —— 79
鏡像異性体 —— 79	ザンドマイヤー反応 —— 137	第二級アミン —— 196
鏡像体 —— 78	酸ハロゲン化物 —— 169,179	第二級アルコール —— 110
共鳴 —— 134,138,172	酸無水物 —— 169	第二級ハロゲン化アルキル —— 94
共鳴安定化 —— 138,153,184,186,199	ジアステレオマー —— 84	第四級アンモニウム塩 —— 196
共鳴効果 —— 31	ジアゾ化合物 —— 137	脱水縮合 —— 123
共鳴構造 —— 198	ジアゾカップリング —— 137	脱水反応 —— 55
共鳴構造式 —— 140	ジアゾメタン —— 177	脱離基 —— 95

脱離反応 ———— 55,68,101	ヒドリド還元剤 ———— 159	ヘテロ環化合物 ———— 206
炭化水素 ———— 38	ヒドロホウ素化 ———— 58	ヘテロ原子 ———— 158
チオフェン ———— 133	ビニル ———— 51	ペプチド結合 ———— 179
置換ベンゼン ———— 137	非プロトン性極性溶媒 ———— 100	ヘミアミナール ———— 156
直鎖アルカン ———— 38	ピペリジン ———— 206	ベンジル位 ———— 138
直線状 ———— 22	ヒュッケル則 ———— 134	ベンジル基 ———— 133
低級アルコール ———— 111	ピラジン ———— 206	ベンズアルデヒド ———— 133,147
ディールス-アルダー反応 ———— 61	ピリジン ———— 133,206	ベンゼン ———— 132
テトラヒドロフラン ———— 206	ピリミジン ———— 206	ベンゼンスルホン酸 ———— 133
テレフタル酸 ———— 168	ピロール ———— 133,206	ベンゾイル基 ———— 149
転位反応 ———— 202	ファンデルワールス力 ———— 41	ベンゾニトリル ———— 133
電子 ———— 15	フィッシャーのエステル化反応	ベンゾフェノン ———— 148
電子構造 ———— 17	———— 176	ベンゾフラン ———— 206
電子配置 ———— 17	フェニル基 ———— 122,133	ヘンダーソン-ハッセルバルヒ式
トランス体 ———— 52	フェノール ———— 133	———— 31
トルイジン ———— 197	フェーリング反応 ———— 160	芳香族アミン ———— 196
トルエン ———— 133	不活性化基 ———— 139	芳香族アルデヒド ———— 147
トレンス試験 ———— 160	付加反応 ———— 55	芳香族化合物 ———— 132
	不斉炭素 ———— 78	芳香族求核置換反応 ———— 137
■ な	フタルイミド ———— 200	芳香族性 ———— 134
ナイロン ———— 168,175	フタル酸 ———— 168	芳香族ヘテロ環化合物 ———— 206
二価アルコール ———— 110	ブチルアルデヒド ———— 147	飽和炭化水素 ———— 38
二酸 ———— 167	部分電荷 ———— 14	保護基 ———— 155,204
二置換ベンゼン化合物 ———— 140	不飽和度 ———— 38	ボート形立体配座 ———— 44
ニトリル ———— 171,201	フマル酸 ———— 168	ホフマン則 ———— 105
ニトロアニリン ———— 197	フラーレン ———— 131	ホフマン脱離 ———— 205
二分子的求核置換反応 ———— 99	フラン ———— 133,206	ホフマン転位 ———— 202
二分子的脱離反応 ———— 104	フリーデル-クラフツのアシル化反応	ホルマリン ———— 147,150
ニューマン投影式 ———— 42	———— 137,151	ホルミル基 ———— 147,149
二量体 ———— 171	フリーデル-クラフツのアルキル化	ホルミルシクロヘキサン ———— 147
ネオペンタン ———— 40	反応 ———— 136	ホルムアルデヒド ———— 147,150
ねじれ形配座 ———— 43	フリーデル-クラフツ反応 ———— 136	
熱力学支配エノラート ———— 188	プリン ———— 206	■ ま
	ブレンステッド・ローリー ———— 27	マイケル付加 ———— 193
■ は	ブレンステッド・ローリーの塩基	マルコウニコフ則 ———— 56,70,113
配向性 ———— 140	———— 27	マレイン酸 ———— 168
配座異性体 ———— 42	ブレンステッド・ローリーの酸	マロン酸エステル合成 ———— 187
パウリの排他原理 ———— 16	———— 27	水俣病 ———— 151
発酵法 ———— 112	プロトン ———— 27	無水安息香酸 ———— 169
パラ ———— 132	プロトン性極性溶媒 ———— 100	無水酢酸 ———— 169
ハロアルカン ———— 94	プロピオンアルデヒド ———— 147	無水マレイン酸 ———— 169
ハロゲン化アルキル ———— 94	プロピオン酸 ———— 167	メソ化合物 ———— 86
ハロゲン化アルキルの脱離反応性	プロピレン ———— 51	メタ ———— 132
———— 124	分岐アルカン ———— 41	メタクリル酸 ———— 168
ハロホルム反応 ———— 161,174	分子間反応 ———— 118	メタナール ———— 150
反応機構 ———— 46	分子内アルドール反応 ———— 191	メタ配向性 ———— 141
反マルコウニコフ則 ———— 113	分子内反応 ———— 118	メタンハイドレート ———— 37
非局在化 ———— 186	フントの法則 ———— 17	メチルアセチレン ———— 68
比旋光度 ———— 87	ヘキスト・ワッカー法 ———— 150	メチルエステル ———— 177
ヒドリドイオン ———— 113,159	ベタイン ———— 158	メトキシ基 ———— 122

メンシュトキン反応 ——— 203

や

有機化合物 ——— 12
誘起効果 ——— 31, 150
有機溶媒 ——— 116, 126
溶媒和 ——— 100
ヨードホルム反応 ——— 161

ら

酪酸 ——— 167
ラクタム ——— 175
ラクトン ——— 174
ラセミ化 ——— 98
ラセミ混合物 ——— 87
ラセミ体 ——— 87
律速段階 ——— 97
立体異性体 ——— 41, 78
立体障害 ——— 45, 100
立体配座 ——— 42
立体配置 ——— 78
立体配置異性体 ——— 78
リンイリド ——— 158
リンドラー触媒 ——— 71
ルイス ——— 32
ルイス構造式 ——— 14
ルイスの塩基 ——— 32
ルイスの酸 ——— 32
ロッセン転位 ——— 202

わ

ワッカー法 ——— 151
ワルデン反転 ——— 100

● 本書の関連データが web サイトからダウンロードできます。

http://www.jikkyo.co.jp/ で
「有機化学」を検索してください。

提供データ：Web に Link, 問題の解答

■監修
PEL 編集委員会

■編著
うるま よしゆき
粳間由幸　米子工業高等専門学校准教授

■執筆

あかばり りょういち
赤羽良一　元長崎大学教授, 群馬工業高等専門学校名誉教授

すずき あきひろ
鈴木秋弘　長岡工業高等専門学校教授

いいお ひでお
飯尾英夫　大阪市立大学大学院教授

はまだ たいすけ
濱田泰輔　沖縄工業高等専門学校教授

おおしま けんじ
大島賢治　熊本高等専門学校教授

ひがしだ すぐる
東田　卓　大阪府立大学工業高等専門学校教授

かめやま まさゆき
亀山雅之　小山工業高等専門学校教授

ふじもと だいすけ
藤本大輔　有明工業高等専門学校准教授

かわふち ひろゆき
川淵浩之　富山高等専門学校教授

まえかわ ひろふみ
前川博史　長岡技術科学大学大学院准教授

きくち やすあき
菊地康昭　八戸工業高等専門学校教授

みつえ たかひろ
三枝隆裕　沖縄工業高等専門学校教授

■協力

うすき よしのすけ
臼杵克之助　大阪市立大学大学院准教授

● 表紙デザイン・本文基本デザイン──エッジ・デザイン・オフィス
● DTP 制作──ニシ工芸株式会社

Professional Engineer Library

有機化学

2015 年 5 月 25 日　初版第 1 刷発行
2020 年 4 月 10 日　　　　第 2 刷発行

● 執筆者　粳間由幸　ほか12 名(別記)
● 発行者　小田良次
● 印刷所　中央印刷株式会社

● 発行所　実教出版株式会社

〒102-8377
東京都千代田区五番町 5 番地
電話 ［営　　業］ (03)3238-7765
　　 ［企画開発］ (03)3238-7751
　　 ［総　　務］ (03)3238-7700
http://www.jikkyo.co.jp/

無断複写・転載を禁ず

Ⓒ Y. Uruma 2015

ISBN978-4-407-33247-6　C3043

Printed in Japan

有機化学でよく用いられる略語や記号

< 置換基 >

R-	アルキル基（CH_3-, CH_3CH_2- など）
Me-	メチル基（CH_3-）
Et-	エチル基（CH_3CH_2-）
Pr-	プロピル基（$CH_3CH_2CH_2-$）
Ph-	フェニル基（C_6H_5-）
Bn-	ベンジル基（$C_6H_5CH_2-$）
Ar-	アリール基（芳香族基の総称）
X-	ハロゲン（F, Cl, Br, I）
Ts-	トシル基 ⎫
Ac-	アセチル基 ⎬ 下記参照
-CHO	アルデヒド基, ホルミル基 ⎭

トシル基　アセチル基　アルデヒド基・ホルミル基

$n-$	直鎖（ノルマル）
イソ	端から2番目にメチル基がある構造（$i-$ と略す）下記参照
$sec-$	第二級炭素を表す（セカンダリー，$s-$ と略す）下記参照
$tert-$	第三級炭素を表す（ターシャリー，$t-$ と略す）下記参照

イソブチル基　$sec-$ブチル基　$tert-$ブチル基

< 酸と塩基 >

K_c	濃度平衡定数
K_a	酸解離定数
pK_a	酸解離指数（$pK_a = -\log K_a$）
pH	水素イオン指数（$pH = -\log[H]$）

< 化合物や試薬 >

THF	テトラヒドロフラン
THP	テトラヒドロピラン
DMSO	ジメチルスルホキシド
DMF	$N,N-$ジメチルホルムアミド
PCC	ピリジニウムクロロクロメート
LAH	水素化アルミニウムリチウム
NBS	$N-$ブロモスクシンイミド

THF　THP　DMSO

DMF　PCC

LAH（$LiAlH_4$）　NBS

< 構造の書き方 >

——	紙面上にある結合
◀	紙面から手前に突き出た結合
⋯⋯	紙面の後ろに突き出た結合
◁	紙面の後ろに突き出た結合（教室ではこちらをよく使う）
- - -	水素結合などの弱い結合

水素結合　$R-O-H----O-R$

< 構造 >

sp^3	s軌道と3つのp軌道の混成により形成された混成軌道。3次元構造を持つ
sp^2	s軌道と2つのp軌道の混成により形成された混成軌道。平面構造を持つ
sp	s軌道とp軌道の混成により形成された混成軌道。直線構造を持つ

sp^3　sp^2　sp